坂田アキラの

三角関数

が面白いほどわかる本

坂田　アキラ
Akira Sakata

※　本書は，小社より2007年に刊行された『新装版　坂田アキラの　三角関数・指数・対数が面白いほどわかる』の「三角関数」に関する内容を，加筆・修正した改訂版です。

史上最強の参考書 降臨

大げさだなぁ…(笑)

なぜ最強なのか…?? ご覧いただけばおわかりのとおり…

理由その1
1問やれば10問分，いや20問分の**良問がぎっしり**‼
みなさんが修得しやすいように問題の配列，登場する数値もしっかり吟味してあります。

それはスゴイ‼

理由その2
前代未聞‼ 他に類を見ない**ダイナミックかつ詳しすぎる解説**‼ 途中計算もまったく省かれていないので，数学が苦手なアナタもスイスイ進めますよ。
つまり，実力＆テクニック＆スピードがどんどん身についていく仕掛けになっています。

スイスイ進める…

素晴しい‼

理由その3
かゆ──いところに手が届く**導入**と**補足説明**が満載です。つまり，**なるほどの連続**を体験できます。そして感動の嵐‼

とゆーわけで…

なるほど

すべてにわたって最強の参考書です‼
そこで‼ 本書を有効に活用するためにひと言‼

本書自体，史上最強であるため，よほど下手な使い方をしない限り**絶大な効果**を諸君にもたらすことは言うまでもない‼

しかし‼ 最高の効果を心地よく得るためには，本書の特長を把握していただきたい。

特長その1
本書の解説は，**大きい文字だけを拾い読み**すればだいたいの流れがわかるようになっています。ですから，この拾い読み

だけで理解できた問題に関しては，いちいち周囲に細かい文字で書いてある補足や解説を見る必要はありません。

しかし，大きな文字で書いてある解説だけで理解不能となった場合は，周囲の細かい文字の解説を読んでみてください。きっとアナタを救ってくれます!!

細かい文字の解説部分には，途中計算，使用した公式，もとになる基本事項など，他の参考書では省略されている解説がしっかり載っています。

特長その２　問題のレベルが 基礎の基礎 基礎 標準 ちょいムズ モロ難 の５段階に分かれています。

そこで!!　進め方ですが…

まず，比較的キソ的なものから固めていってください。つまり，基礎の基礎 と 基礎 レベルをスラスラできるようになるまで，くり返しくり返し実際に手を動かして演習してください。

キソが固まってきたら，ちょっとレベルを上げて 標準 レベルをやってみましょう。このレベルは，特に重要なテクニックが散りばめられているので，必修です。これもまた，くり返しくり返し同じ問題でいいから，スラスラできるようになるまで，実際に手を動かして演習してください。これでセンターレベルまではOKです。

さてさて，ハイレベルを目指すアナタは， ちょいムズ モロ難 レベルから逃れることはできませんよ!!　しかし，安心してください。詳しすぎる解説がアナタをバックアップします。このレベルまでマスターすれば，アナタはもう完璧です。

いろいろ言いたいことを言わせてもらいましたが，本書を活用する諸君の 幸運 を願わないわけにはいきません。

Good Luck!!

坂田アキラ より 愛 をこめて…

も・く・じ

Theme 1	弧度法のお話 ………………………………………	8
Theme 2	三角関数のキソのキソのキソ ………………………	13
Theme 3	ちょっと突っ込んだ三角関数のグラフのお話 ………	32
Theme 4	単位円を修得せよ!! …………………………………	44
Theme 5	おなじみのBIG3 ……………………………………	60
Theme 6	加法定理を攻略せよ!! ………………………………	75
Theme 7	2倍角の公式とその仲間たち ………………………	88
Theme 8	方程式&不等式を本格的に… ……………………	104
Theme 9	2次関数との夢の競演 ……………………………	118
Theme 10	2直線のなす角 ……………………………………	137
Theme 11	天下の嫌われ者！　三角関数の合成でございます♥ …	146
Theme 12	吐き気がするぜ！　和⇄積の公式 ………………	165
Theme 13	盛りあわせいろいろ♥ ……………………………	179
Theme 14	公式証明ダイジェスト！ …………………………	190

問題一覧表　　195

これが三角関数表だぁーーっ!!

θ	sinθ	cosθ	tanθ	θ	sinθ	cosθ	tanθ
0°	0.0000	1.0000	0.0000	45°	0.7071	0.7071	1.0000
1°	0.0175	0.9998	0.0175	46°	0.7193	0.6947	1.0355
2°	0.0349	0.9994	0.0349	47°	0.7314	0.6820	1.0724
3°	0.0523	0.9986	0.0524	48°	0.7431	0.6691	1.1106
4°	0.0698	0.9976	0.0699	49°	0.7547	0.6561	1.1504
5°	0.0872	0.9962	0.0875	50°	0.7660	0.6428	1.1918
6°	0.1045	0.9945	0.1051	51°	0.7771	0.6293	1.2349
7°	0.1219	0.9925	0.1228	52°	0.7880	0.6157	1.2799
8°	0.1392	0.9903	0.1405	53°	0.7986	0.6018	1.3270
9°	0.1564	0.9877	0.1584	54°	0.8090	0.5878	1.3764
10°	0.1736	0.9848	0.1763	55°	0.8192	0.5736	1.4281
11°	0.1908	0.9816	0.1944	56°	0.8290	0.5592	1.4826
12°	0.2079	0.9781	0.2126	57°	0.8387	0.5446	1.5399
13°	0.2250	0.9744	0.2309	58°	0.8480	0.5299	1.6003
14°	0.2419	0.9703	0.2493	59°	0.8572	0.5150	1.6643
15°	0.2588	0.9659	0.2679	60°	0.8660	0.5000	1.7321
16°	0.2756	0.9613	0.2867	61°	0.8746	0.4848	1.8040
17°	0.2924	0.9563	0.3057	62°	0.8829	0.4695	1.8807
18°	0.3090	0.9511	0.3249	63°	0.8910	0.4540	1.9626
19°	0.3256	0.9455	0.3443	64°	0.8988	0.4384	2.0503
20°	0.3420	0.9397	0.3640	65°	0.9063	0.4226	2.1445
21°	0.3584	0.9336	0.3839	66°	0.9135	0.4067	2.2460
22°	0.3746	0.9272	0.4040	67°	0.9205	0.3907	2.3559
23°	0.3907	0.9205	0.4245	68°	0.9272	0.3746	2.4751
24°	0.4067	0.9135	0.4452	69°	0.9336	0.3584	2.6051
25°	0.4226	0.9063	0.4663	70°	0.9397	0.3420	2.7475
26°	0.4384	0.8988	0.4877	71°	0.9455	0.3256	2.9042
27°	0.4540	0.8910	0.5095	72°	0.9511	0.3090	3.0777
28°	0.4695	0.8829	0.5317	73°	0.9563	0.2924	3.2709
29°	0.4848	0.8746	0.5543	74°	0.9613	0.2756	3.4874
30°	0.5000	0.8660	0.5774	75°	0.9659	0.2588	3.7321
31°	0.5150	0.8572	0.6009	76°	0.9703	0.2419	4.0108
32°	0.5299	0.8480	0.6249	77°	0.9744	0.2250	4.3315
33°	0.5446	0.8387	0.6494	78°	0.9781	0.2079	4.7046
34°	0.5592	0.8290	0.6745	79°	0.9816	0.1908	5.1446
35°	0.5736	0.8192	0.7002	80°	0.9848	0.1736	5.6713
36°	0.5878	0.8090	0.7265	81°	0.9877	0.1564	6.3138
37°	0.6018	0.7986	0.7536	82°	0.9903	0.1392	7.1154
38°	0.6157	0.7880	0.7813	83°	0.9925	0.1219	8.1443
39°	0.6293	0.7771	0.8098	84°	0.9945	0.1045	9.5144
40°	0.6428	0.7660	0.8391	85°	0.9962	0.0872	11.4301
41°	0.6561	0.7547	0.8693	86°	0.9976	0.0698	14.3007
42°	0.6691	0.7431	0.9004	87°	0.9986	0.0523	19.0811
43°	0.6820	0.7314	0.9325	88°	0.9994	0.0349	28.6363
44°	0.6947	0.7193	0.9657	89°	0.9998	0.0175	57.2900
45°	0.7071	0.7071	1.0000	90°	1.0000	0.0000	なし

この本の特長と使い方

60

Theme 5 おなじみの BIG3

$$\text{BIG その①} \quad \sin^2\theta + \cos^2\theta = 1$$
$$\text{BIG その②} \quad \tan\theta = \frac{\sin\theta}{\cos\theta}$$
$$\text{BIG その③} \quad \tan^2\theta + 1 = \frac{1}{\cos^2\theta}$$

もうご存知かもしれませんが…
BIG3 を紹介します♥

BIGその①	$\sin^2\theta + \cos^2\theta = 1$
BIGその②	$\tan\theta = \dfrac{\sin\theta}{\cos\theta}$
BIGその③	$\tan^2\theta + 1 = \dfrac{1}{\cos^2\theta}$

以上の公式の証明は Theme 14 の **公式証明ダイジェスト** にて、気が向いたら修得してくださいませ!

でもでも、まず公式を使って、いろいろな問題に **トライ** することが先だよ! 証明なんかを最初にやらなきゃなんて思うから嫌になっちゃうんじゃないの? とにかく公式はしっかり暗記するべし!!! まず手始めに…

問題 5-1 〈基礎〉

(1) $\cos\theta = -\dfrac{4}{5}\ (0 < \theta < \pi)$ のとき,$\sin\theta$ と $\tan\theta$ の値を求めよ。

(2) $\tan\theta = 3\left(\dfrac{\pi}{2} < \theta < \dfrac{3}{2}\pi\right)$ のとき,$\sin\theta$ と $\cos\theta$ の値を求めよ。

ナイスな導入!!

こっ、これは基本中のキホン!! 上記の **BIG3** 公式を用いることは、いうまでもない! が、しかし、その前に、第何象限での話になっているか? を見切ることが先ですョ♥

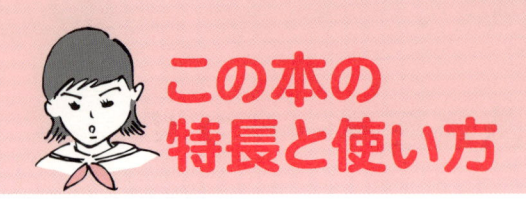

吹き出し（左側）

- 絶対理解しなければならない重要な概念を,ゼロからわかるように説明しています。

- 問題のレベルを段階別に表示しているので,学習の目安になります。
  - 基礎の基礎
  - 基礎
  - 標準
  - ちょいムズ
  - モロ難

- 掲載している問題は,入試の典型的なパターンをすべて網羅した良問の数々です。

この本は、「三角関数」の基本から応用、重要公式から㊙テクニックまで、幅広く網羅した決定版です。この分野が苦手な人でも得意な人でも、好きな人でも嫌いな人でも、だれが読んでも納得・満足の内容です！ さあ、さっそく始めてみましょう！

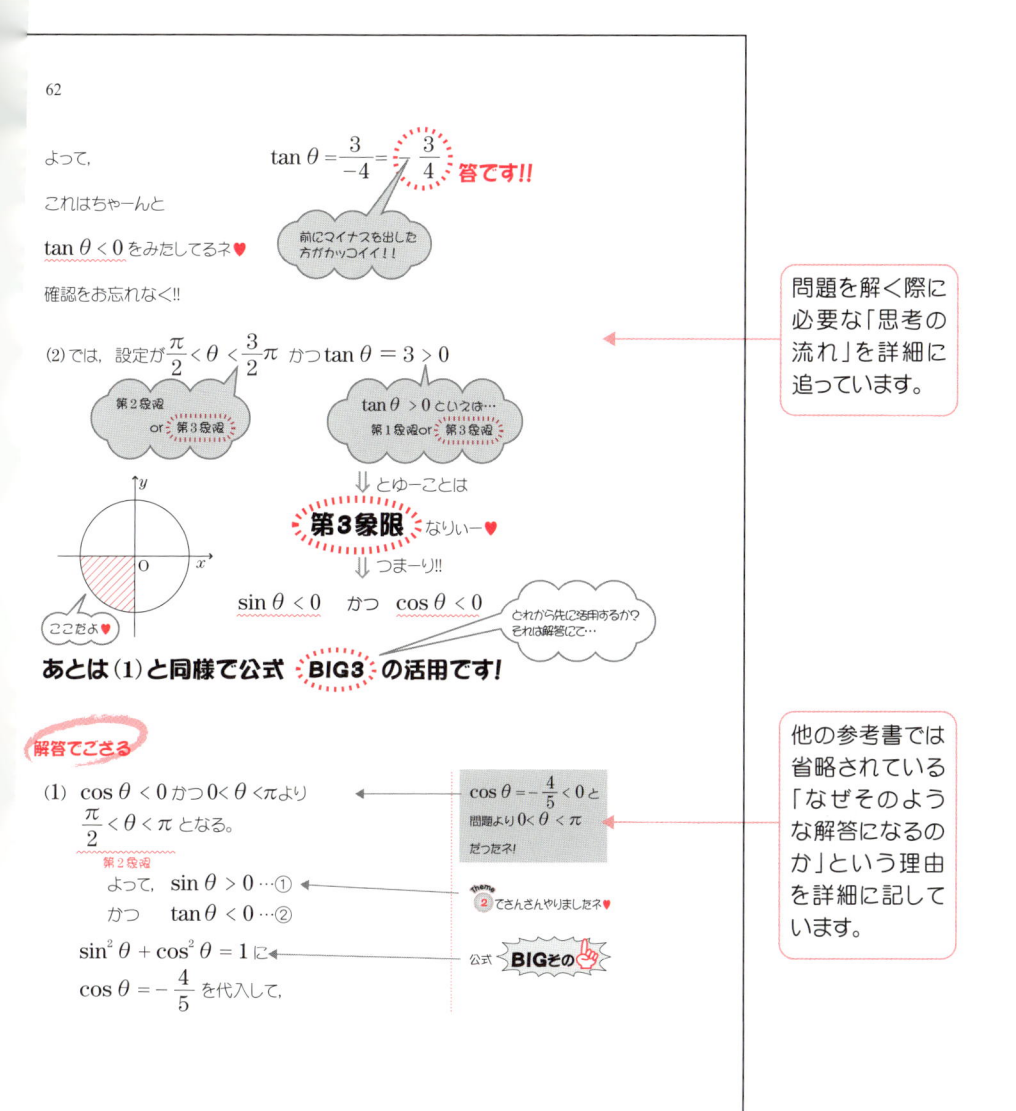

よって、

これはちゃーんと

$\tan\theta < 0$ をみたしてるネ♥

確認をお忘れなく!!

$$\tan\theta = \frac{3}{-4} = -\frac{3}{4}$$ 答です!!

前にマイナスを出した方がカッコイイ!!

(2)では、設定が $\frac{\pi}{2} < \theta < \frac{3}{2}\pi$ かつ $\tan\theta = 3 > 0$

第2象限 or 第3象限

$\tan\theta > 0$ というコトは…
第1象限or第3象限

⇩ とゆーことは

第3象限 なりぃー♥

⇩ つまり!!

$\sin\theta < 0$ かつ $\cos\theta < 0$

ここだよ♥

どれから先に活用するか？ それは解答にて…

あとは(1)と同様で公式 BIG3 の活用です！

問題を解く際に必要な「思考の流れ」を詳細に追っています。

解答でごさる

(1) $\cos\theta < 0$ かつ $0 < \theta < \pi$ より

$\frac{\pi}{2} < \theta < \pi$ となる。

第2象限

よって、$\sin\theta > 0$ …①

かつ $\tan\theta < 0$ …②

$\sin^2\theta + \cos^2\theta = 1$ に

$\cos\theta = -\frac{4}{5}$ を代入して、

$\cos\theta = -\frac{4}{5} < 0$ と
問題より $0 < \theta < \pi$
だったネ！

Theme 2 でさんざんやりましたネ♥

公式 BIGその

他の参考書では省略されている「なぜそのような解答になるのか」という理由を詳細に記しています。

Theme 1 弧度法のお話

> ラジアン[rad] についてのお話です

半径 r の円において，長さ r の弧の長さに対応する中心角の大きさを 1[rad]（1 弧度とも呼びます）と決める。このような角の表し方を弧度法と申します。

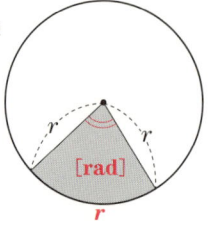

すると…

円周の長さ $2\pi r$ に対応する角の大きさは 2π [rad] となります。

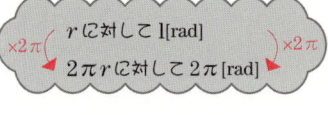

> r に対して 1[rad]
> $2\pi r$ に対して 2π [rad]

円周に対応する角度は $360°$ であるから…

$$2\pi [\text{rad}] = 360°$$
$$\pi [\text{rad}] = 180°$$

つまり…
となります。

もっと一般化すると

弧の長さ l に対応する中心角が θ [rad] であるとすると…

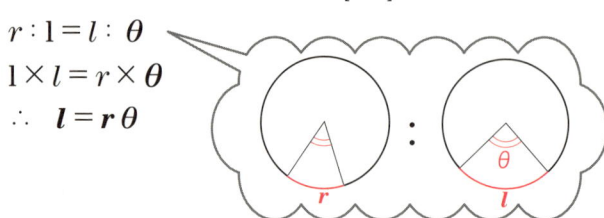

$r : 1 = l : \theta$
$1 \times l = r \times \theta$
∴ $l = r\theta$

ザ・まとめ

$$\pi [\text{rad}] = 180°$$

> 覚えるべし!!

半径 r の円で，弧の長さ l に対応する中心角が θ [rad] のとき，

$$l = r\theta$$

Theme 1 弧度法のお話

では，弧度法に慣れておきましょう。

問題 1-1 　　　　　　　　　　　　　　　　　　　基礎の基礎

次の各々の角度を弧度法で表せ。
(1) $1°$　(2) $36°$　(3) $120°$　(4) $288°$　(5) $540°$

ビジュアル解答

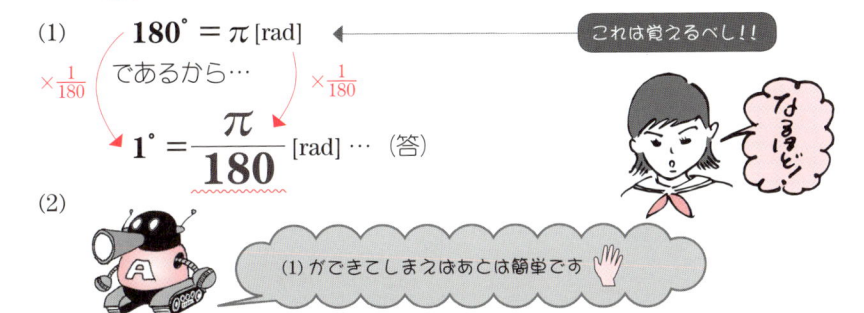

(1) $180° = \pi$ [rad] ← これは覚えるべし!!
であるから…
$\times \dfrac{1}{180}$ 　 $\times \dfrac{1}{180}$

$1° = \dfrac{\pi}{180}$ [rad] …（答）

(2) (1)ができてしまえばあとは簡単です

(1)より…

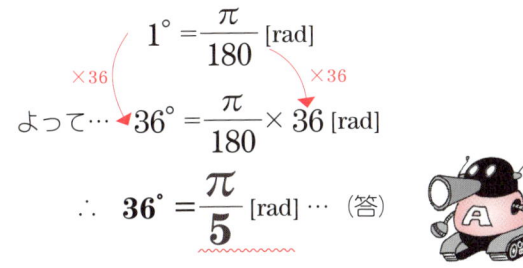

$1° = \dfrac{\pi}{180}$ [rad]

$\times 36$ 　　　　　 $\times 36$

よって… $36° = \dfrac{\pi}{180} \times 36$ [rad]

$\therefore\ 36° = \dfrac{\pi}{5}$ [rad] …（答）

$\dfrac{1}{5}\pi$ [rad] としてもOK!!

(3) (1)より…

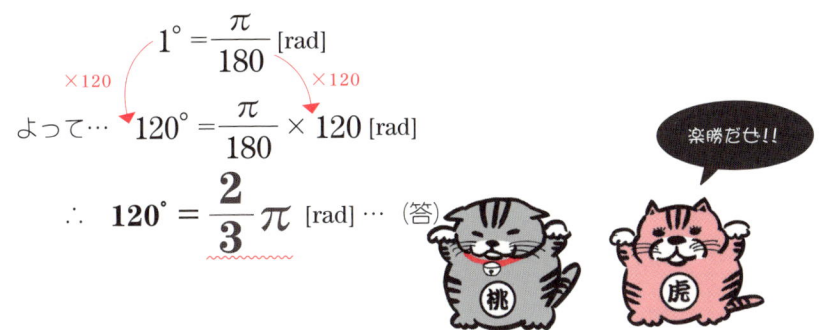

$1° = \dfrac{\pi}{180}$ [rad]

$\times 120$ 　　　　　 $\times 120$

よって… $120° = \dfrac{\pi}{180} \times 120$ [rad]

$\therefore\ 120° = \dfrac{2}{3}\pi$ [rad] …（答）

楽勝だぜ!!

(4) (1) より…

$$1° = \frac{\pi}{180} \text{[rad]}$$

×288 ↘ ×288 ↙

よって… $288° = \frac{\pi}{180} \times 288 \text{[rad]}$

∴ $288° = \frac{8}{5}\pi \text{[rad]}$ …（答）

(5) (1) より…

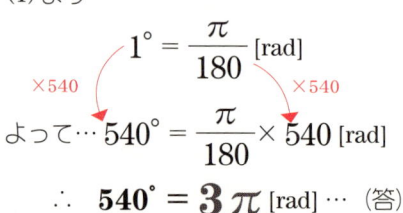

$$1° = \frac{\pi}{180} \text{[rad]}$$

×540 ↘ ×540 ↙

よって… $540° = \frac{\pi}{180} \times 540 \text{[rad]}$

∴ $540° = 3\pi \text{[rad]}$ …（答）

しっかり約分しようぜ!!

このあたりで，特に登場する角度，つまり有名角についてですが…

ん…?!

$180° = \pi \text{[rad]}$ …（∗） ということは…

（∗）の両辺を $\frac{1}{6}$ 倍すると…

$$30° = \frac{\pi}{6} \text{[rad]}$$ ← これは使える!!

これを何倍かすることによって…

$60° = \frac{\pi}{3}$ $120° = \frac{2}{3}\pi$ $150° = \frac{5}{6}\pi$

などの有名角が簡単に算出できます。

同様に，（∗）の両辺を $\frac{1}{4}$ 倍すると…

$$45° = \frac{\pi}{4} \text{[rad]}$$ ← これは使える!!

これを何倍かすることによって…

$90° = \frac{\pi}{2}$ $135° = \frac{3}{4}\pi$ $225° = \frac{5}{4}\pi$

などの有名角を次々と算出することができます。

Theme 1 弧度法のお話　11

では，代表的な角度を度数法と弧度法で表わすと次のとおり🤚

度数法	0°	30°	45°	60°	90°	120°	135°	150°	180°	270°	360°
弧度法	0	$\dfrac{\pi}{6}$	$\dfrac{\pi}{4}$	$\dfrac{\pi}{3}$	$\dfrac{\pi}{2}$	$\dfrac{2}{3}\pi$	$\dfrac{3}{4}\pi$	$\dfrac{5}{6}\pi$	π	$\dfrac{3}{2}\pi$	2π

念のために，逆バージョンもやっておきましょう。

逆…？！

問題 1-2　　　　　　　　　　　　　　　　基礎の基礎

次の各々の弧度法で表された角度を度数法で表せ。

(1) $\dfrac{2}{5}\pi$　　(2) $\dfrac{5}{4}\pi$　　(3) $\dfrac{7}{2}\pi$　　(4) 1　　(5) 3

ビジュアル解答

もう，お気づきかもしれませんが，弧度法において [rad] という単位はしばしば省略されます。むしろ，省略するほうが，ふつうかもしれませんねぇ…

ほぇー

$\pi\,[\text{rad}] = \mathbf{180°}$ でしたね!!　← これは覚えておかなきゃ!!

(1) $\dfrac{2}{5}\pi = \dfrac{2}{5} \times 180°$　← πのところに180°を代入!!

　　　$= \mathbf{72°}\cdots$（答）

(2) $\dfrac{5}{4}\pi = \dfrac{5}{4} \times 180°$　← πのところに180°を代入!!

　　　$= \mathbf{225°}\cdots$（答）

(3) $\dfrac{7}{2}\pi = \dfrac{7}{2} \times 180°$　← πのところに180°を代入!!

　　　$= \mathbf{630°}\cdots$（答）

(4) $\pi = 180°$ より

　　$\times \dfrac{1}{\pi}$　　　　$\times \dfrac{1}{\pi}$

　　$1 = \dfrac{\mathbf{180°}}{\pi}\cdots$（答）

なるほど!!
両辺に $\dfrac{1}{\pi}$ をかければいいのか…

12

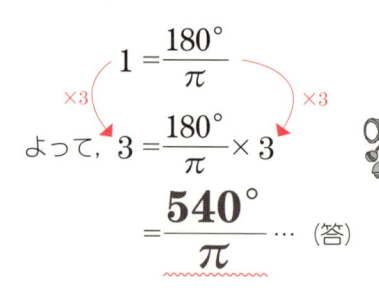

(5) (4)より，

$$1 = \frac{180°}{\pi}$$

よって，$3 = \dfrac{180°}{\pi} \times 3$

$= \dfrac{540°}{\pi}$ …（答）

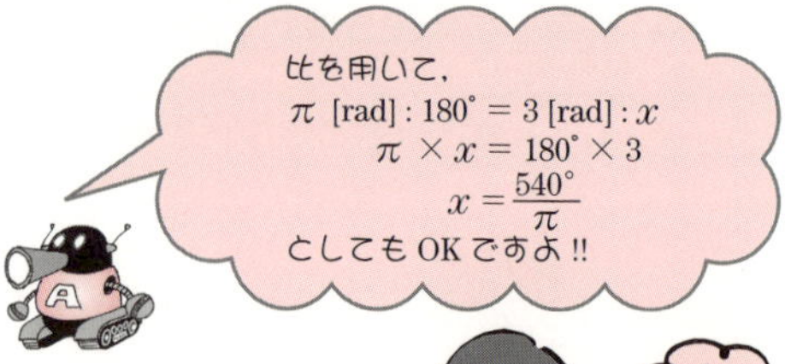

比を用いて，
π [rad] : $180°$ = 3 [rad] : x
$\pi \times x = 180° \times 3$
$x = \dfrac{540°}{\pi}$
としてもOKですよ!!

なるほど！

プロフィール

みっちゃん（17才）

究極の癒し系!! あまり勉強は得意ではないようだが，「やればデキる!!」タイプ♥
「みっちゃん」と一緒に頑張ろうぜ!!
ちなみに豚山さんとはクラスメイトです

プロフィール

クリスティーヌ

オムちゃんを救うべく，遠い未来から現れた教育プランナー。見た感じはロボットのようですが，詳細は不明♥
虎君はクリスティーヌが大好きのようですが，桃君はクリスティーヌが発言すると，迷惑そうです。

Theme 2 三角関数のキソのキソのキソ 13

Theme 2 三角関数のキソのキソのキソ

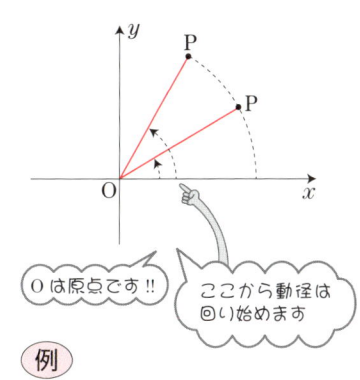

基本は大切だぞ!!

掟その1 角度のとり方

線分 OP を **動径** と申します。こいつが O を支点としてぐるぐる回ります。このとき，約束ごとがありまして…

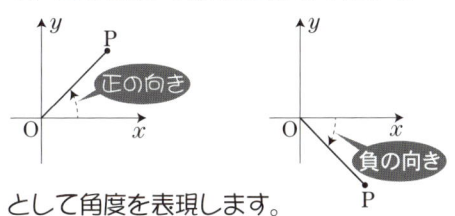

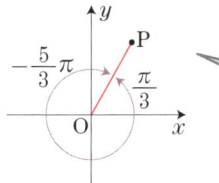

正の向き

負の向き

として角度を表現します。

O は原点です!!

ここから動径は回り始めます

例

このように，正の向きの角で $\frac{\pi}{3}$ は，負の向きの角で $-\frac{5}{3}\pi$ と表現することもできます

なるほど〜

掟その2 一般角とは??

何ぃーっ!!

じつは，動径 OP はぐるぐる……何周しても OK なんです!!

ということは…

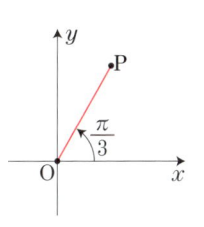

例

正の向きにここから1周すると…

$$\frac{\pi}{3} + 2\pi = \frac{7}{3}\pi$$

1周は360°，つまり2πです!!

さらにもう1周すると

$$\frac{7}{3}\pi + 2\pi = \frac{13}{3}\pi$$

負の向きにここから1周すると…

$$\frac{\pi}{3} - 2\pi = -\frac{5}{3}\pi$$

これらは，すべて同じ角度を表します。

つまり，同じ大きさの角を表す方法が無限にあることになります．

そこで！　一般角の登場でございます!!

先ほどの 例 の場合…

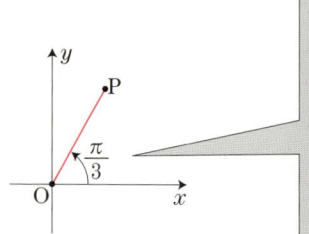

$$\frac{\pi}{3} + n \times 2\pi$$
$$=$$
$$\frac{\pi}{3} + 2n\pi \quad （nは整数）$$

n周するってことです!!

のように整数 n を用いることで，正または負の向きに何周してもOKな表現となります。

　例えば，n＝3 とすると，正の向きに3周した角，n＝－2 とすると負の向きに2周した角を表したことになります。このような表現方法を，**一般角表現**と呼びます。

掟その2　象限とは??

シータと読みます

第2象限　第1象限
第3象限　第4象限

つまり…

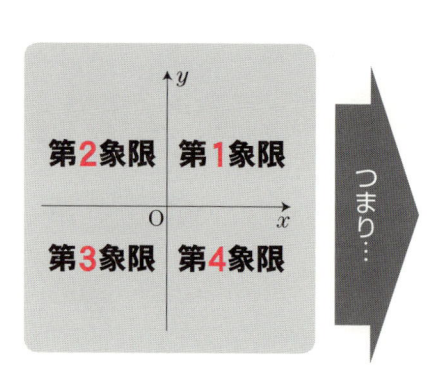

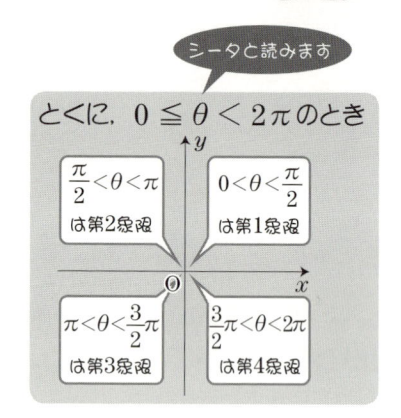

とくに，$0 \leq \theta < 2\pi$ のとき

$\frac{\pi}{2} < \theta < \pi$ は第2象限
$0 < \theta < \frac{\pi}{2}$ は第1象限
$\pi < \theta < \frac{3}{2}\pi$ は第3象限
$\frac{3}{2}\pi < \theta < 2\pi$ は第4象限

注 座標軸上はどの象限にも属しません!!

つまり…

上の場合，$\theta = 0, \frac{\pi}{2}, \pi, \frac{3}{2}\pi$ は x 軸上や y 軸上に乗ってしまうので，どの象限でもありません。

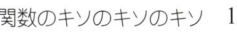

Theme 2　三角関数のキソのキソのキソ　15

掟その3　$\sin\theta$,$\cos\theta$,$\tan\theta$ の求め方

中心 O (0,0)，半径 OP = r の円を考えます（このとき $r > 0$）。

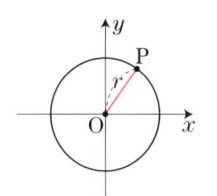

このとき!!
Pの座標を
P (x, y)
とする!!

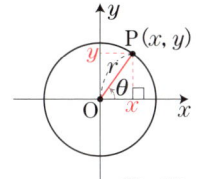

これは覚えるしかないぞ!!

ここで，次のことを定義します。

$$\sin\theta = \frac{y}{r} \qquad \cos\theta = \frac{x}{r} \qquad \tan\theta = \frac{y}{x}$$

正弦ともいいます　　余弦ともいいます　　正接ともいいます

イメージコーナー

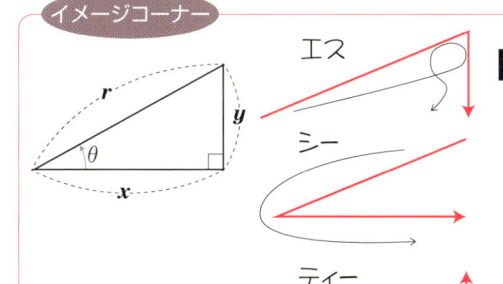

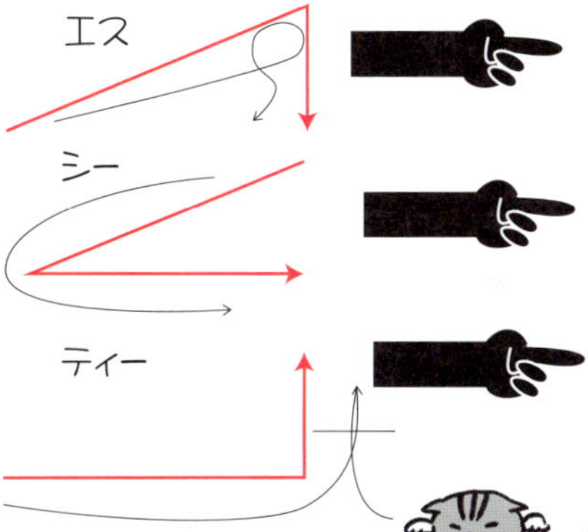

エス　　　$\sin\theta = \frac{y}{r}$

シー　　　$\cos\theta = \frac{x}{r}$

ティー　　$\tan\theta = \frac{y}{x}$

どんな参考書にも書いてあるぞ…

とくに，$r=1$ のとき　←　半径が1である円のことを**単位円**と呼びます

$$\sin\theta = \frac{y}{1} = y \qquad \cos\theta = \frac{x}{1} = x$$

と表されるので，半径1の円，つまり単位円上では…

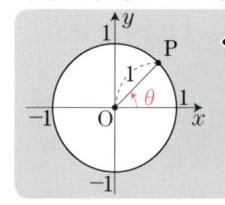

P(x, y) = ($\cos\theta$, $\sin\theta$)
となります!!

へぇ～

本題に入る前に下の2つの超有名な直角三角形は大丈夫ですか??

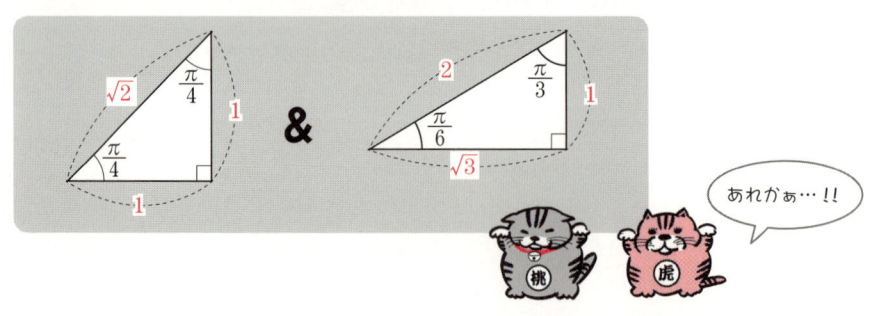

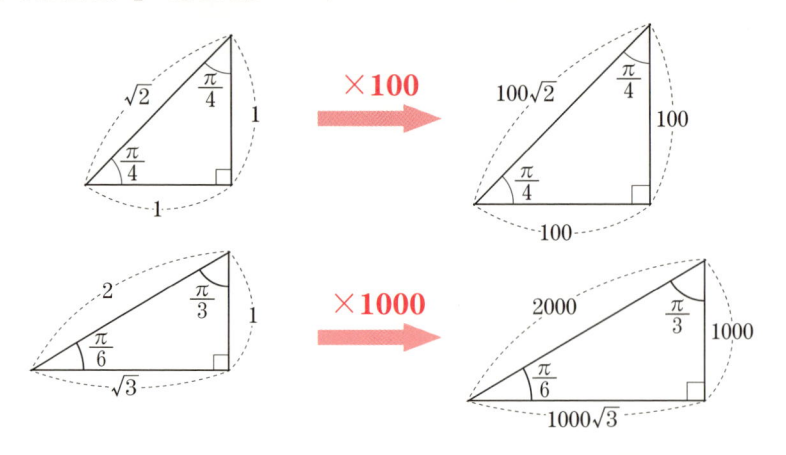

$\sqrt{2}$, $\dfrac{\pi}{4}$, 1, $\dfrac{\pi}{4}$, 1 & 2, $\dfrac{\pi}{3}$, 1, $\dfrac{\pi}{6}$, $\sqrt{3}$

あれがぁ…!!

そーです!! 小学生の頃からおなじみの，2枚の三角定規ですよ!!
ただし，一辺の長さは比を表しています。つまり長さが決まっているわけではありませんよ✋ たとえば…

$\sqrt{2}$, $\dfrac{\pi}{4}$, 1, $\dfrac{\pi}{4}$, 1 **×100** → $100\sqrt{2}$, $\dfrac{\pi}{4}$, 100, $\dfrac{\pi}{4}$, 100

2, $\dfrac{\pi}{3}$, 1, $\dfrac{\pi}{6}$, $\sqrt{3}$ **×1000** → 2000, $\dfrac{\pi}{3}$, 1000, $\dfrac{\pi}{6}$, $1000\sqrt{3}$

では，いよいよ本題です!!

待ってましたーーっ!!

Theme 2　三角関数のキソのキソのキソ　17

例題1　第1象限の角の場合ですョ！

$\sin\dfrac{\pi}{6}$, $\cos\dfrac{\pi}{6}$, $\tan\dfrac{\pi}{6}$ の値を求めよ。

このとき $r=2$ とすると… (自分の都合で勝手に決めてOK!!)　→　$P(\sqrt{3}, 1)$

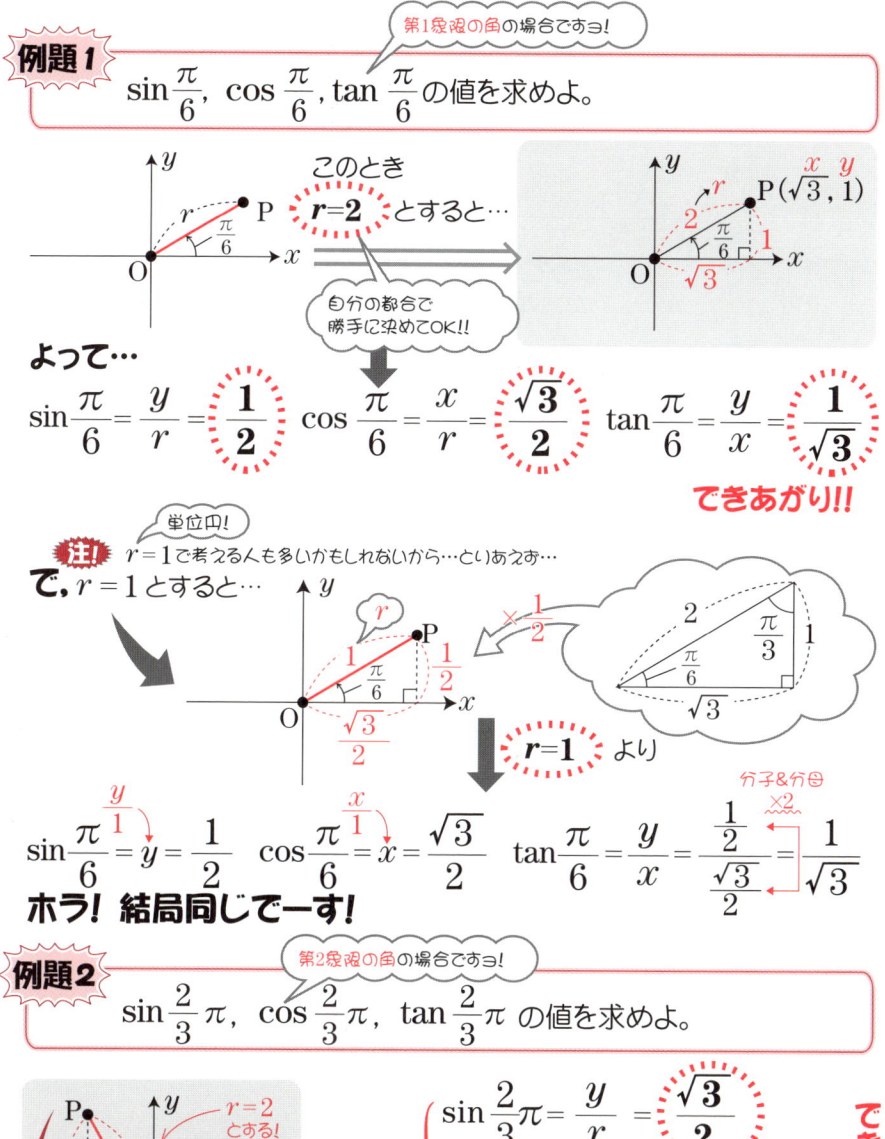

よって…

$\sin\dfrac{\pi}{6} = \dfrac{y}{r} = \dfrac{1}{2}$　　$\cos\dfrac{\pi}{6} = \dfrac{x}{r} = \dfrac{\sqrt{3}}{2}$　　$\tan\dfrac{\pi}{6} = \dfrac{y}{x} = \dfrac{1}{\sqrt{3}}$

できあがり!!

注! 単位円！ $r=1$ で考える人も多いかもしれないから…といあえず…

で, $r=1$ とすると…　→　$r=1$ より

$\sin\dfrac{\pi}{6} = y = \dfrac{1}{2}$　　$\cos\dfrac{\pi}{6} = x = \dfrac{\sqrt{3}}{2}$　　$\tan\dfrac{\pi}{6} = \dfrac{y}{x} = \dfrac{\frac{1}{2}}{\frac{\sqrt{3}}{2}} = \dfrac{1}{\sqrt{3}}$（分子&分母 ×2）

ホラ！ 結局同じでーす！

例題2　第2象限の角の場合ですョ！

$\sin\dfrac{2}{3}\pi$, $\cos\dfrac{2}{3}\pi$, $\tan\dfrac{2}{3}\pi$ の値を求めよ。

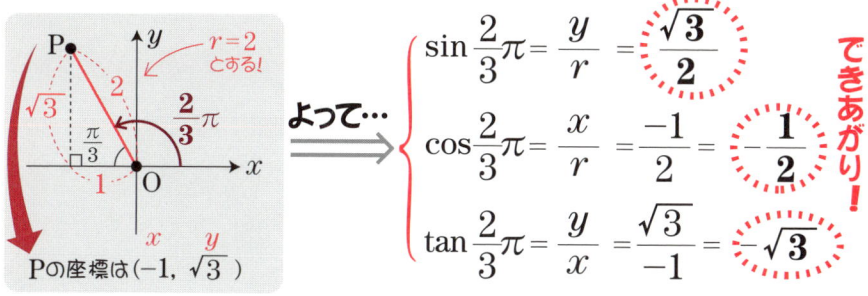

$r=2$ とする！　Pの座標は $(-1, \sqrt{3})$

よって…

$\begin{cases} \sin\dfrac{2}{3}\pi = \dfrac{y}{r} = \dfrac{\sqrt{3}}{2} \\ \cos\dfrac{2}{3}\pi = \dfrac{x}{r} = \dfrac{-1}{2} = -\dfrac{1}{2} \\ \tan\dfrac{2}{3}\pi = \dfrac{y}{x} = \dfrac{\sqrt{3}}{-1} = -\sqrt{3} \end{cases}$

できあがり！

例題3

> 第3象限の角の場合ですョ!

$\sin\dfrac{5}{4}\pi$, $\cos\dfrac{5}{4}\pi$, $\tan\dfrac{5}{4}\pi$ の値を求めよ。

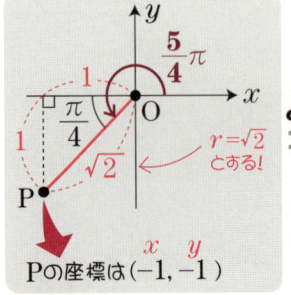

Pの座標は $(-1, -1)$ 、$r=\sqrt{2}$ とする!

よって…

$$\begin{cases} \sin\dfrac{5}{4}\pi = \dfrac{y}{r} = \dfrac{-1}{\sqrt{2}} = -\dfrac{1}{\sqrt{2}} \\ \cos\dfrac{5}{4}\pi = \dfrac{x}{r} = \dfrac{-1}{\sqrt{2}} = -\dfrac{1}{\sqrt{2}} \\ \tan\dfrac{5}{4}\pi = \dfrac{y}{x} = \dfrac{-1}{-1} = 1 \end{cases}$$

できあがり!!

例題4

> 第4象限の角の場合ですョ!

$\sin\dfrac{5}{3}\pi$, $\cos\dfrac{5}{3}\pi$, $\tan\dfrac{5}{3}\pi$ の値を求めよ。

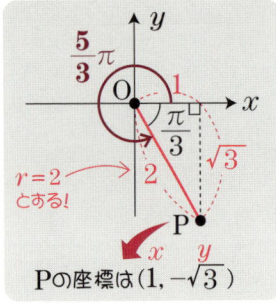

Pの座標は $(1, -\sqrt{3})$ 、$r=2$ とする!

よって…

$$\begin{cases} \sin\dfrac{5}{3}\pi = \dfrac{y}{r} = \dfrac{-\sqrt{3}}{2} = -\dfrac{\sqrt{3}}{2} \\ \cos\dfrac{5}{3}\pi = \dfrac{x}{r} = \dfrac{1}{2} \\ \tan\dfrac{5}{3}\pi = \dfrac{y}{x} = \dfrac{-\sqrt{3}}{1} = -\sqrt{3} \end{cases}$$

できあがり!!

Theme 2　三角関数のキソのキソのキソ　19

ここで!! おさえてほしいことがあります。

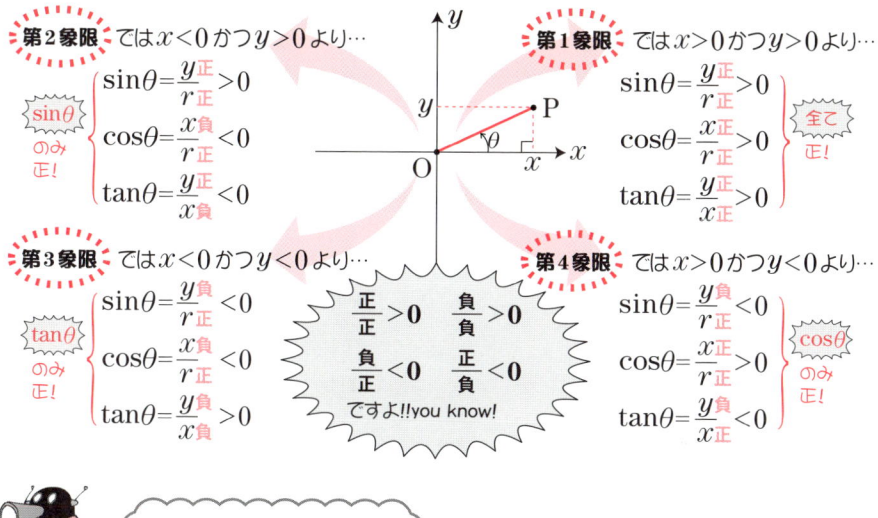

第2象限では $x<0$ かつ $y>0$ より…

$\sin\theta$ のみ正!
$\begin{cases} \sin\theta = \dfrac{y\text{正}}{r\text{正}} > 0 \\ \cos\theta = \dfrac{x\text{負}}{r\text{正}} < 0 \\ \tan\theta = \dfrac{y\text{正}}{x\text{負}} < 0 \end{cases}$

第1象限では $x>0$ かつ $y>0$ より…

$\begin{cases} \sin\theta = \dfrac{y\text{正}}{r\text{正}} > 0 \\ \cos\theta = \dfrac{x\text{正}}{r\text{正}} > 0 \\ \tan\theta = \dfrac{y\text{正}}{x\text{正}} > 0 \end{cases}$ 全て正!

第3象限では $x<0$ かつ $y<0$ より…

$\tan\theta$ のみ正!
$\begin{cases} \sin\theta = \dfrac{y\text{負}}{r\text{正}} < 0 \\ \cos\theta = \dfrac{x\text{負}}{r\text{正}} < 0 \\ \tan\theta = \dfrac{y\text{負}}{x\text{負}} > 0 \end{cases}$

$\dfrac{\text{正}}{\text{正}} > 0 \quad \dfrac{\text{負}}{\text{負}} > 0$
$\dfrac{\text{負}}{\text{正}} < 0 \quad \dfrac{\text{正}}{\text{負}} < 0$
ですよ!! you know!

第4象限では $x>0$ かつ $y<0$ より…

$\begin{cases} \sin\theta = \dfrac{y\text{負}}{r\text{正}} < 0 \\ \cos\theta = \dfrac{x\text{正}}{r\text{正}} > 0 \\ \tan\theta = \dfrac{y\text{負}}{x\text{正}} < 0 \end{cases}$ $\cos\theta$ のみ正!

$r>0$ であることは大前提ですよ!!

では, 先ほどの **例題** を確認してみましょう。

例題1 → 第1象限では, $\sin\theta$, $\cos\theta$, $\tan\theta$ の**すべてが正**です!!

例題2 → 第2象限では, $\sin\theta$ **だけが正**です!!

例題3 → 第3象限では, $\tan\theta$ **だけが正**です!!

例題4 → 第4象限では, $\cos\theta$ **だけが正**です!!

そうだった そうだった…

では, 追加事項を…

$\theta = 0, \dfrac{\pi}{2}, \pi, \dfrac{3}{2}\pi$ の場合です!!

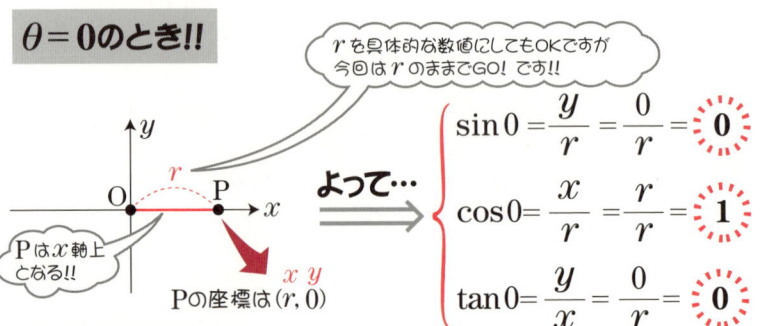

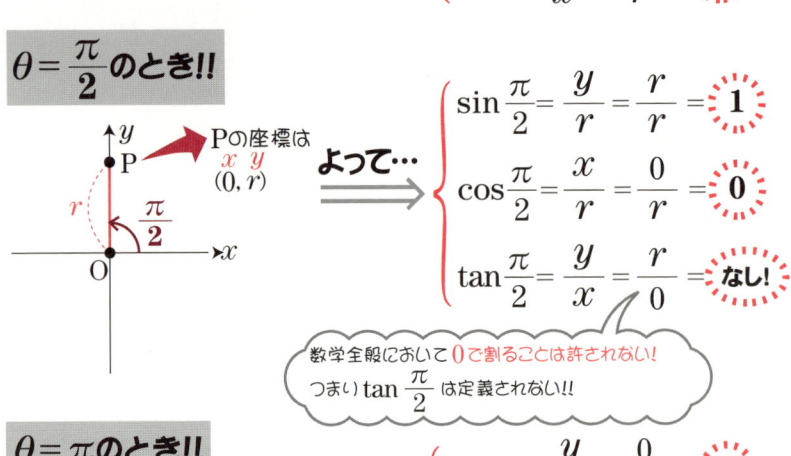

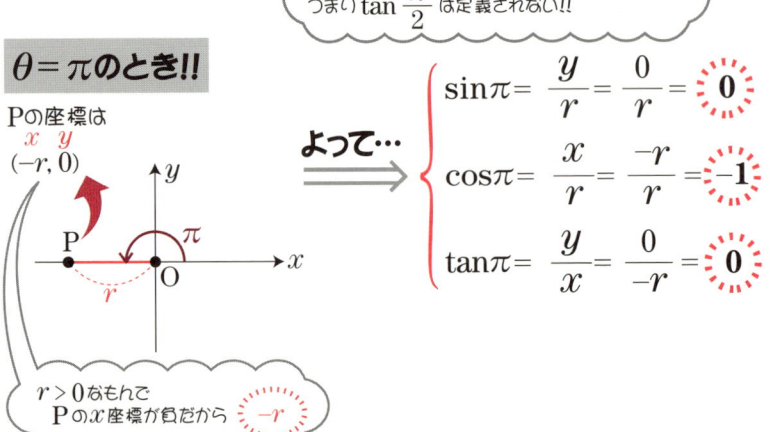

（2πは、0と同じになる!!）

$\theta = 0$ のとき!!

（rを具体的な数値にしてもOKですが今回はrのままでGO!です!!）

Pはx軸上となる!!

Pの座標は$(r, 0)$

よって…

$$\begin{cases} \sin 0 = \dfrac{y}{r} = \dfrac{0}{r} = \mathbf{0} \\ \cos 0 = \dfrac{x}{r} = \dfrac{r}{r} = \mathbf{1} \\ \tan 0 = \dfrac{y}{x} = \dfrac{0}{r} = \mathbf{0} \end{cases}$$

$\theta = \dfrac{\pi}{2}$ のとき!!

Pの座標は$(0, r)$

よって…

$$\begin{cases} \sin \dfrac{\pi}{2} = \dfrac{y}{r} = \dfrac{r}{r} = \mathbf{1} \\ \cos \dfrac{\pi}{2} = \dfrac{x}{r} = \dfrac{0}{r} = \mathbf{0} \\ \tan \dfrac{\pi}{2} = \dfrac{y}{x} = \dfrac{r}{0} = \mathbf{なし!} \end{cases}$$

（数学全般において0で割ることは許されない！つまり$\tan \dfrac{\pi}{2}$は定義されない!!）

$\theta = \pi$ のとき!!

Pの座標は$(-r, 0)$

よって…

$$\begin{cases} \sin \pi = \dfrac{y}{r} = \dfrac{0}{r} = \mathbf{0} \\ \cos \pi = \dfrac{x}{r} = \dfrac{-r}{r} = \mathbf{-1} \\ \tan \pi = \dfrac{y}{x} = \dfrac{0}{-r} = \mathbf{0} \end{cases}$$

（$r > 0$なもんでPのx座標が負だから $-r$）

$\theta = \dfrac{3}{2}\pi$ のとき!!

Pの座標は $(0, -r)$

よって…

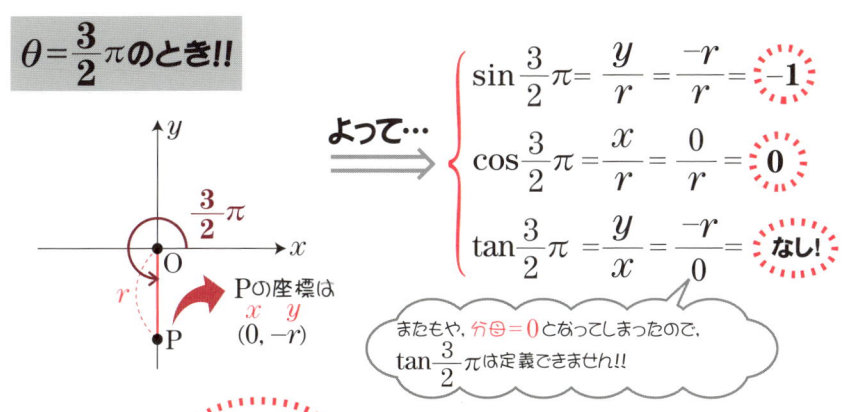

$$\begin{cases} \sin\dfrac{3}{2}\pi = \dfrac{y}{r} = \dfrac{-r}{r} = -1 \\ \cos\dfrac{3}{2}\pi = \dfrac{x}{r} = \dfrac{0}{r} = 0 \\ \tan\dfrac{3}{2}\pi = \dfrac{y}{x} = \dfrac{-r}{0} = \text{なし!} \end{cases}$$

またもや、分母 = 0 となってしまったので、$\tan\dfrac{3}{2}\pi$ は定義できません!!

以上より、**まとめ**っす!!

θ	0	$\dfrac{\pi}{6}$	$\dfrac{\pi}{4}$	$\dfrac{\pi}{3}$	$\dfrac{\pi}{2}$	$\dfrac{2}{3}\pi$	$\dfrac{3}{4}\pi$	$\dfrac{5}{6}\pi$	π
$\sin\theta$	0	$\dfrac{1}{2}$	$\dfrac{1}{\sqrt{2}}$	$\dfrac{\sqrt{3}}{2}$	1	$\dfrac{\sqrt{3}}{2}$	$\dfrac{1}{\sqrt{2}}$	$\dfrac{1}{2}$	0
$\cos\theta$	1	$\dfrac{\sqrt{3}}{2}$	$\dfrac{1}{\sqrt{2}}$	$\dfrac{1}{2}$	0	$-\dfrac{1}{2}$	$-\dfrac{1}{\sqrt{2}}$	$-\dfrac{\sqrt{3}}{2}$	-1
$\tan\theta$	0	$\dfrac{1}{\sqrt{3}}$	1	$\sqrt{3}$	×	$-\sqrt{3}$	-1	$-\dfrac{1}{\sqrt{3}}$	0

下につづく…

0のところにもどる!

θ	$\dfrac{7}{6}\pi$	$\dfrac{5}{4}\pi$	$\dfrac{4}{3}\pi$	$\dfrac{3}{2}\pi$	$\dfrac{5}{3}\pi$	$\dfrac{7}{4}\pi$	$\dfrac{11}{6}\pi$	2π
$\sin\theta$	$-\dfrac{1}{2}$	$-\dfrac{1}{\sqrt{2}}$	$-\dfrac{\sqrt{3}}{2}$	-1	$-\dfrac{\sqrt{3}}{2}$	$-\dfrac{1}{\sqrt{2}}$	$-\dfrac{1}{2}$	0
$\cos\theta$	$-\dfrac{\sqrt{3}}{2}$	$-\dfrac{1}{\sqrt{2}}$	$-\dfrac{1}{2}$	0	$\dfrac{1}{2}$	$\dfrac{1}{\sqrt{2}}$	$\dfrac{\sqrt{3}}{2}$	1
$\tan\theta$	$\dfrac{1}{\sqrt{3}}$	1	$\sqrt{3}$	×	$-\sqrt{3}$	-1	$-\dfrac{1}{\sqrt{3}}$	0

と、くり返していまーす!

グラフにしてみよう!!

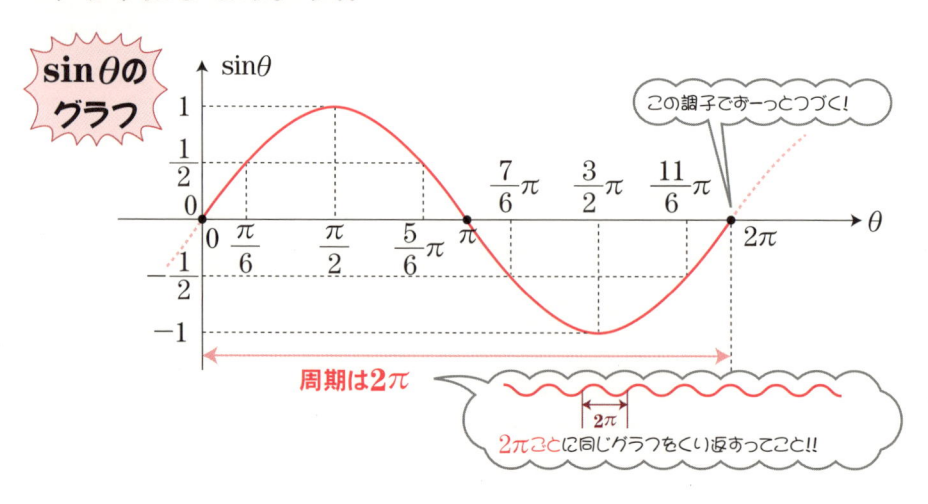

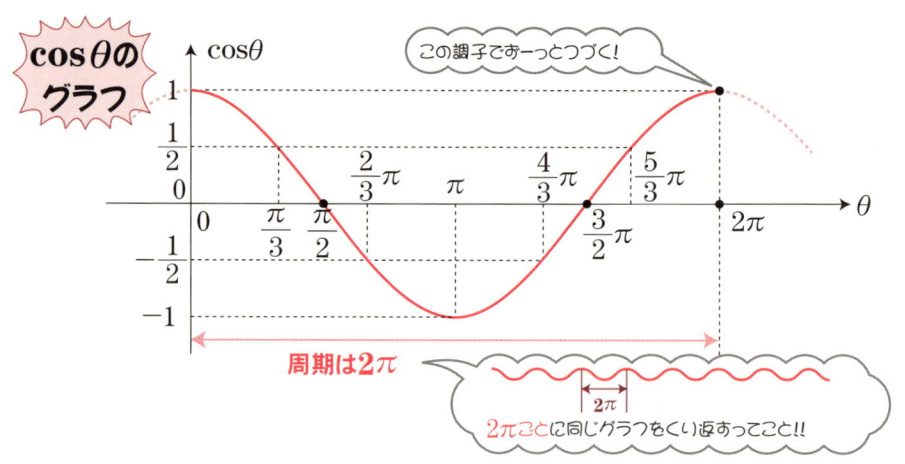

$\sin\theta$のグラフ

グラフの要点: $0, \dfrac{\pi}{6}, \dfrac{\pi}{2}, \dfrac{5}{6}\pi, \pi, \dfrac{7}{6}\pi, \dfrac{3}{2}\pi, \dfrac{11}{6}\pi, 2\pi$

周期は2π

2πごとに同じグラフをくり返すってこと!!

この調子でずーっとつづく!

$\cos\theta$のグラフ

グラフの要点: $0, \dfrac{\pi}{3}, \dfrac{\pi}{2}, \dfrac{2}{3}\pi, \pi, \dfrac{4}{3}\pi, \dfrac{3}{2}\pi, \dfrac{5}{3}\pi, 2\pi$

周期は2π

2πごとに同じグラフをくり返すってこと!!

この調子でずーっとつづく!

Theme 2　三角関数のキソのキソのキソ　23

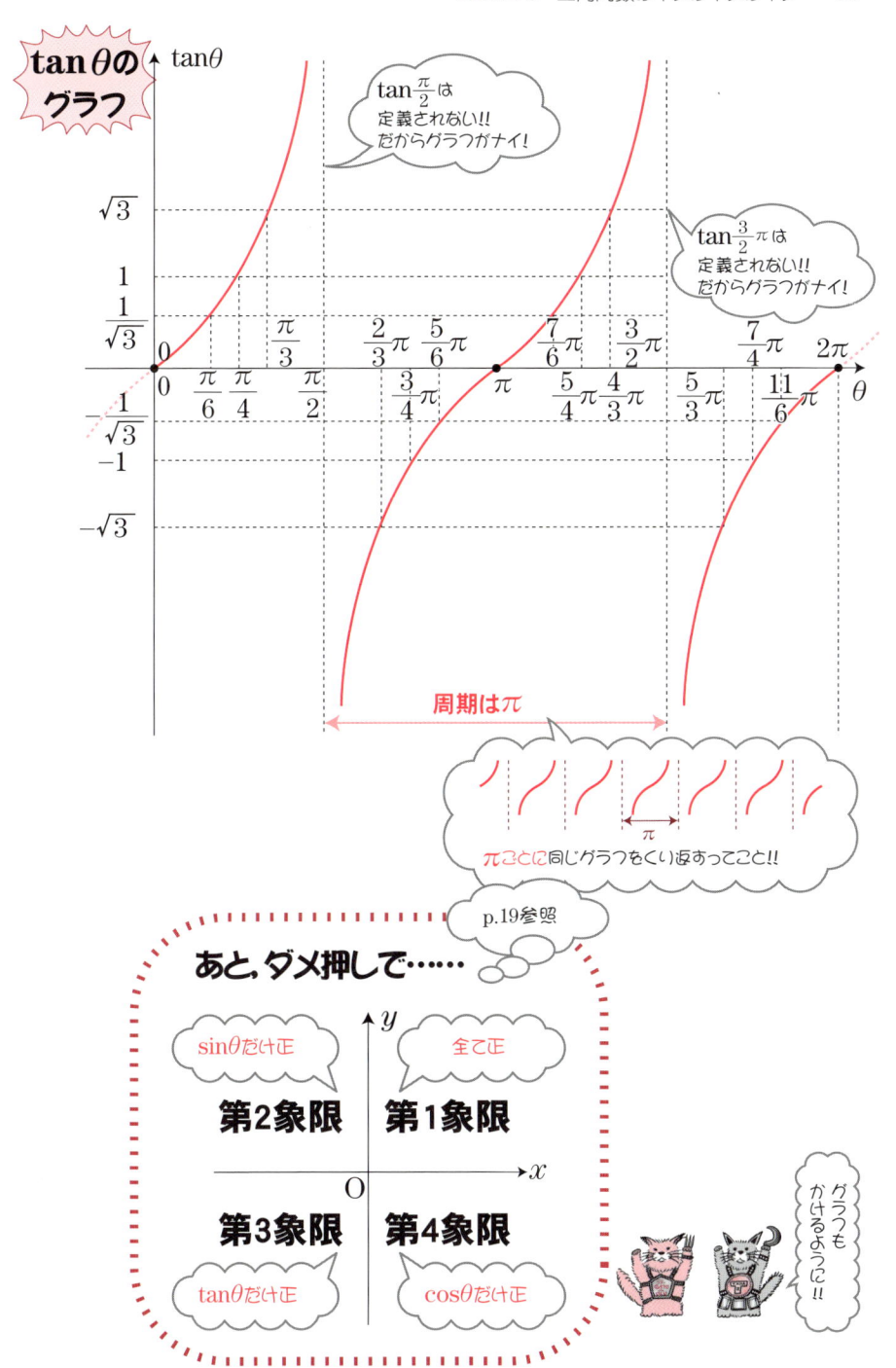

tan θ のグラフ

$\tan\dfrac{\pi}{2}$ は定義されない!! だからグラフがナイ!

$\tan\dfrac{3}{2}\pi$ は定義されない!! だからグラフがナイ!

周期はπ

πごとに同じグラフをくり返すってこと!!

p.19参照

あと、ダメ押しで……

sinθだけ正	全て正
第2象限	第1象限
第3象限	第4象限
tanθだけ正	cosθだけ正

グラフもかけるように!!

じゃあ，キソ的なモノから始めようゼ！

問題 2-1　　　　　　　　　　　　　　　　　　　　　　**基礎の基礎**

次のそれぞれの値を求めよ。

(1) $\sin\dfrac{11}{6}\pi + \cos\dfrac{\pi}{3} + \tan\dfrac{5}{4}\pi$

(2) $\sin\dfrac{\pi}{2}\cos\dfrac{2}{3}\pi - \tan\dfrac{3}{4}\pi\cos\dfrac{4}{3}\pi$

(3) $\sin\dfrac{23}{6}\pi + \cos\left(-\dfrac{13}{3}\pi\right)$

ナイスな導入!!

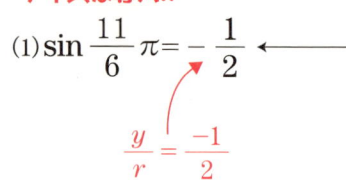

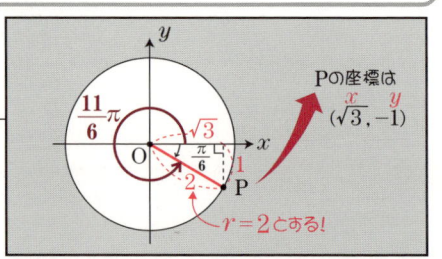

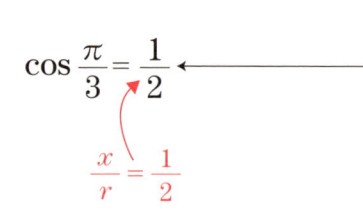

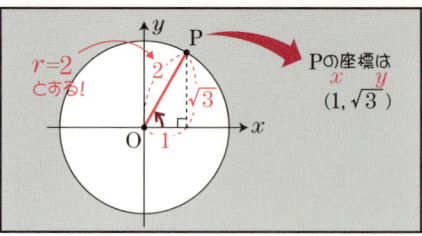

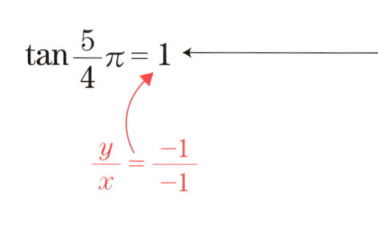

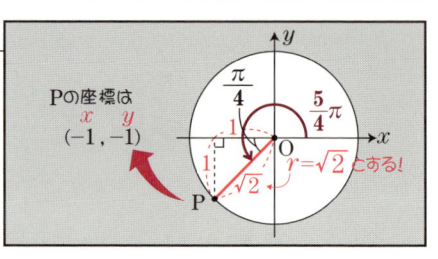

(1) $\sin\dfrac{11}{6}\pi = -\dfrac{1}{2}$

$\dfrac{y}{r} = \dfrac{-1}{2}$

$\cos\dfrac{\pi}{3} = \dfrac{1}{2}$

$\dfrac{x}{r} = \dfrac{1}{2}$

$\tan\dfrac{5}{4}\pi = 1$

$\dfrac{y}{x} = \dfrac{-1}{-1}$

これで，材料はそろいました！あとは，計算するのみ!!

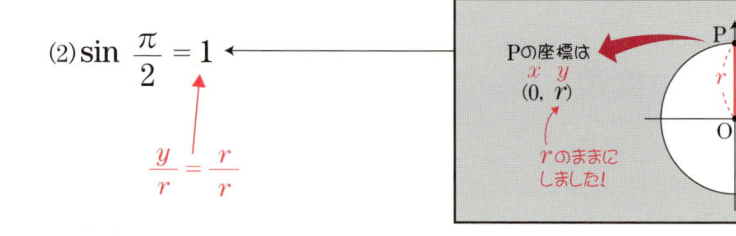

(2) $\sin\dfrac{\pi}{2} = 1$

$\dfrac{y}{r} = \dfrac{r}{r}$

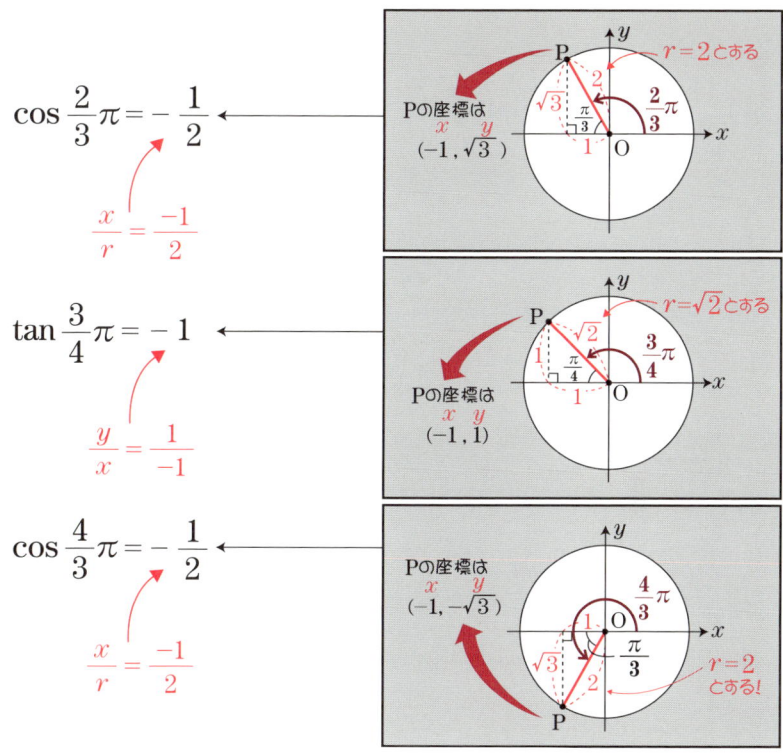

$$\cos\frac{2}{3}\pi = -\frac{1}{2}$$

Pの座標は x y $(-1, \sqrt{3})$ ， $r=2$ とする

$\dfrac{x}{r} = \dfrac{-1}{2}$

$$\tan\frac{3}{4}\pi = -1$$

Pの座標は x y $(-1, 1)$ ， $r=\sqrt{2}$ とする

$\dfrac{y}{x} = \dfrac{1}{-1}$

$$\cos\frac{4}{3}\pi = -\frac{1}{2}$$

Pの座標は x y $(-1, -\sqrt{3})$ ， $r=2$ とする！

$\dfrac{x}{r} = \dfrac{-1}{2}$

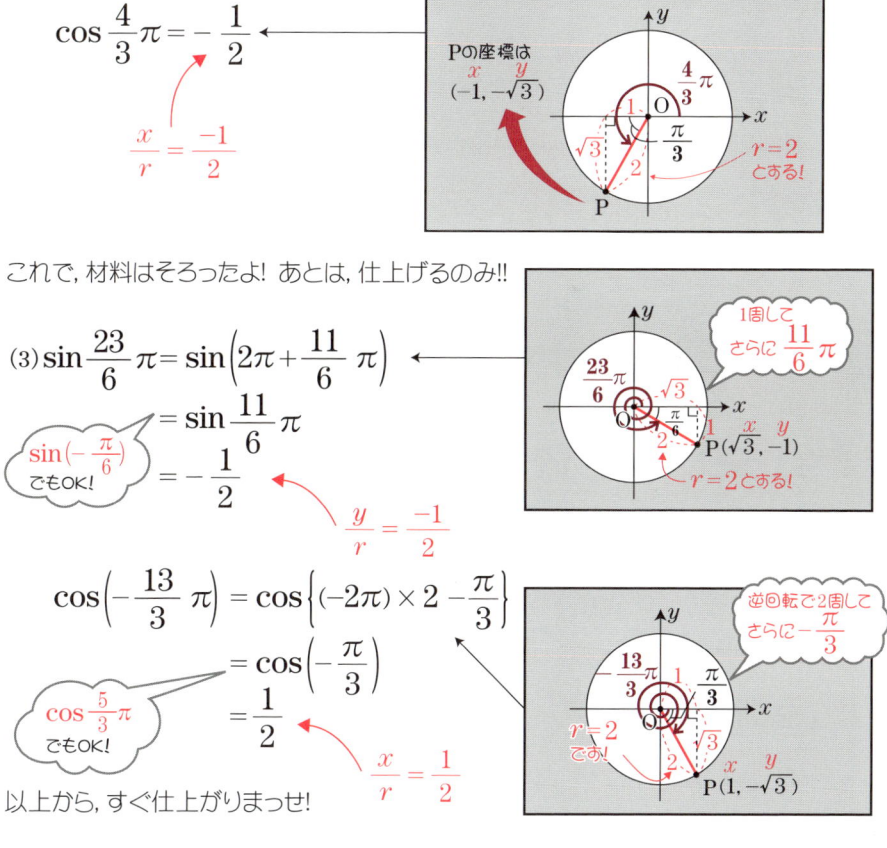

これで，材料はそろったよ！ あとは，仕上げるのみ!!

(3) $\sin\dfrac{23}{6}\pi = \sin\left(2\pi + \dfrac{11}{6}\pi\right)$

$= \sin\dfrac{11}{6}\pi$

$\sin\left(-\dfrac{\pi}{6}\right)$ でもOK！

$= -\dfrac{1}{2}$

1周してさらに $\dfrac{11}{6}\pi$

P$(\sqrt{3}, -1)$ ， $r=2$ とする！

$\dfrac{y}{r} = \dfrac{-1}{2}$

$\cos\left(-\dfrac{13}{3}\pi\right) = \cos\left\{(-2\pi)\times 2 - \dfrac{\pi}{3}\right\}$

$= \cos\left(-\dfrac{\pi}{3}\right)$

$\cos\dfrac{5}{3}\pi$ でもOK！

$= \dfrac{1}{2}$

逆回転で2周してさらに $-\dfrac{\pi}{3}$

$r=2$ です！ P$(1, -\sqrt{3})$

$\dfrac{x}{r} = \dfrac{1}{2}$

以上から，すぐ仕上がりまっせ！

解答でござる

(1) $\sin\dfrac{11}{6}\pi + \cos\dfrac{\pi}{3} + \tan\dfrac{5}{4}\pi$

$= -\dfrac{1}{2} + \dfrac{1}{2} + 1$

$= \underline{\mathbf{1}}$ …(答)

ナイスな導入!! 参照!!
$\begin{cases} \sin\dfrac{11}{6}\pi = -\dfrac{1}{2} \\ \cos\dfrac{\pi}{3} = \dfrac{1}{2} \\ \tan\dfrac{5}{4}\pi = 1 \end{cases}$

(2) $\sin\dfrac{\pi}{2}\cos\dfrac{2}{3}\pi - \tan\dfrac{3}{4}\pi\cos\dfrac{4}{3}\pi$

$= 1 \times \left(-\dfrac{1}{2}\right) - (-1) \times \left(-\dfrac{1}{2}\right)$

$= -\dfrac{1}{2} - \dfrac{1}{2}$

$= \underline{\mathbf{-1}}$ …(答)

ナイスな導入!! 参照!!
$\begin{cases} \sin\dfrac{\pi}{2} = 1 \\ \cos\dfrac{2}{3}\pi = -\dfrac{1}{2} \\ \tan\dfrac{3}{4}\pi = -1 \\ \cos\dfrac{4}{3}\pi = -\dfrac{1}{2} \end{cases}$

(3) $\sin\dfrac{23}{6}\pi + \cos\left(-\dfrac{13}{3}\pi\right)$

$= \sin\left(2\pi + \dfrac{11}{6}\pi\right) + \cos\left\{(-2\pi) \times 2 - \dfrac{\pi}{3}\right\}$

$= \sin\dfrac{11}{6}\pi + \cos\left(-\dfrac{\pi}{3}\right)$

$= -\dfrac{1}{2} + \dfrac{1}{2}$

$= \underline{\mathbf{0}}$ …(答)

ナイスな導入!! 参照!!
ムダにぐるぐる回ってるから小さい角に直すべし!!

$\begin{cases} \sin\dfrac{11}{6}\pi = -\dfrac{1}{2} \\ \cos\left(-\dfrac{\pi}{3}\right) = \dfrac{1}{2} \end{cases}$

そして誰もいなくなった…

ちょっとレベルを上げてみましょうネ♥

問題 2-2 　標準

次の方程式の一般解を求めよ。

(1) $\sin\theta = \dfrac{1}{2}$

(2) $\cos\theta = -\dfrac{1}{\sqrt{2}}$

(3) $\tan\theta = 1$

Theme 2　三角関数のキソのキソのキソ　27

ナイスな導入!!

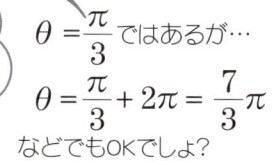

一般解を求めよ！ とは **一般角で答えよ！** ってことです。

p.13の **掟その☝** 参照!

たとえば

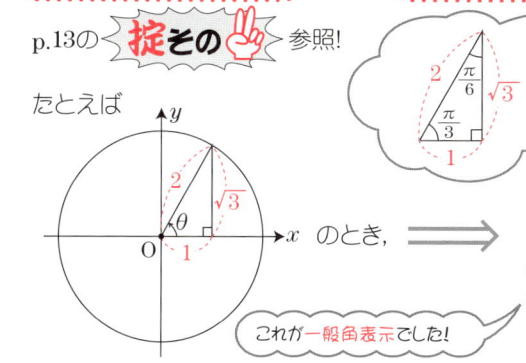

$\theta = \dfrac{\pi}{3}$ ではあるが…

$\theta = \dfrac{\pi}{3} + 2\pi = \dfrac{7}{3}\pi$

などでもOKでしょ？

だから，

$2\pi \times n$

$\theta = \dfrac{\pi}{3} + 2n\pi$ （n は整数）

と答えるべし!!

これが**一般角表示**でした!

じゃあ，やってみようぜぃ！

解答でござる

(1) $\sin\theta = \dfrac{1}{2}$

　$\sin\theta > 0$ ということは第1＆第2象限！

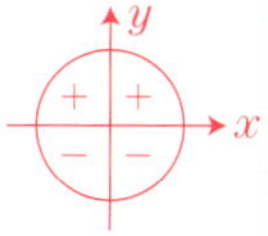

　$0 \le \theta < 2\pi$ とすると，

　$\theta = \dfrac{\pi}{6},\ \dfrac{5}{6}\pi$

　これを一般角表示して，

　$\theta = \dfrac{\pi}{6} + 2n\pi,\ \dfrac{5}{6}\pi + 2n\pi$

　（n は整数） …（答）

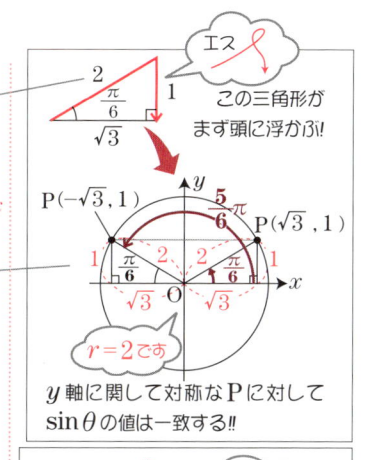

エス

この三角形がまず頭に浮かぶ！

$P(-\sqrt{3}, 1)$　$P(\sqrt{3}, 1)$

$r = 2$ です

y 軸に関して対称な P に対して $\sin\theta$ の値は一致する!!

(2) $\cos\theta = -\dfrac{1}{\sqrt{2}}$

　$\cos\theta < 0$ ということは第2＆第3象限！

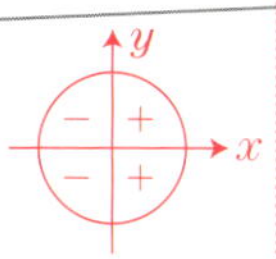

　$0 \le \theta < 2\pi$ とすると，

　$\theta = \dfrac{3}{4}\pi,\ \dfrac{5}{4}\pi$

　これを一般角表示して，

　$\theta = \dfrac{3}{4}\pi + 2n\pi,\ \dfrac{5}{4}\pi + 2n\pi$

　（n は整数） …（答）

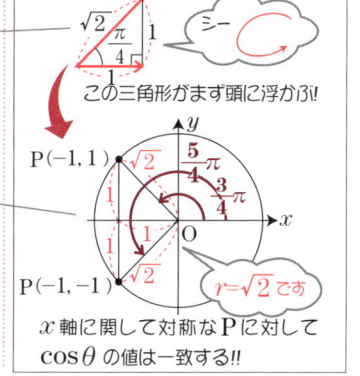

シー

この三角形がまず頭に浮かぶ！

$P(-1, 1)$

$P(-1, -1)$

$r = \sqrt{2}$ です

x 軸に関して対称な P に対して $\cos\theta$ の値は一致する!!

(3) $\tan\theta = 1$

↳ $\tan\theta > 0$ といえば第1&第3象限!

$0 \leq \theta < 2\pi$ とすると
$$\theta = \frac{\pi}{4}, \frac{5}{4}\pi$$

これを一般角表示して

$$\theta = \frac{\pi}{4} + n\pi \text{ (nは整数)} \cdots \text{(答)}$$

ティー $\vec{\pi}$

この三角形がまず頭に浮かぶ!

$P(1,1)$, $P(-1,-1)$, $r=\sqrt{2}$ です

$O(0,0)$に関して対称なPに対して$\tan\theta$の値は一致する!!

ちょっと言わせて

マニアックな話ですが…

(1) に別解があります! ($\sin\theta$の場合のみの話です!)

$$\theta = \frac{\pi}{6} + 2n\pi, \frac{5}{6}\pi + 2n\pi \text{ (nは整数)}$$

これ…じつは… **まとまります!** これ別物っす!

$$\theta = (-1)^n \times \frac{\pi}{6} + n\pi \text{ (nは整数)}$$

$(-1)^n \times \alpha + \pi \times n$ の形

余裕のある人は覚えれば?

確認してみよう!

まぁ,
$$\theta = \frac{\pi}{4} + 2n\pi \text{ と } \frac{5}{4}\pi + 2n\pi$$

として構いませんが, 下手くぞ!
だって

$+\pi$, $+\pi$

こんな感じでしょ?

▶ まとめこ

$$\frac{\pi}{4} + n\pi \text{ とするべし!!}$$

⇓

$\tan\theta$の場合は一般角表示が

$\boxed{\alpha + \pi \times n}$

となることを覚えよう!

$\begin{cases} n=0 \text{ のとき } \theta = (-1)^0 \times \frac{\pi}{6} + \pi \times 0 = \frac{\pi}{6} \\ \quad\quad ($a^0=1$ です) \\ n=1 \text{ のとき } \theta = (-1)^1 \times \frac{\pi}{6} + \pi \times 1 = \frac{5}{6}\pi \\ n=2 \text{ のとき } \theta = (-1)^2 \times \frac{\pi}{6} + \pi \times 2 = \frac{13}{6}\pi \\ \quad\quad\quad\quad\quad\quad\quad\quad \underset{1}{\sim} \\ \vdots \quad\quad\quad\quad \vdots \end{cases}$

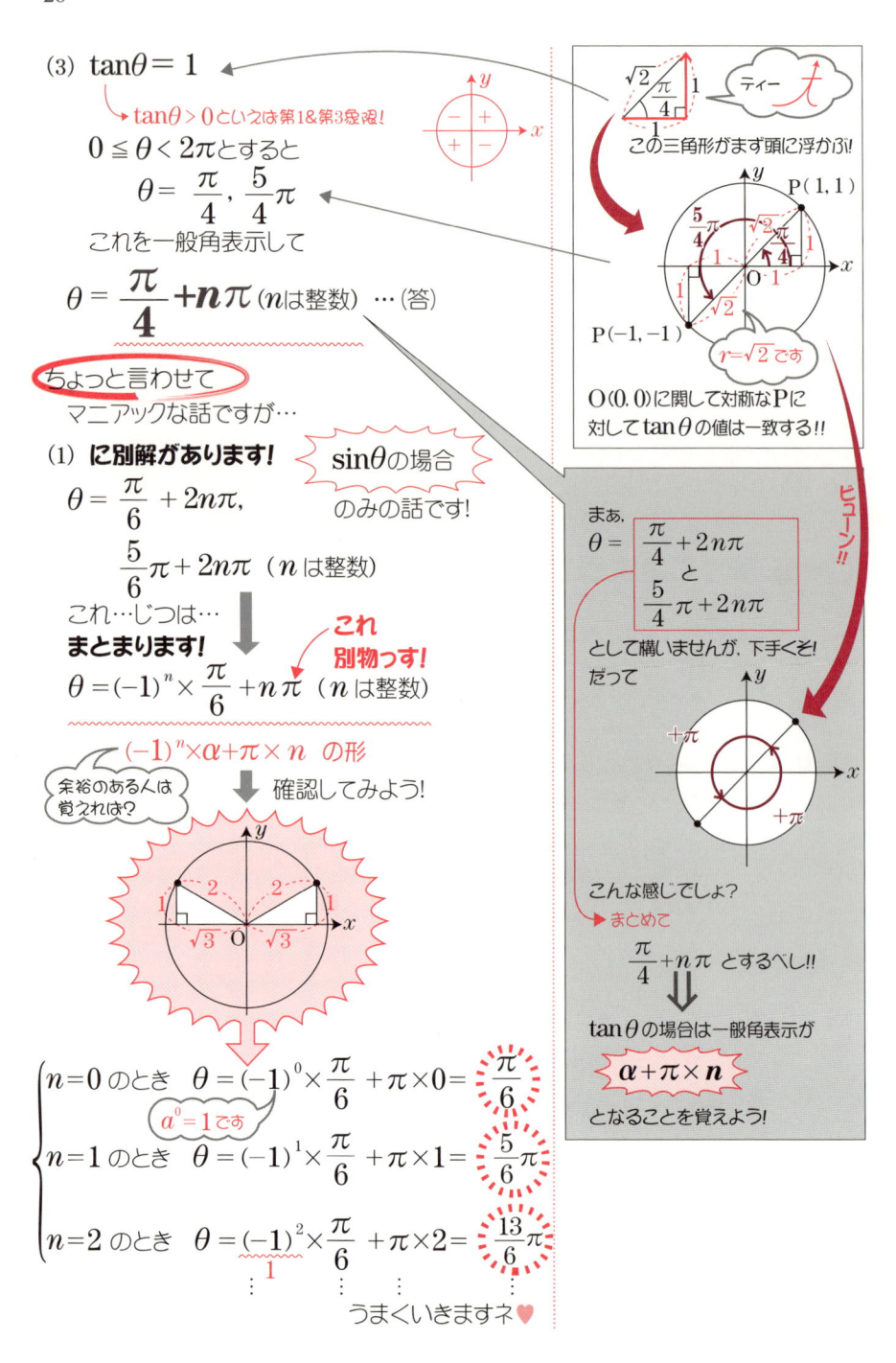

うまくいきますネ ♥

Theme 2 三角関数のキソのキソのキソ

問題 2-3 　標準

$0 \leq \theta < 2\pi$ のとき，次の不等式を解け。

(1) $\sin\theta > \dfrac{\sqrt{3}}{2}$

(2) $\cos\theta \leq \dfrac{1}{2}$

(3) $\tan\theta \leq 1$

単位円を活用した別の解法が Theme 4 にあります

ナイスな導入!!

(1) $\sin\theta = \dfrac{\sqrt{3}}{2}$ とすると，

$0 \leq \theta < 2\pi$ では，

$\theta = \dfrac{\pi}{3}, \dfrac{2}{3}\pi$

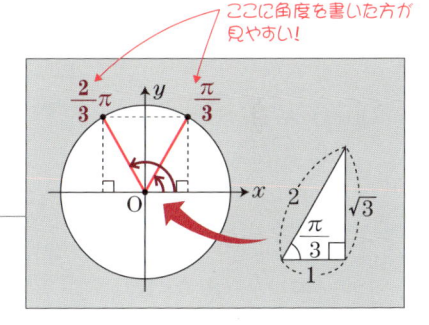

これをもとにして…

$\sin\theta > \dfrac{\sqrt{3}}{2}$ のとき

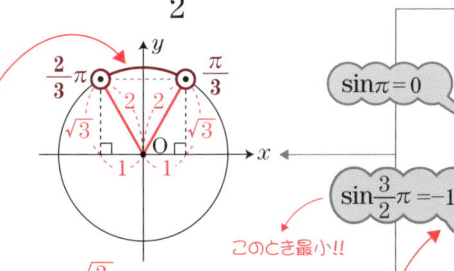

ここに角度を書いた方が見やすい！

$\sin\dfrac{\pi}{2} = 1$ このとき最大!!

$\sin\pi = 0$ 　減 ／ 増 　$\sin 0 = 0$

$\sin\dfrac{3}{2}\pi = -1$ 　減 ／ 増

このとき最小!!

これがsinθの生き様だ!!

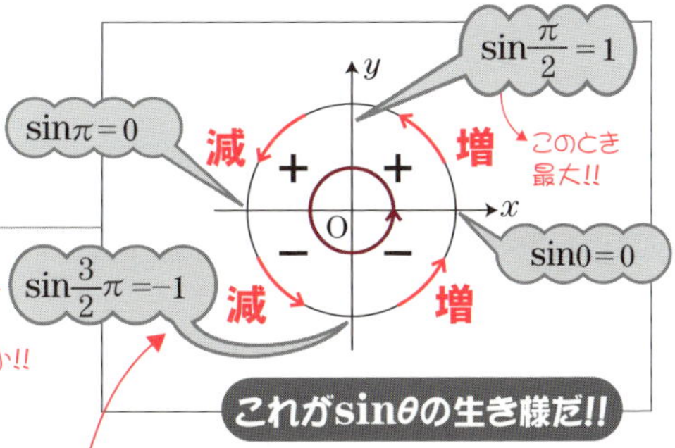

これが頭に入っていないと不等式はできないぞ!!

$\sin\theta$ の値が $\dfrac{\sqrt{3}}{2}$ より大きくなるところはこの部分!!

$\therefore \quad \dfrac{\pi}{3} < \theta < \dfrac{2}{3}\pi$ 　答です!!

(2) $\cos\theta = \dfrac{1}{2}$ とすると，

$0 \leq \theta < 2\pi$ では，

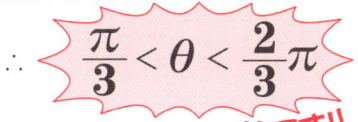

$\theta = \dfrac{\pi}{3}, \dfrac{5}{3}\pi$

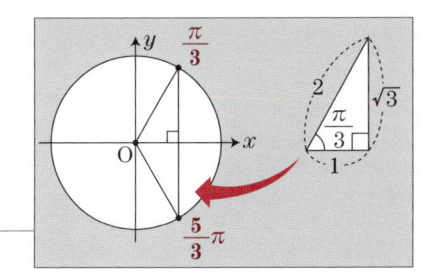

これをもとにして…

$\cos\theta \leqq \dfrac{1}{2}$ のとき

$\cos\theta$の値が$\dfrac{1}{2}$以下となるところはこの部分!!

$\cos\pi = -1$ このとき最小!!
$\cos\dfrac{\pi}{2} = 0$
$\cos\dfrac{3}{2}\pi = 0$
$\cos 0 = 1$ このとき最大!!

減 / 減 / 増 / 増

これが$\cos\theta$の生き様だ!!

これが頭に入っていないと不等式はできません!!

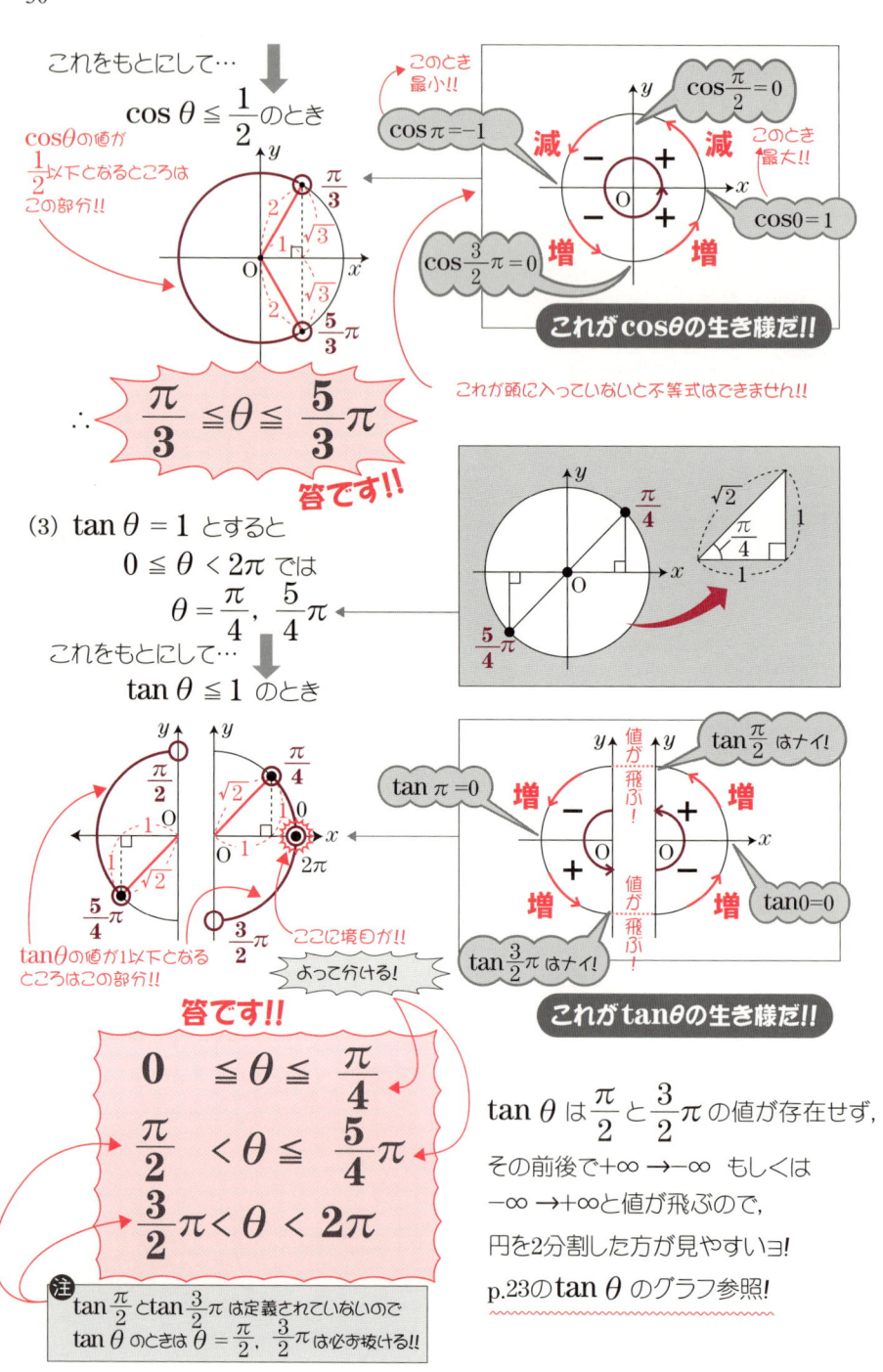

∴ $\dfrac{\pi}{3} \leqq \theta \leqq \dfrac{5}{3}\pi$

答です!!

(3) $\tan\theta = 1$ とすると
$0 \leqq \theta < 2\pi$ では
$\theta = \dfrac{\pi}{4}, \dfrac{5}{4}\pi$

これをもとにして…

$\tan\theta \leqq 1$ のとき

$\tan\theta$の値が1以下となるところはこの部分

ここに境目が!!
よって分ける!

$\tan\pi = 0$
$\tan\dfrac{\pi}{2}$はナイ!
$\tan\dfrac{3}{2}\pi$はナイ!
$\tan 0 = 0$

値が飛ぶ!
増 / 増 / 増 / 増

これが$\tan\theta$の生き様だ!!

答です!!

$0 \leqq \theta \leqq \dfrac{\pi}{4}$
$\dfrac{\pi}{2} < \theta \leqq \dfrac{5}{4}\pi$
$\dfrac{3}{2}\pi < \theta < 2\pi$

注: $\tan\dfrac{\pi}{2}$と$\tan\dfrac{3}{2}\pi$は定義されていないので$\tan\theta$のときは$\theta = \dfrac{\pi}{2}, \dfrac{3}{2}\pi$は必ず抜ける!!

$\tan\theta$は$\dfrac{\pi}{2}$と$\dfrac{3}{2}\pi$の値が存在せず，その前後で$+\infty \to -\infty$ もしくは $-\infty \to +\infty$と値が飛ぶので，円を2分割した方が見やすいョ!
p.23の$\tan\theta$のグラフ参照!

解答でござる

(1) $\sin\theta = \dfrac{\sqrt{3}}{2}$ のとき

$0 \leqq \theta < 2\pi$ では,
$$\theta = \dfrac{\pi}{3},\ \dfrac{2}{3}\pi$$

よって $\sin\theta > \dfrac{\sqrt{3}}{2}$ のとき
$0 \leqq \theta < 2\pi$ では

$$\underline{\dfrac{\pi}{3} < \theta < \dfrac{2}{3}\pi}\quad \cdots (答)$$

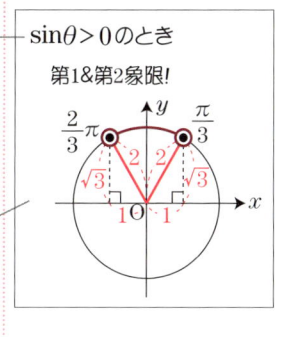

$\sin\theta > 0$ のとき
第1&第2象限!

(2) $\cos\theta = \dfrac{1}{2}$ のとき

$0 \leqq \theta < 2\pi$ では,
$$\theta = \dfrac{\pi}{3},\ \dfrac{5}{3}\pi$$

よって $\cos\theta \leqq \dfrac{1}{2}$ のとき
$0 \leqq \theta < 2\pi$ では

$$\underline{\dfrac{\pi}{3} \leqq \theta \leqq \dfrac{5}{3}\pi}\quad \cdots (答)$$

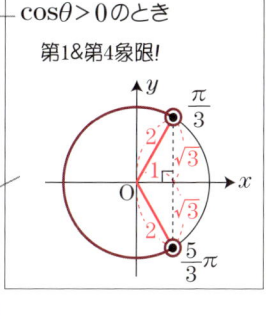

$\cos\theta > 0$ のとき
第1&第4象限!

(3) $\tan\theta = 1$ のとき

$0 \leqq \theta < 2\pi$ では,
$$\theta = \dfrac{\pi}{4},\ \dfrac{5}{4}\pi$$

よって $\tan\theta \leqq 1$ のとき

$$\underline{0 \leqq \theta \leqq \dfrac{\pi}{4}}$$
$$\underline{\dfrac{\pi}{2} < \theta \leqq \dfrac{5}{4}\pi} \quad \cdots (答)$$
$$\underline{\dfrac{3}{2}\pi < \theta < 2\pi}$$

問題文で $0 \leqq \theta < 2\pi$ となっていることに注意せよ!
イコールなし!!

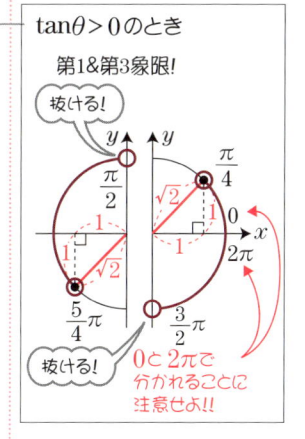

$\tan\theta > 0$ のとき
第1&第3象限!

抜ける!

0 と 2π で分かれることに注意せよ!!

Theme 3 ちょっと突っ込んだ三角関数のグラフのお話

基本的なお話は p.22〜23 でもう済んでますが、今回はもう少し突っ込みます!!

問題3-1 　　　　　　　　　　　　　　　　　　　　　基礎

次の関数のグラフをかけ。また、その周期を求めよ。

(1) $y = 2\sin x$
(2) $y = \dfrac{1}{2}\cos x$

これは簡単だぞーっ!!

ビジュアル解答

tan$x$ 関数のグラフはかきにくいのであまり出題されません!!

結論から申し上げます!!

$y = a\sin x$ ☞ $y = \sin x$ のグラフを **y軸方向に a倍**に拡大あるいは縮小!!

$y = a\cos x$ ☞ $y = \cos x$ のグラフを **y軸方向に a倍**に拡大あるいは縮小!!

では、問題を通して具体的に確認してまいりましょう。

(1) $y = \sin x$ のグラフは… ← これをもとにして…

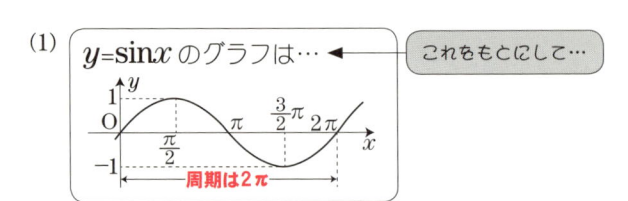

周期は 2π

このグラフについて、詳しくは P.22 参照!!

Theme 3 ちょっと突っ込んだ三角関数のグラフのお話 33

で!! $y=2\sin x$ のグラフは, $y=\sin x$ のグラフを **y 軸方向に 2 倍**に拡大すればよい!!

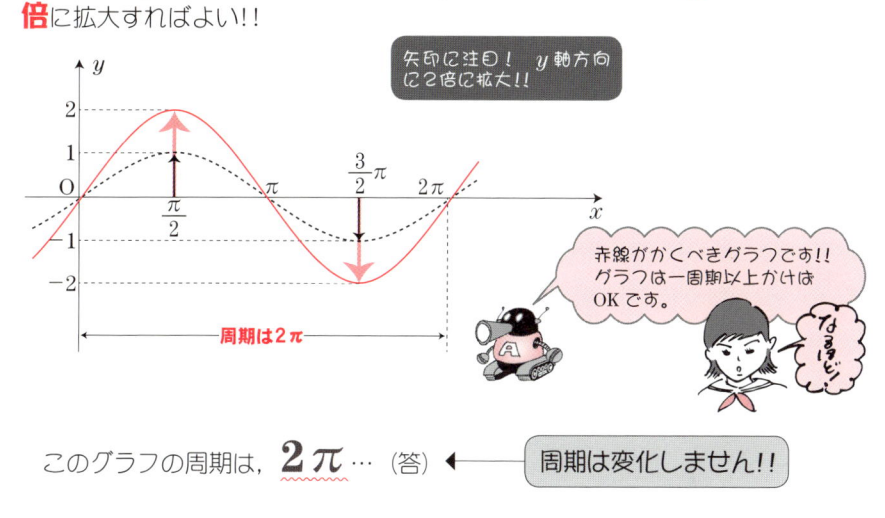

矢印に注目!! y軸方向に2倍に拡大!!

赤線がかくべきグラフです!! グラフは一周期以上かけばOKです。

なるほど…

このグラフの周期は, **2π** …(答) ← 周期は変化しません!!

(2) $y=\cos x$ のグラフは… ← これをもとにします!!

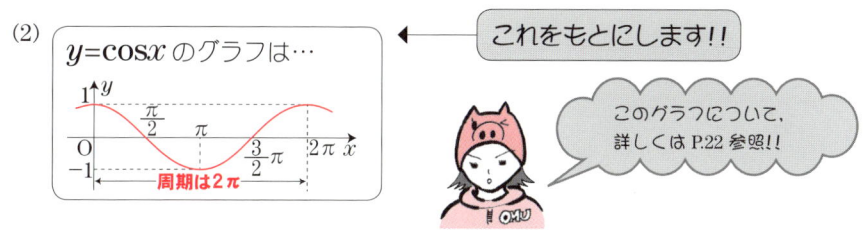

周期は2π

このグラフについて, 詳しくは P.22 参照!!

で!! $y=\dfrac{1}{2}\cos x$ のグラフは, $y=\cos x$ のグラフを **y 軸方向に $\dfrac{1}{2}$ 倍**に縮小すればよい!!

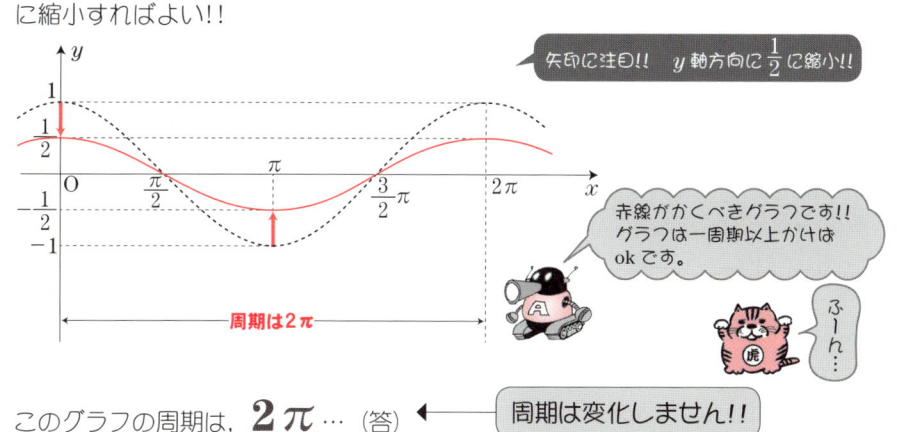

矢印に注目!! y軸方向に $\dfrac{1}{2}$ に縮小!!

赤線がかくべきグラフです!! グラフは一周期以上かけばokです。

ふーん…

周期は2π

このグラフの周期は, **2π** …(答) ← 周期は変化しません!!

問題 3-2　 基礎

次の関数のグラフをかけ，またその周期を求めよ

(1) $y = \sin 2x$
(2) $y = \cos \dfrac{x}{2}$
(3) $y = \tan \dfrac{x}{3}$

ビジュアル解答

本題に入る前に算数の時間です！！

ん!?

時計の長針は，**60 分で 1 周**します。もしも長針の動く速さが **2 倍**になったらどうなりますか??

1 周する時間は $\dfrac{1}{2}$ **倍**となるから，**30 分で 1 周**します。

逆に，長針の動く速さが $\dfrac{1}{2}$ **倍**となったら??

1 周する時間は **2 倍**かかるので，**120 分で 1 周**します。
つまり，速さと時間は反比例の関係にあります。
この感覚を持つことが本問では大切なカギとなります。

小学校で習ったなぁ…

Theme 3　ちょっと突っ込んだ三角関数のグラフのお話　35

(1) **比較しよう!!**

$y = \sin x$　　　　　$y = \sin 2x$

角度の動く速さが2倍速です!!

とゆーことは…

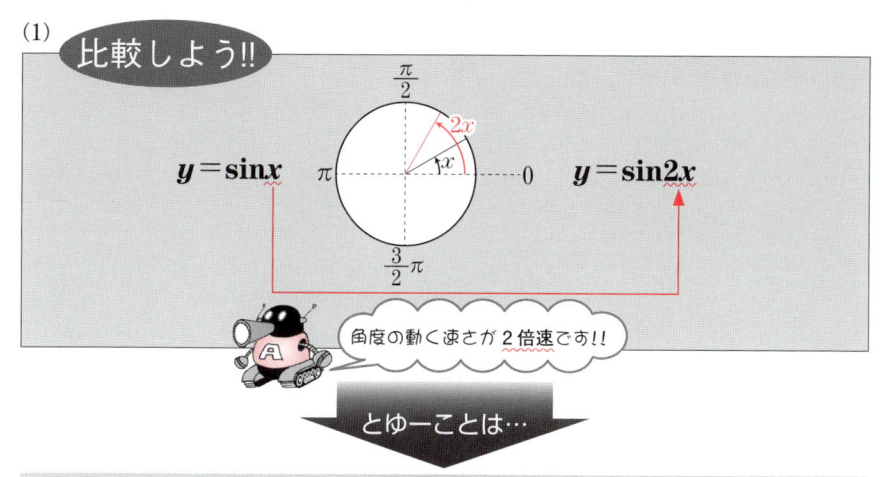

　周期というものは，同じグラフをくり返す時間のようなものだから，角度の動く速さが2倍速になったので，周期は，$\dfrac{1}{2}$になります。(かかる時間が $\dfrac{1}{2}$ のイメージです!!)

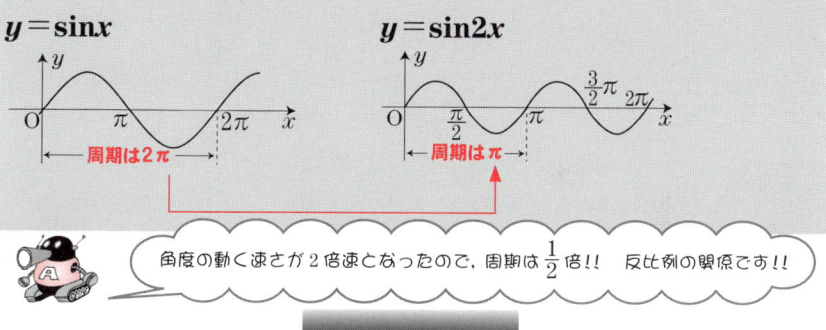

$y = \sin x$　　　　　　　$y = \sin 2x$

周期は 2π　　　　　　周期は π

角度の動く速さが2倍速となったので，周期は $\dfrac{1}{2}$ 倍!!　反比例の関係です!!

結論です!!

$y = \sin 2x$ の周期は $2\pi \times \dfrac{1}{2} = \pi$ …(答)

グラフは，次のとおり!!

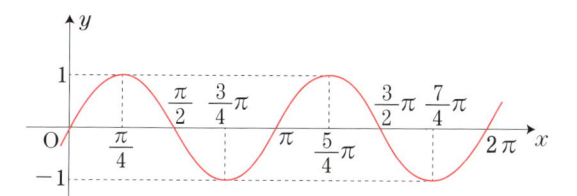

周期を先に考えれば楽勝だね!!

(2) 比較しよう!!

$y=\cos x$ ←→ $y=\cos \dfrac{x}{2}$ （$\dfrac{1}{2}$倍速!!）

角度の動く速さが$\dfrac{1}{2}$倍速です!!

とゆーことは…

角度の動く速さが$\dfrac{1}{2}$倍速になったので，周期は2倍となります。
（時間が2倍かかるイメージです!!）

$y=\cos x$ 　周期は2π

$y=\cos \dfrac{x}{2}$ 　周期は4π

角度の動く速さが$\dfrac{1}{2}$倍速となったので、周期は2倍!! 反比例の関係です。

結論です!!

$y=\cos \dfrac{x}{2}$ の周期は　$2\pi \times \boxed{2} = \underline{4\pi}$ …（答）

グラフは、次のとおり!!

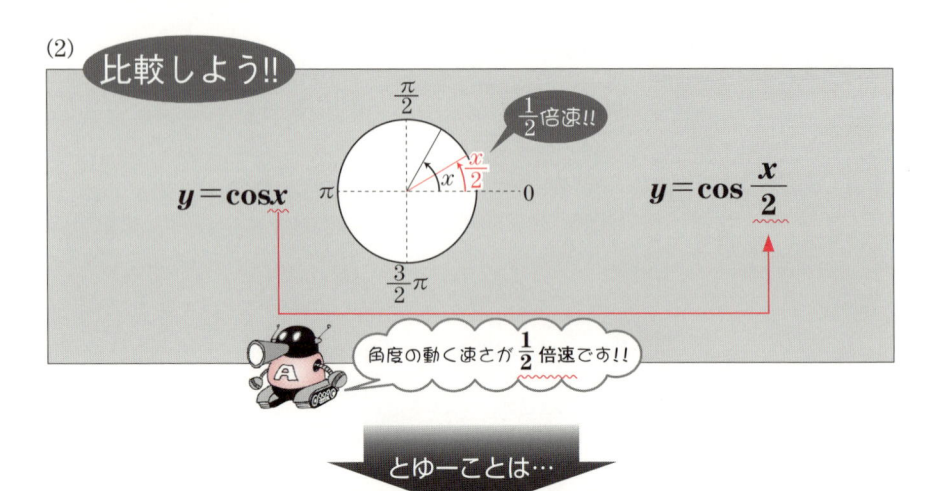

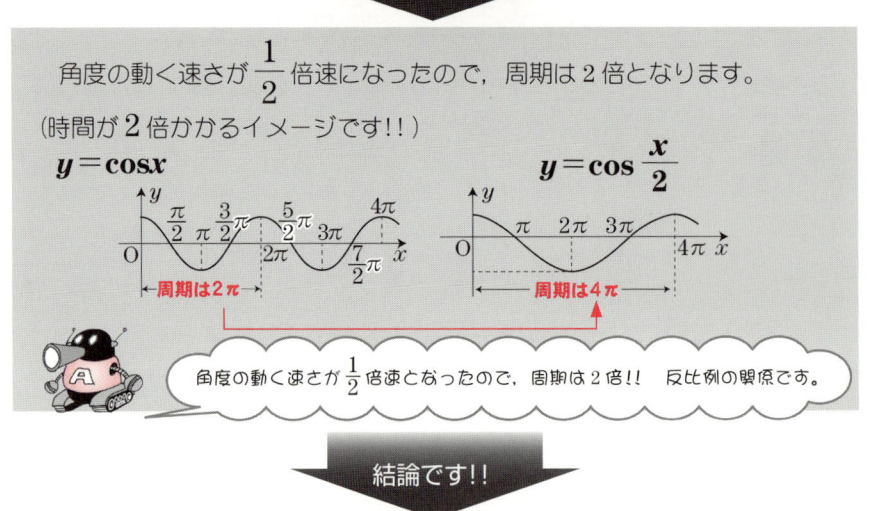

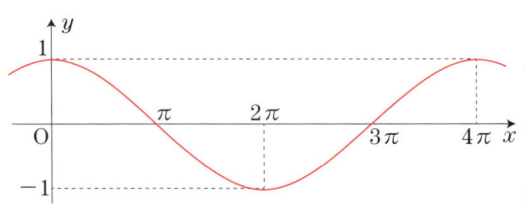

グラフは1周期以上書いてあればOKだよ

Theme 3　ちょっと突っ込んだ三角関数のグラフのお話　37

(3) **比較しよう!!**

$y = \tan x$　　　　　$\dfrac{1}{3}$倍速!!　　　$y = \tan \dfrac{x}{3}$

> 角度の動く速さが$\dfrac{1}{3}$倍速となります!!

> ゆっくりだな…

とゆーことは…

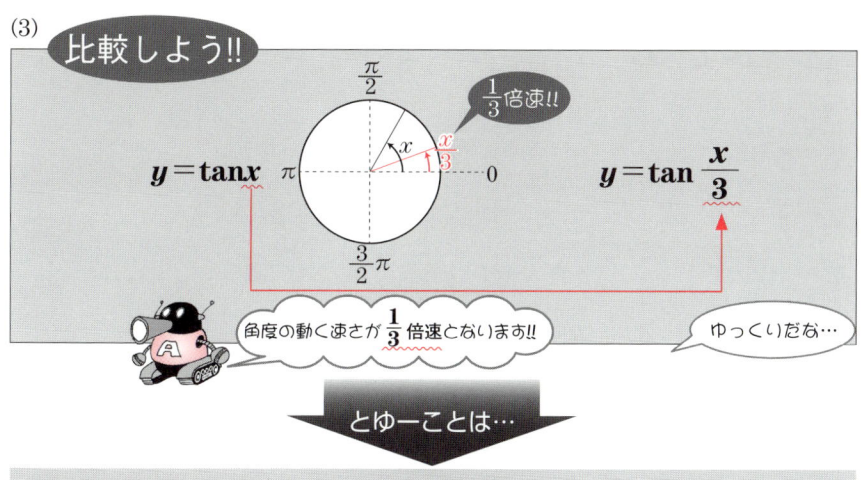

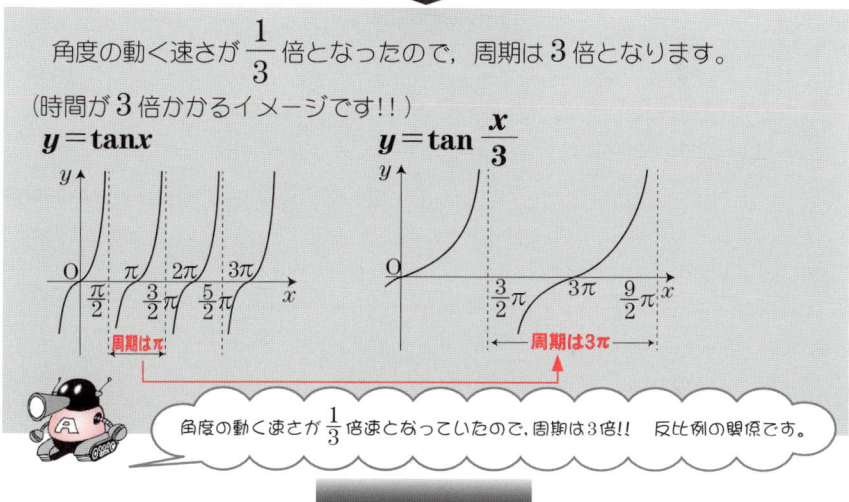

角度の動く速さが$\dfrac{1}{3}$倍となったので，周期は3倍となります。
（時間が3倍かかるイメージです!!）

$y = \tan x$　　　　　　$y = \tan \dfrac{x}{3}$

周期はπ　　　　　　周期は3π

> 角度の動く速さが$\dfrac{1}{3}$倍速となっていたので，周期は3倍!!　反比例の関係です。

結論です!!

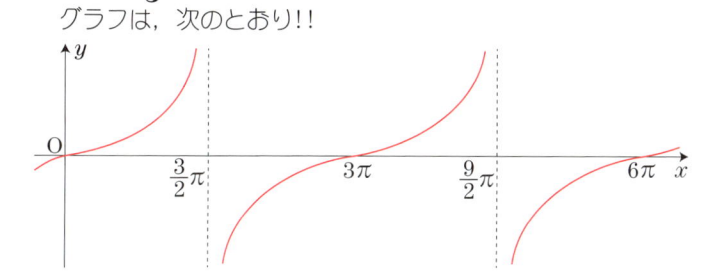

$y = \tan \dfrac{x}{3}$の周期は$\pi \times \boxed{3} = 3\pi$ … (答)

グラフは，次のとおり!!

ザ・まとめ

反比例の周期しっかりおさえよう!!

$y = \sin kx$ の周期は, $y = \sin x$ の周期 2π の $\dfrac{1}{k}$ 倍の $\dfrac{2\pi}{k}$ となる。

$y = \sin \dfrac{x}{k}$ の周期は, $y = \sin x$ の周期 2π の k 倍の $2k\pi$ となる。

$y = \cos kx$ の周期は, $y = \cos x$ の周期 2π の $\dfrac{1}{k}$ 倍の $\dfrac{2\pi}{k}$ となる。

$y = \cos \dfrac{x}{k}$ の周期は, $y = \cos x$ の周期 2π の k 倍の $2k\pi$ となる。

$y = \tan kx$ の周期は, $y = \tan x$ の周期 π の $\dfrac{1}{k}$ 倍の $\dfrac{\pi}{k}$ となる。

$y = \tan \dfrac{x}{k}$ の周期は, $y = \tan x$ の周期 π の k 倍の $k\pi$ となる。

プロフィール

オムちゃん（28才）
5匹の猫を飼う謎の女性！
実は未来のみっちゃんです。
高校生時代の自分が心配になってしまい
様子を見にタイムマシーンで……

Theme 3　ちょっと突っ込んだ三角関数のグラフのお話　39

お次は，グラフの平行移動について学習しましょう!!

平行移動…？？

問題3-3　　基礎

次の関数のグラフをかけ。

(1) $y = \sin\left(x - \dfrac{\pi}{2}\right)$

(2) $y = \cos\left(x + \dfrac{\pi}{2}\right) + 2$

(3) $y = \tan\left(x - \dfrac{\pi}{4}\right)$

ビジュアル解答

数学Ⅰで学習したことを復習してみよう!!

$y = ax^2$ を x 軸方向に p，y 軸方向に q だけ平行移動させると

$y = a(x-p)^2 + q$ となります。

また，$y = a(x-p)^2 + q$ の頂点の座標が (p, q) だから当然です。

で，この考えは，この世にあるすべての関数について有効なんです。

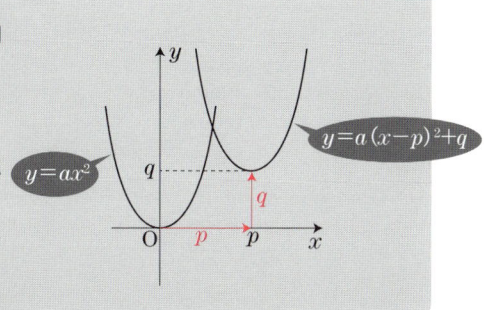

そこで!!　まとめてしまいましょう!!

ザ・まとめ

$y = \sin x$，$y = \cos x$，$y = \tan x$ のグラフをそれぞれ x 軸方向（x 軸の正の方向）に p，y 軸方向（y 軸の正の方向）に q だけ平行移動させると……

$y = \sin(x - p) + q$

$y = \cos(x - p) + q$

$y = \tan(x - p) + q$ となります。

なるほど

(1) $y = \sin\left(x - \dfrac{\pi}{2}\right)$ のグラフは $y = \sin x$ のグラフを x 軸方向に $\dfrac{\pi}{2}$ だけ平行移動させたものである。よって，グラフは下の赤線のとおり！！

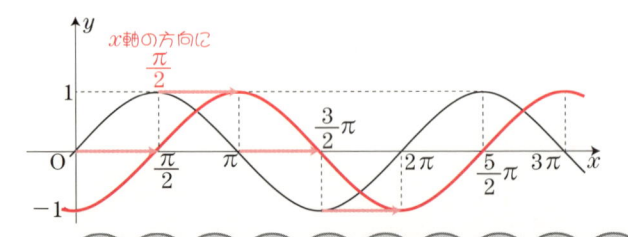

> まぁ，わからなくなったら，$x = 0, \dfrac{\pi}{2}, \pi, \dfrac{3}{2}\pi, 2\pi, \cdots$ と，実際に数値を代入して確認してみてください。例えば，$x = \pi$ のとき，$y = \sin\left(\pi - \dfrac{\pi}{2}\right) = \sin\dfrac{\pi}{2} = 1$ つまり，グラフは，$(\pi, 1)$ を通ることがわかります。

急がば回れ

ここをマイナスにしよう！！

(2) $y = \cos\left(x + \dfrac{\pi}{2}\right) + 2$，つまり，$y = \cos\left\{x - \left(-\dfrac{\pi}{2}\right)\right\} + 2$ のグラフは，$y = \cos x$ のグラフを x 軸方向に $-\dfrac{\pi}{2}$，y 軸方向に 2 だけ平行移動させたものである。よって，グラフは，下の赤線のとおり！！

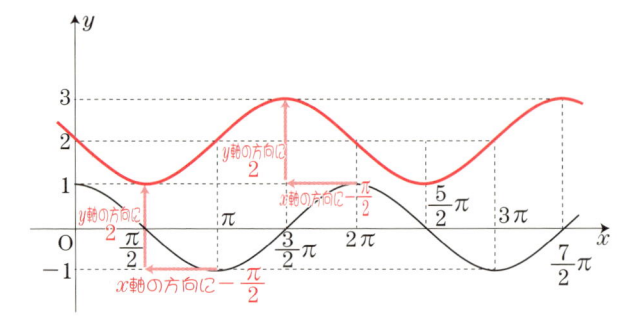

> わからなくなったら，$x = 0, \dfrac{\pi}{2}, \pi, \dfrac{3}{2}\pi, 2\pi, \cdots$ と実際に数値を代入して確認してみてください。例えば，$x = \dfrac{\pi}{2}$ のとき，$y = \cos\left(\dfrac{\pi}{2} + \dfrac{\pi}{2}\right) + 2 = \cos\pi + 2 = -1 + 2 = 1$ つまり，グラフは $\left(\dfrac{\pi}{2}, 1\right)$ を通ることがわかります。

(3) $y = \tan\left(x - \dfrac{\pi}{4}\right)$ のグラフは，$y = \tan x$ のグラフを x 軸方向に $\dfrac{\pi}{4}$ だけ平行移動させたものである．よって，グラフは，下の赤線のとおり!!

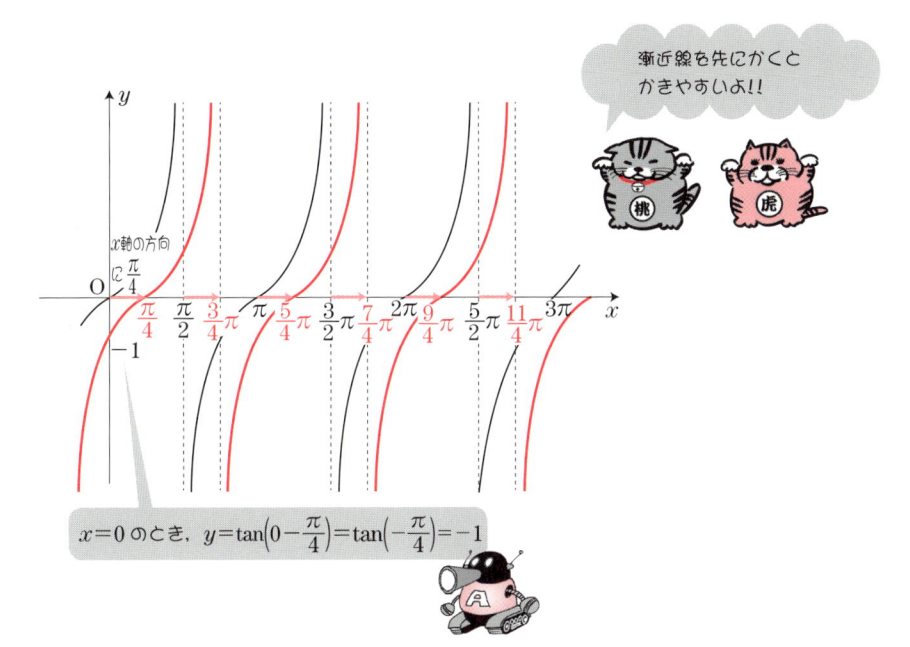

漸近線を先にかくとかきやすいよ!!

$x = 0$ のとき，$y = \tan\left(0 - \dfrac{\pi}{4}\right) = \tan\left(-\dfrac{\pi}{4}\right) = -1$

42

では，仕上げです!!

問題3-4 　　　　　　　　　　　　　　　　　　　　　　【標準】

関数 $y = 2\sin\left(\dfrac{x}{2} - \dfrac{\pi}{4}\right)$ の周期を求め，そのグラフをかけ。

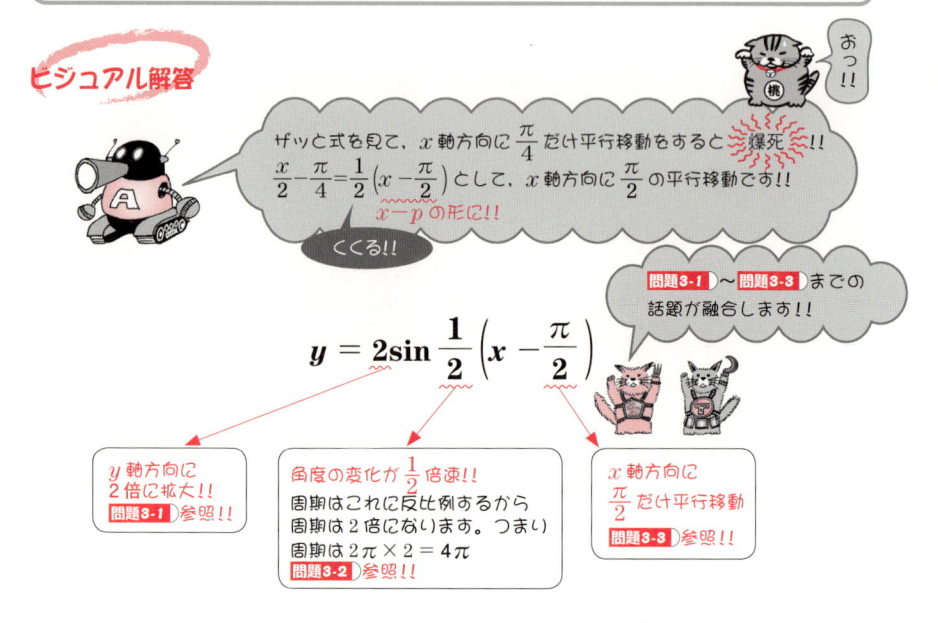

ビジュアル解答

> ザッと式を見て，x 軸方向に $\dfrac{\pi}{4}$ だけ平行移動をすると爆死!!
> $\dfrac{x}{2} - \dfrac{\pi}{4} = \dfrac{1}{2}\left(x - \dfrac{\pi}{2}\right)$ として，x 軸方向に $\dfrac{\pi}{2}$ の平行移動です!!
> $x - p$ の形に!!
> くくる!!

問題3-1 ～ 問題3-3 までの話題が融合します!!

$$y = 2\sin \dfrac{1}{2}\left(x - \dfrac{\pi}{2}\right)$$

- y 軸方向に 2 倍に拡大!! 問題3-1 参照!!
- 角度の変化が $\dfrac{1}{2}$ 倍速!! 周期はこれに反比例するから周期は 2 倍になります。つまり周期は $2\pi \times 2 = 4\pi$ 問題3-2 参照!!
- x 軸方向に $\dfrac{\pi}{2}$ だけ平行移動 問題3-3 参照!!

これらを同時に考えるとゴチャゴチャするので，Step1 ～ Step3 の 3 段階に分けてアプローチします!!

Step1 　$y = \boxed{2}\sin x$ のグラフに，$y = \sin x$ のグラフを y 軸方向に 2 倍に拡大したものである。

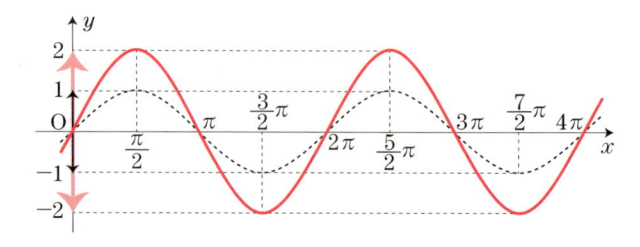

Theme 3 ちょっと突っ込んだ三角関数のグラフのお話 43

Step2 $y = 2\sin\dfrac{1}{2}x$ のグラフは，$y=2\sin x$ のグラフの周期を 2 倍にしたものである。つまり，周期は，$2\pi \times 2 = 4\pi$ です。

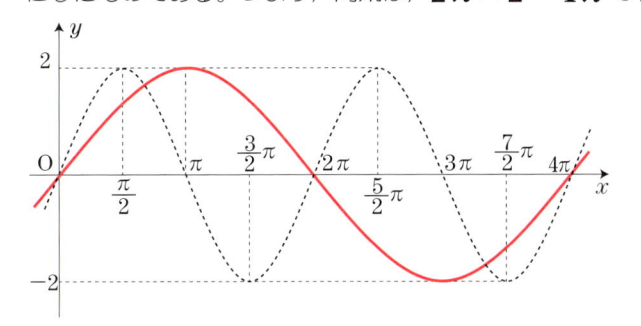

Step3 $y = 2\sin\dfrac{1}{2}\left(x - \dfrac{\pi}{2}\right)$ のグラフは，$y = 2\sin\dfrac{1}{2}x$ のグラフを x 軸方向に $\dfrac{\pi}{2}$ だけ平行移動させたものである。

答です!!

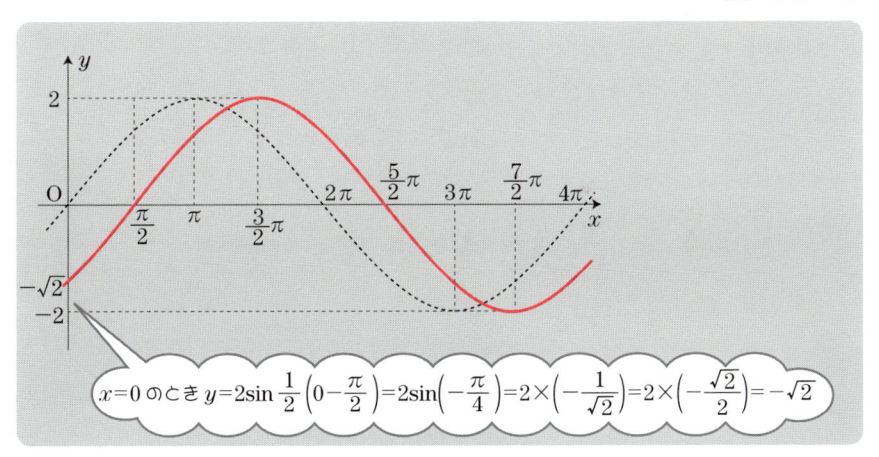

$x=0$ のとき $y = 2\sin\dfrac{1}{2}\left(0 - \dfrac{\pi}{2}\right) = 2\sin\left(-\dfrac{\pi}{4}\right) = 2 \times \left(-\dfrac{1}{\sqrt{2}}\right) = 2 \times \left(-\dfrac{\sqrt{2}}{2}\right) = -\sqrt{2}$

Theme 4 単位円を修得せよ!!

半径が1の円のことか…

単位円を導入した解法は役に立つこともあるので，マスターしておこう!!

了解!!

単位円の場合のお話だよ

その1 $\sin\theta$ と単位円の関係

p.15でも簡単に触れましたが…

$\sin\theta$ といえば，**y 座標**になります。
実際に確認してみましょう!!

例1 $\sin30° = \dfrac{1}{2}$ & $\sin150° = \dfrac{1}{2}$ でしたね!!

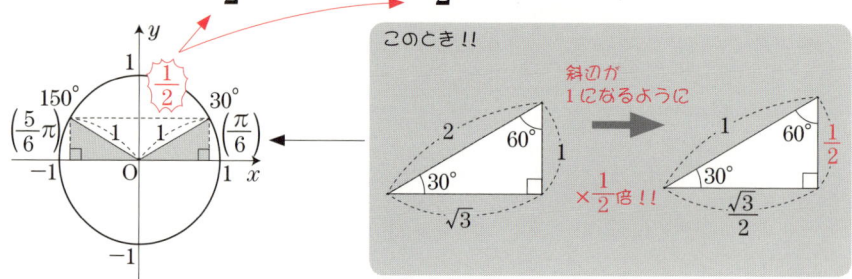

このとき!!

斜辺が1になるように　$\times\dfrac{1}{2}$倍!!

例2 $\sin225° = -\dfrac{1}{\sqrt{2}}$ & $\sin315° = -\dfrac{1}{\sqrt{2}}$ でしたね!!

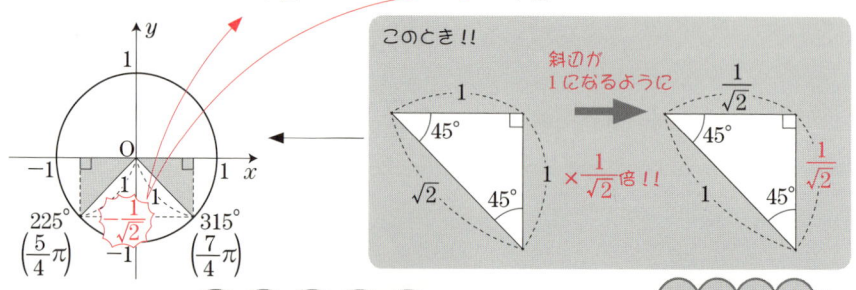

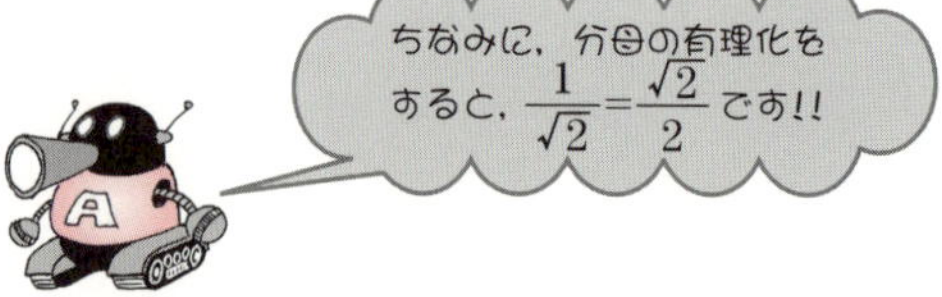

このとき!!

斜辺が1になるように　$\times\dfrac{1}{\sqrt{2}}$倍!!

ちなみに，分母の有理化をすると，$\dfrac{1}{\sqrt{2}} = \dfrac{\sqrt{2}}{2}$ です!!

マジで $\sin\theta$ の値が y 座標に対応してる!!

Theme 4　単位円を修得せよ!!　45

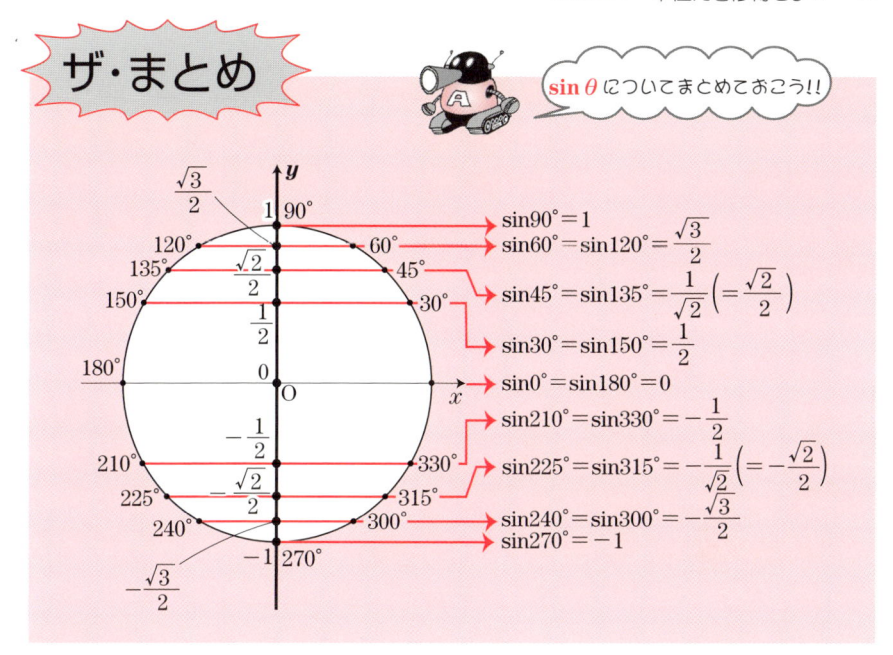

ザ・まとめ

sinθについてまとめておこう!!

$\sin 90° = 1$

$\sin 60° = \sin 120° = \dfrac{\sqrt{3}}{2}$

$\sin 45° = \sin 135° = \dfrac{1}{\sqrt{2}} \left(= \dfrac{\sqrt{2}}{2}\right)$

$\sin 30° = \sin 150° = \dfrac{1}{2}$

$\sin 0° = \sin 180° = 0$

$\sin 210° = \sin 330° = -\dfrac{1}{2}$

$\sin 225° = \sin 315° = -\dfrac{1}{\sqrt{2}} \left(= -\dfrac{\sqrt{2}}{2}\right)$

$\sin 240° = \sin 300° = -\dfrac{\sqrt{3}}{2}$

$\sin 270° = -1$

その2　cosθと単位円の関係

単位円のときだけのお話だよ!!

これも，p.15でちょこっと触れましたが…

cosθ といえば，x 座標になります。
実際に確認してみましょう!!

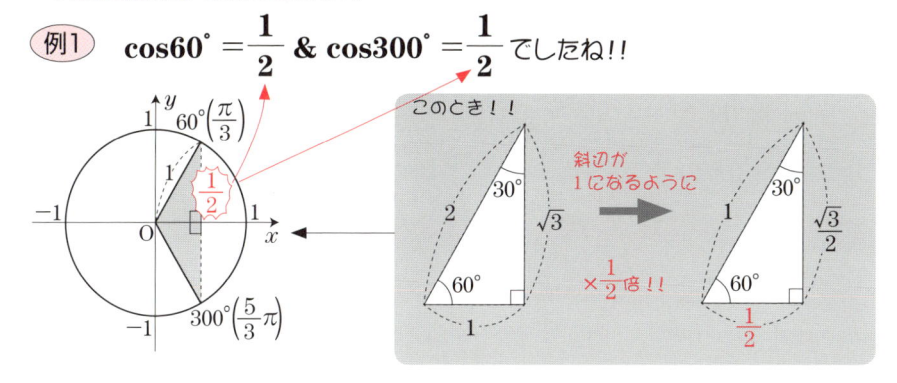

例1　$\cos 60° = \dfrac{1}{2}$ & $\cos 300° = \dfrac{1}{2}$ でしたね!!

このとき!!　斜辺が1になるように　$\times \dfrac{1}{2}$ 倍!!

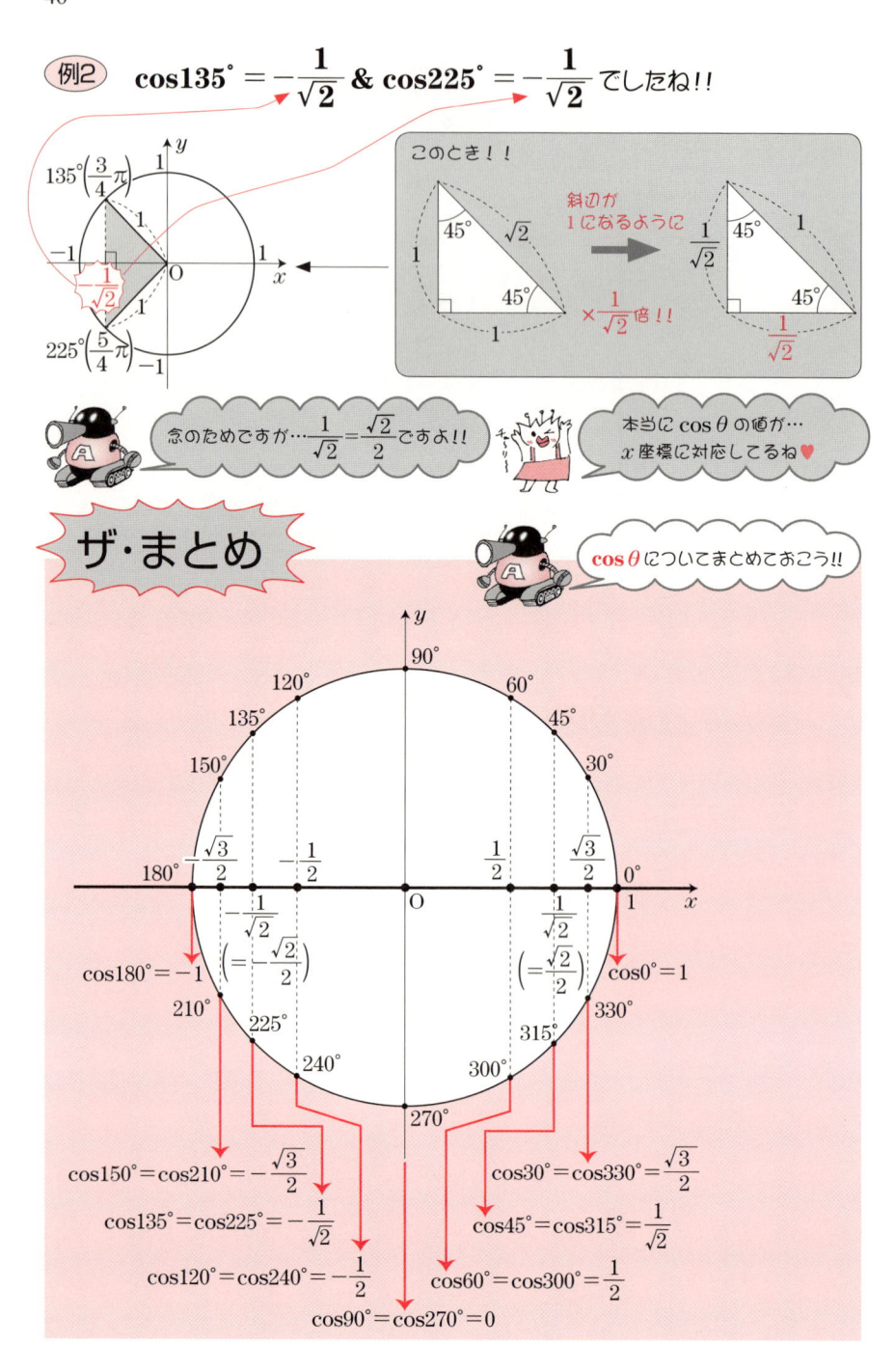

例2 $\cos 135° = -\dfrac{1}{\sqrt{2}}$ & $\cos 225° = -\dfrac{1}{\sqrt{2}}$ でしたね!!

このとき!!

斜辺が1になるように $\times \dfrac{1}{\sqrt{2}}$ 倍!!

念のためですが… $\dfrac{1}{\sqrt{2}} = \dfrac{\sqrt{2}}{2}$ ですよ!!

本当に $\cos\theta$ の値が… x 座標に対応してるね♥

ザ・まとめ

$\cos\theta$ についてまとめておこう!!

$\cos 180° = -1$

$\left(=-\dfrac{\sqrt{2}}{2}\right)$

$\left(=\dfrac{\sqrt{2}}{2}\right)$

$\cos 0° = 1$

$\cos 150° = \cos 210° = -\dfrac{\sqrt{3}}{2}$

$\cos 135° = \cos 225° = -\dfrac{1}{\sqrt{2}}$

$\cos 120° = \cos 240° = -\dfrac{1}{2}$

$\cos 90° = \cos 270° = 0$

$\cos 30° = \cos 330° = \dfrac{\sqrt{3}}{2}$

$\cos 45° = \cos 315° = \dfrac{1}{\sqrt{2}}$

$\cos 60° = \cos 300° = \dfrac{1}{2}$

その3 $\tan\theta$ と単位円の関係

$\tan\theta$ と単位円の意外な関係について語ります。

大げさな！

まず!! 単位円の接線である $x=1$ を考えよう!!

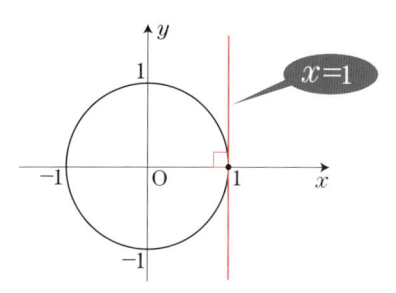

$x=1$

何が始まるんだぁ…??

結論から先に言ってしまうと…

$\tan\theta$ の値は, $x=1$ 上の y 座標に一致します!!
実際に確認してみましょう!!

(例1) $\tan 60°=\sqrt{3}$ ＆ $\tan 240°=\sqrt{3}$ でしたね!!

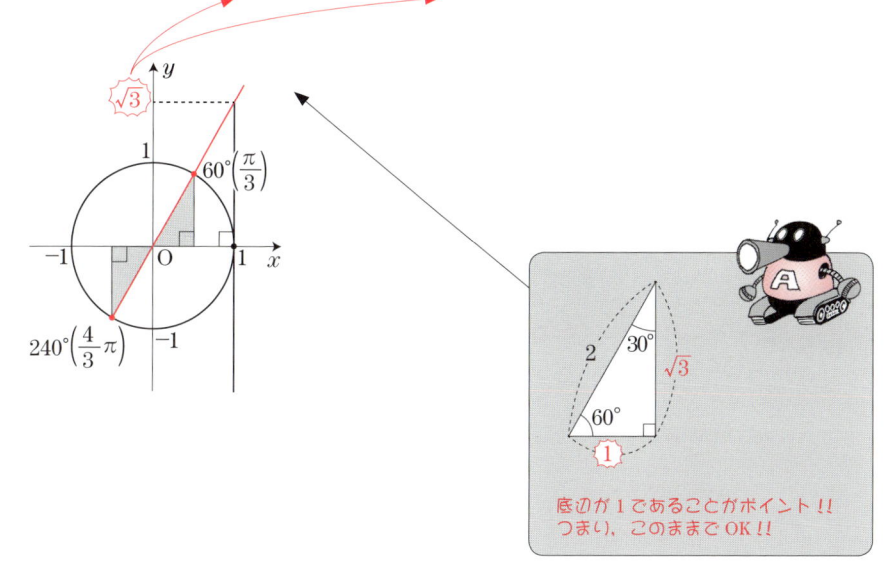

$\sqrt{3}$

$60°\left(\dfrac{\pi}{3}\right)$

$240°\left(\dfrac{4}{3}\pi\right)$

底辺が1であることがポイント!!
つまり、このままでOK!!

例2 $\tan 30° = \dfrac{1}{\sqrt{3}}$ & $\tan 210° = \dfrac{1}{\sqrt{3}}$ でしたね!!

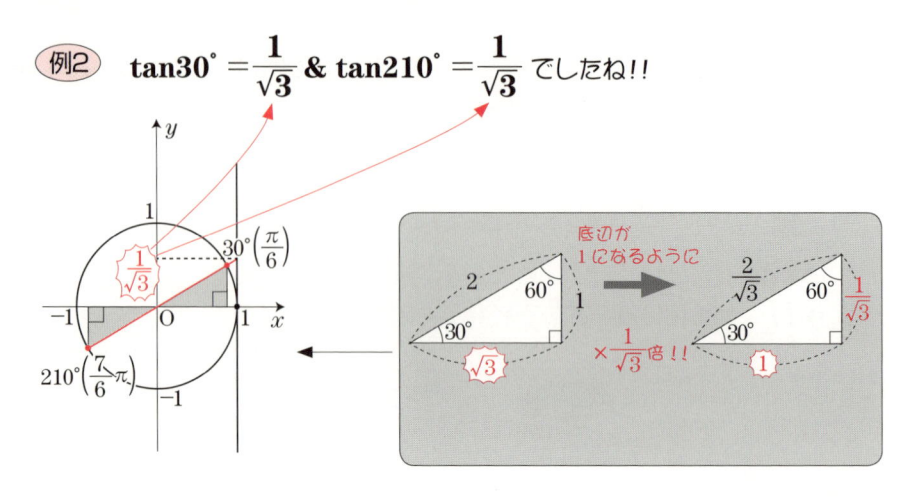

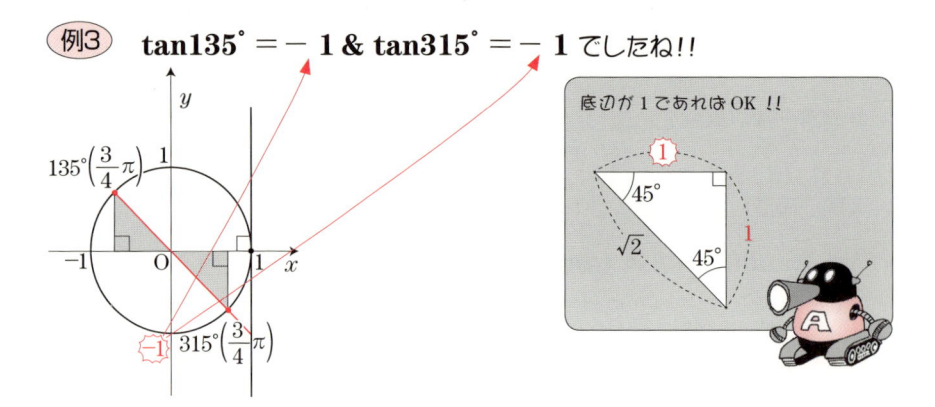

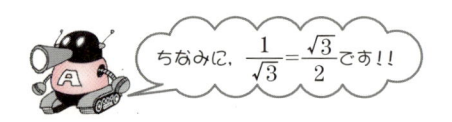

例3 $\tan 135° = -1$ & $\tan 315° = -1$ でしたね!!

ちなみに，$\dfrac{1}{\sqrt{3}} = \dfrac{\sqrt{3}}{2}$ です!!

Theme 4　単位円を修得せよ!!　49

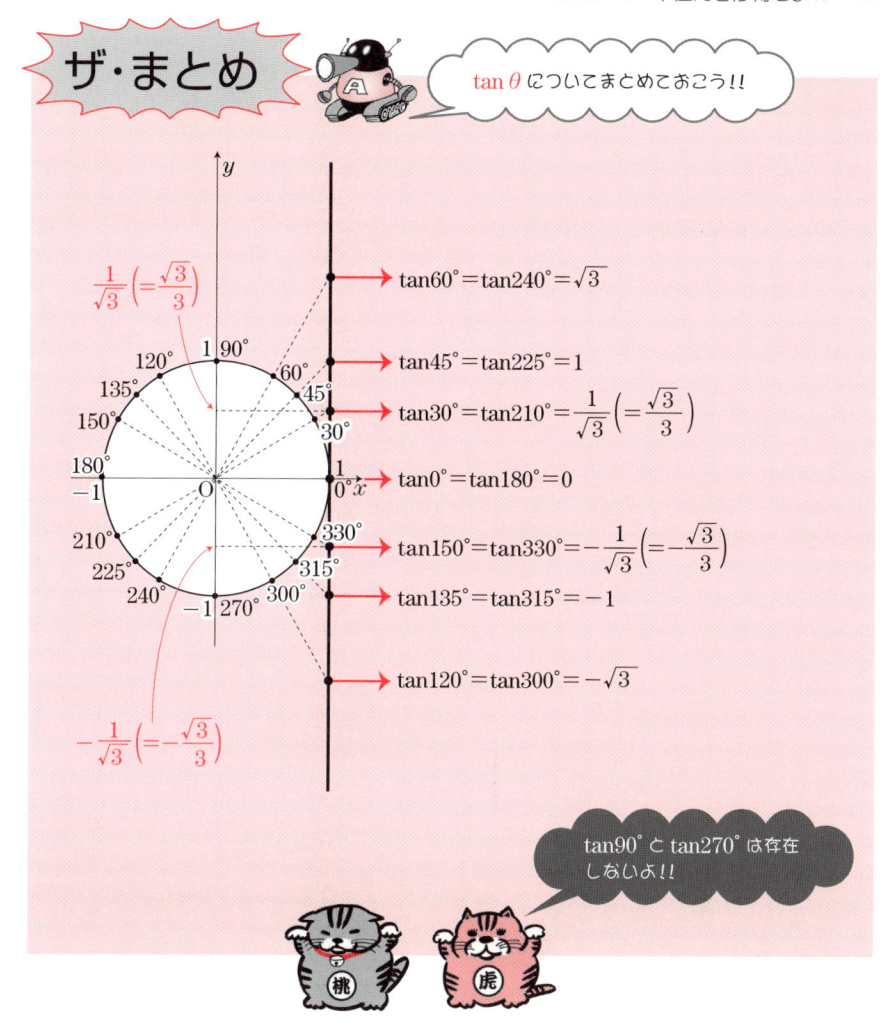

ザ・まとめ

tan θ についてまとめておこう!!

$\dfrac{1}{\sqrt{3}}\left(=\dfrac{\sqrt{3}}{3}\right)$

$\tan 60° = \tan 240° = \sqrt{3}$

$\tan 45° = \tan 225° = 1$

$\tan 30° = \tan 210° = \dfrac{1}{\sqrt{3}}\left(=\dfrac{\sqrt{3}}{3}\right)$

$\tan 0° = \tan 180° = 0$

$\tan 150° = \tan 330° = -\dfrac{1}{\sqrt{3}}\left(=-\dfrac{\sqrt{3}}{3}\right)$

$\tan 135° = \tan 315° = -1$

$\tan 120° = \tan 300° = -\sqrt{3}$

$-\dfrac{1}{\sqrt{3}}\left(=-\dfrac{\sqrt{3}}{3}\right)$

tan90° と tan270° は存在しないよ!!

単位円はとくに三角不等式を解くときに役立ちます。

へえ……

標準

問題4-1

$0 \leq \theta < 2\pi$ のとき，次の不等式を解け。

(1) $\sin\theta > \dfrac{\sqrt{3}}{2}$ ← p.29 の 問題2-3 (1) と同じです!!

(2) $\sin\theta \leq \dfrac{1}{2}$

(3) $-\dfrac{1}{2} < \sin\theta < \dfrac{\sqrt{2}}{2}$

ビジュアル解答

単位円で，$\sin\theta$ といえば y 座標ですよ!!

(1) $\sin\theta > \dfrac{\sqrt{3}}{2}$ より，

$\sin\theta > \dfrac{\sqrt{3}}{2}$ です!!

$\sin\theta = \dfrac{\sqrt{3}}{2}$

ポイントになる直角三角形は…

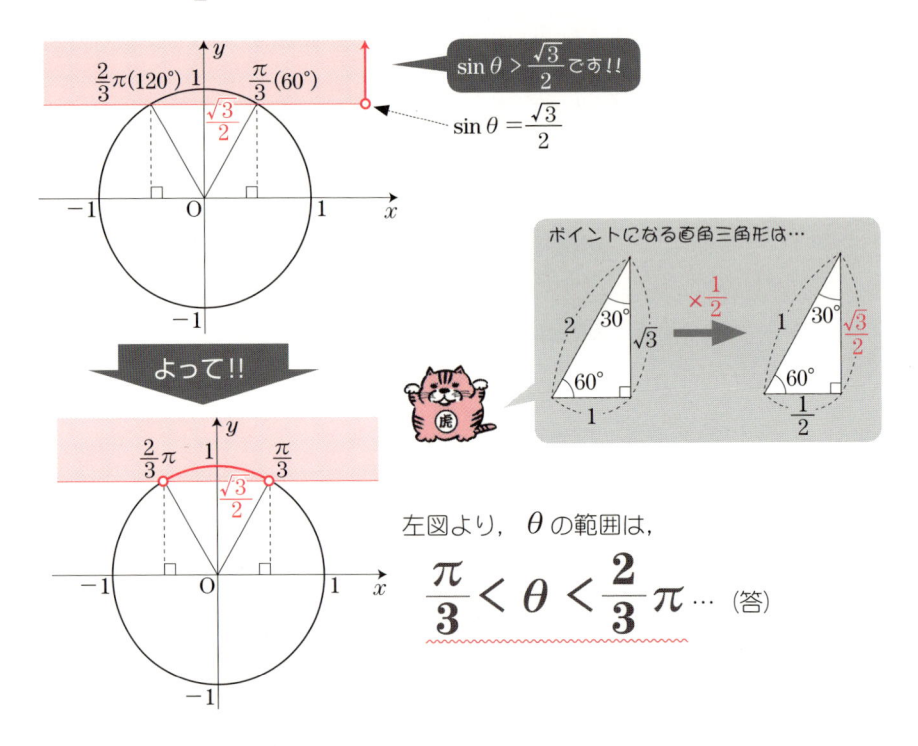

よって!!

左図より，θ の範囲は，

$$\dfrac{\pi}{3} < \theta < \dfrac{2}{3}\pi \cdots \text{(答)}$$

(2) $\sin\theta \leqq \dfrac{1}{2}$ より，

ポイントになる直角三角形は…

$\sin\theta = \dfrac{1}{2}$

$\sin\theta \leqq \dfrac{1}{2}$ です!!

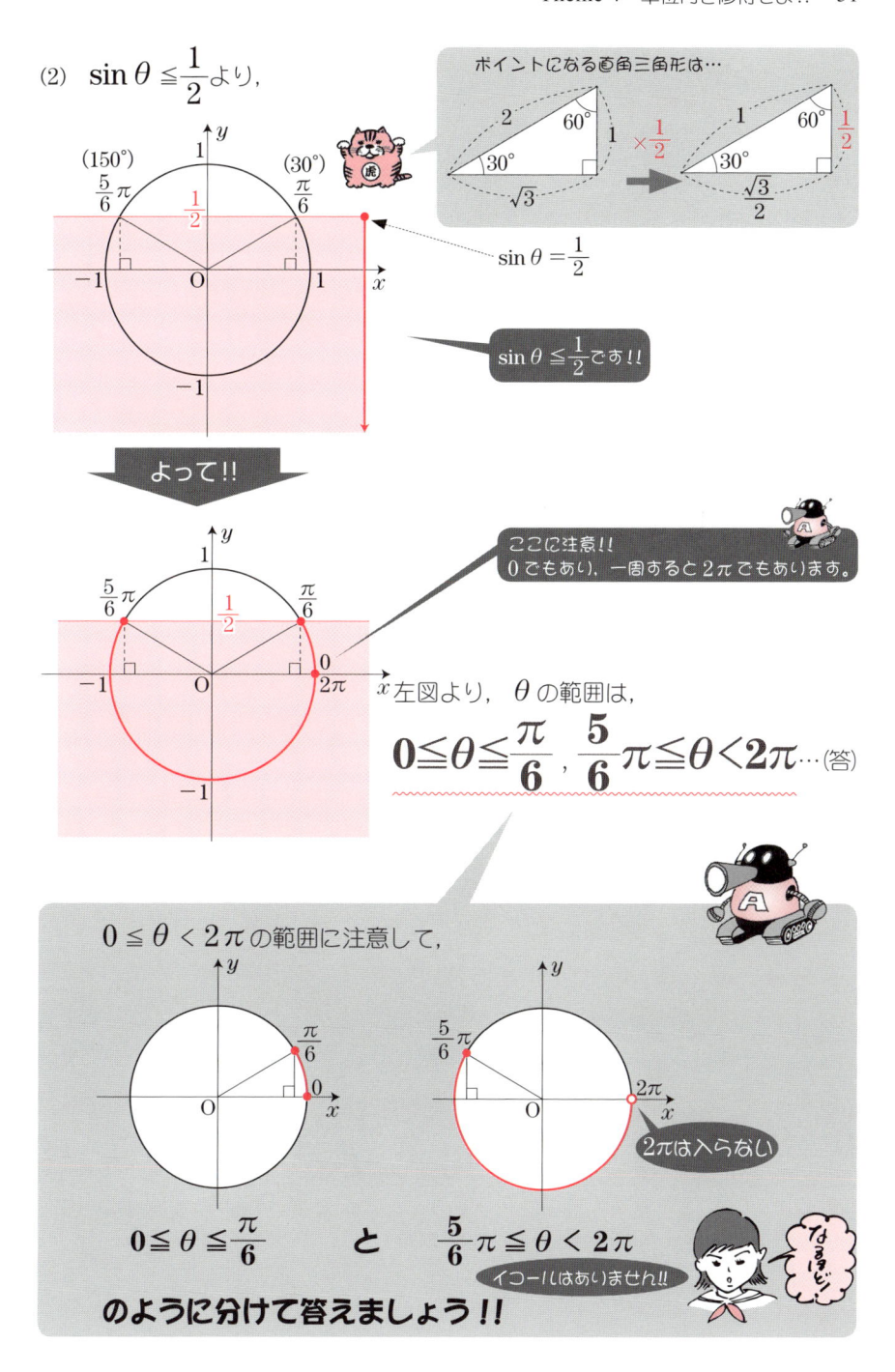

よって!!

ここに注意!! 0でもあり，一周すると2πでもあります。

左図より，θ の範囲は，

$$0 \leqq \theta \leqq \dfrac{\pi}{6},\ \dfrac{5}{6}\pi \leqq \theta < 2\pi \cdots \text{(答)}$$

$0 \leqq \theta < 2\pi$ の範囲に注意して，

2πは入らない

$0 \leqq \theta \leqq \dfrac{\pi}{6}$ と $\dfrac{5}{6}\pi \leqq \theta < 2\pi$

イコールはあいません!!

のように分けて答えましょう!!

(3) $-\dfrac{1}{2} < \sin\theta < \dfrac{\sqrt{2}}{2}$ より,

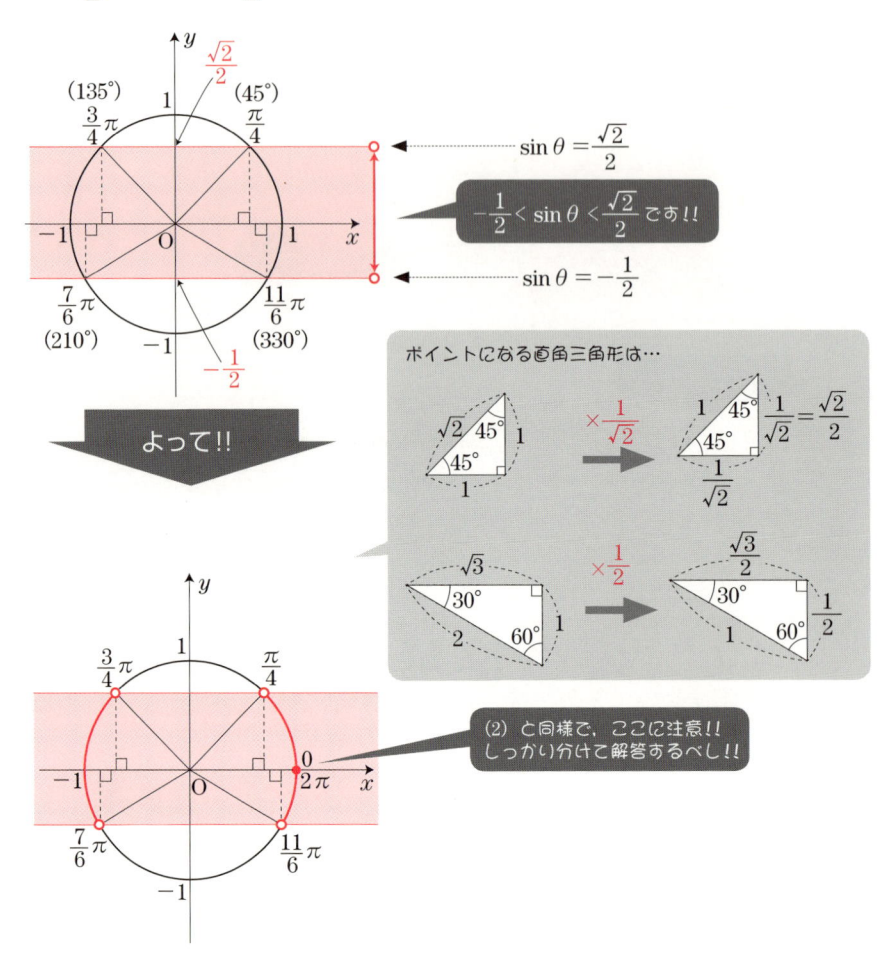

上図より, θ の範囲は,

$$0 \leqq \theta < \dfrac{\pi}{4},\ \dfrac{3}{4}\pi < \theta < \dfrac{7}{6}\pi,\ \dfrac{11}{6}\pi < \theta < 2\pi \quad \cdots \text{(答)}$$

参考です!! グラフを活用した解法もあるっちゃあるので、紹介しておきます
グラフについては p.22 を参照せよ!!

(1) $\sin\theta > \dfrac{\sqrt{3}}{2}$ をグラフでイメージしてみよう!!

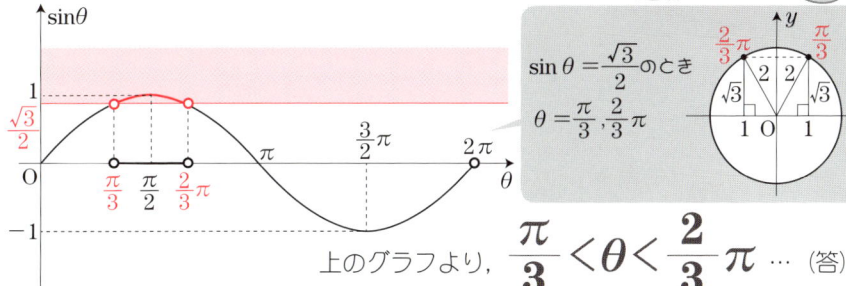

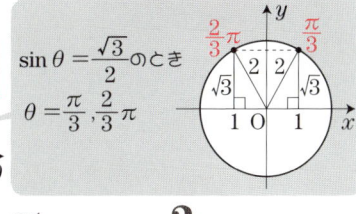

$\sin\theta = \dfrac{\sqrt{3}}{2}$ のとき
$\theta = \dfrac{\pi}{3}, \dfrac{2}{3}\pi$

上のグラフより, $\dfrac{\pi}{3} < \theta < \dfrac{2}{3}\pi$ … (答)

(2) $\sin\theta \leqq \dfrac{1}{2}$ をグラフでイメージしてみよう!!

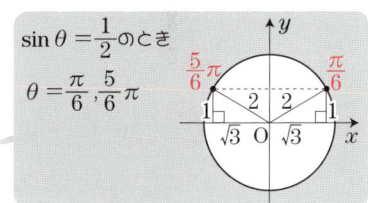

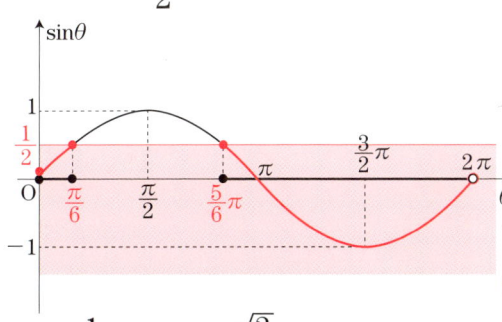

$\sin\theta = \dfrac{1}{2}$ のとき
$\theta = \dfrac{\pi}{6}, \dfrac{5}{6}\pi$

左のグラフより,
$0 \leqq \theta \leqq \dfrac{\pi}{6}, \dfrac{5}{6}\pi \leqq \theta < 2\pi$ …(答)

(3) $-\dfrac{1}{2} < \sin\theta < \dfrac{\sqrt{2}}{2}$ をグラフでイメージしてみよう!!

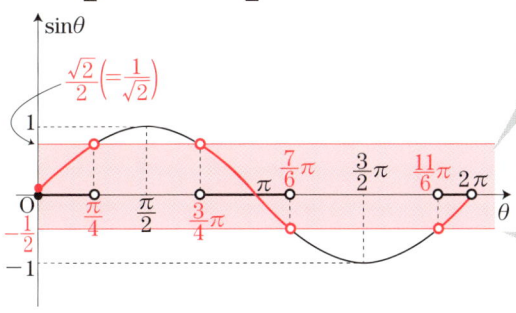

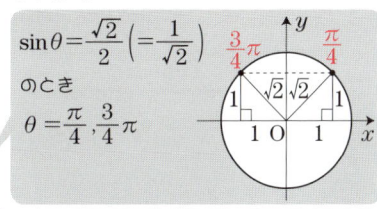

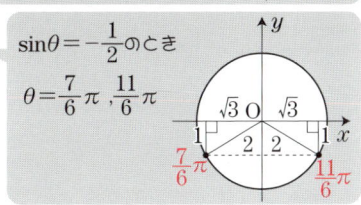

$\sin\theta = \dfrac{\sqrt{2}}{2}\left(=\dfrac{1}{\sqrt{2}}\right)$ のとき
$\theta = \dfrac{\pi}{4}, \dfrac{3}{4}\pi$

$\sin\theta = -\dfrac{1}{2}$ のとき
$\theta = \dfrac{7}{6}\pi, \dfrac{11}{6}\pi$

上のグラフより,
$0 \leqq \theta < \dfrac{\pi}{4}, \dfrac{3}{4}\pi < \theta < \dfrac{7}{6}\pi, \dfrac{11}{6}\pi < \theta < 2\pi$ … (答)

問題4-2 【標準】

$0 \leq \theta < 2\pi$ のとき，次の不等式を解け。

(1) $\cos\theta \leq \dfrac{1}{2}$ ← p.29 の 問題2-3 (2) と同じです!!

(2) $\cos\theta > -\dfrac{\sqrt{2}}{2}$

(3) $-\dfrac{1}{2} \leq \cos\theta < \dfrac{\sqrt{3}}{2}$

ビジュアル解答

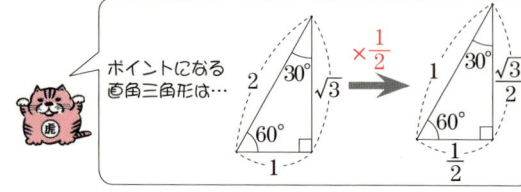

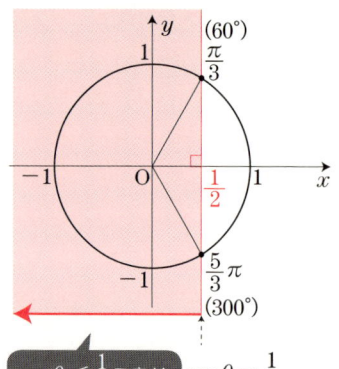

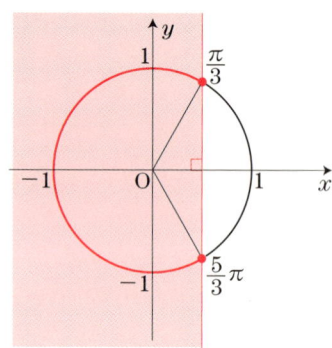

単位円で $\cos\theta$ といえば x 座標ですよ!!

ポイントになる直角三角形は…

(1) $\cos \leq \dfrac{1}{2}$ より，

$\cos\theta \leq \dfrac{1}{2}$ です!! $\cos\theta = \dfrac{1}{2}$

上図より，θ の範囲は，$\dfrac{\pi}{3} \leq \theta \leq \dfrac{5}{3}\pi$ … (答)

Theme 4 単位円を修得せよ!! 55

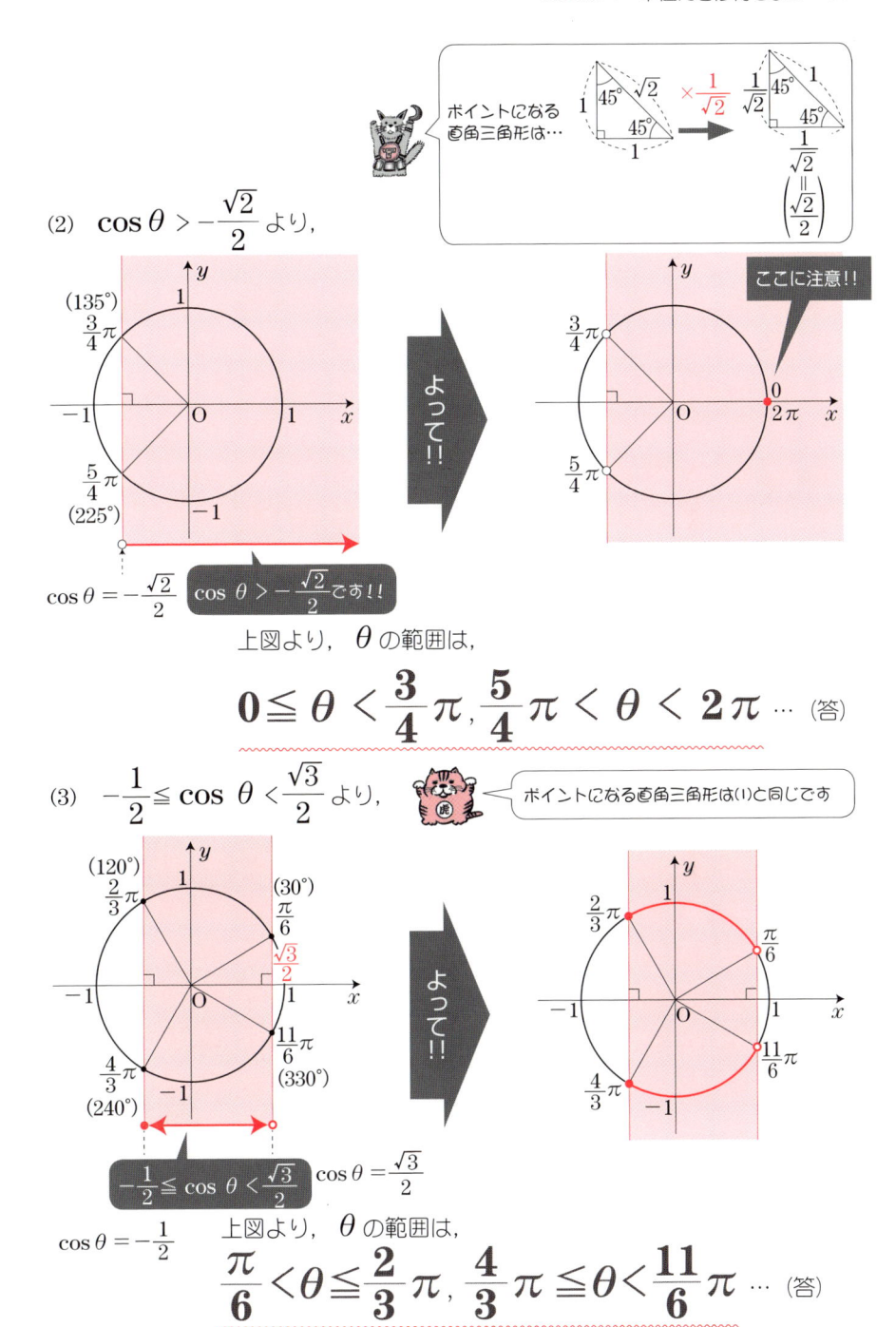

ポイントになる直角三角形は… $1, \sqrt{2}, 1, 45°, 45°$ ×$\frac{1}{\sqrt{2}}$ → $\frac{1}{\sqrt{2}}, 1, 45°, 45°, \frac{1}{\sqrt{2}} \left(= \frac{\sqrt{2}}{2}\right)$

(2) $\cos\theta > -\dfrac{\sqrt{2}}{2}$ より,

ここに注意!!

$\cos\theta = -\dfrac{\sqrt{2}}{2}$　$\cos\theta > -\dfrac{\sqrt{2}}{2}$ です!!

よって!!

上図より, θ の範囲は,

$$0 \leqq \theta < \frac{3}{4}\pi, \ \frac{5}{4}\pi < \theta < 2\pi \quad \cdots (答)$$

(3) $-\dfrac{1}{2} \leqq \cos\theta < \dfrac{\sqrt{3}}{2}$ より,

ポイントになる直角三角形は(1)と同じです

$-\dfrac{1}{2} \leqq \cos\theta < \dfrac{\sqrt{3}}{2}$　$\cos\theta = \dfrac{\sqrt{3}}{2}$

よって!!

$\cos\theta = -\dfrac{1}{2}$

上図より, θ の範囲は,

$$\frac{\pi}{6} < \theta \leqq \frac{2}{3}\pi, \ \frac{4}{3}\pi \leqq \theta < \frac{11}{6}\pi \quad \cdots (答)$$

参考です!!

グラフを活用した解法を紹介しておきます。グラフについては、p.22を参照してくださいませ。

またグラフかよ…

(1) $\cos\theta \leq \dfrac{1}{2}$ をグラフでイメージしてみよう!!

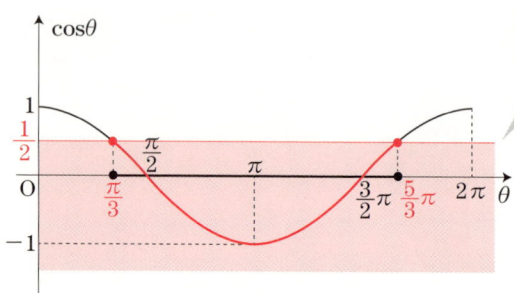

$\cos\theta = \dfrac{1}{2}$ のとき，$\theta = \dfrac{\pi}{3}, \dfrac{5}{3}\pi$

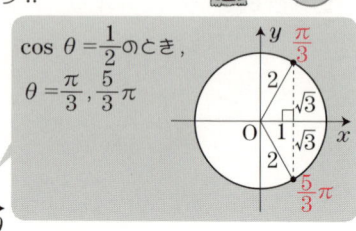

左のグラフより，
$$\dfrac{\pi}{3} \leq \theta \leq \dfrac{5}{3}\pi \quad \cdots \text{(答)}$$

(2) $\cos\theta > -\dfrac{\sqrt{2}}{2}\left(=-\dfrac{1}{\sqrt{2}}\right)$ をグラフでイメージしてみよう!!

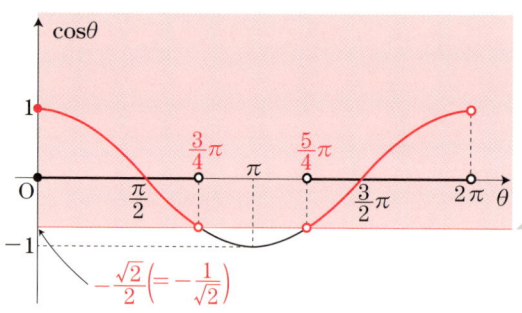

$\cos\theta = -\dfrac{\sqrt{2}}{2}\left(=-\dfrac{1}{\sqrt{2}}\right)$ のとき $\theta = \dfrac{3}{4}\pi, \dfrac{5}{4}\pi$

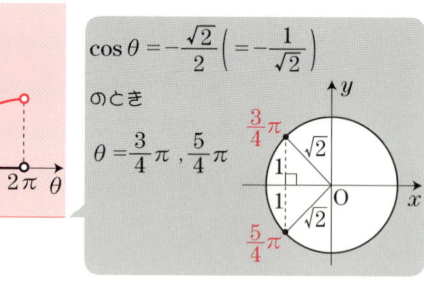

上のグラフより，$0 \leq \theta < \dfrac{3}{4}\pi, \dfrac{5}{4}\pi < \theta < 2\pi \quad \cdots \text{(答)}$

ほぉー

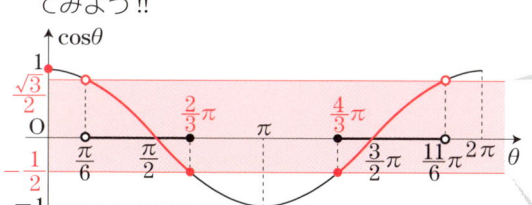

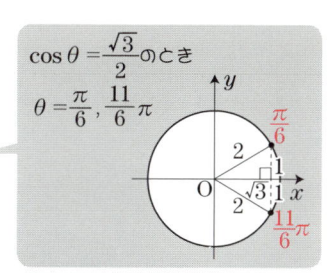

(3) $-\dfrac{1}{2} \leqq \cos\theta < \dfrac{\sqrt{3}}{2}$ をグラフでイメージしてみよう!!

$\cos\theta = \dfrac{\sqrt{3}}{2}$ のとき
$\theta = \dfrac{\pi}{6},\ \dfrac{11}{6}\pi$

$\cos\theta = -\dfrac{1}{2}$ のとき
$\theta = \dfrac{2}{3}\pi,\ \dfrac{4}{3}\pi$

上のグラフより,

$$\underline{\dfrac{\pi}{6} < \theta \leqq \dfrac{2}{3}\pi},$$

$$\underline{\dfrac{4}{3}\pi \leqq \theta < \dfrac{11}{6}\pi} \quad \cdots (答)$$

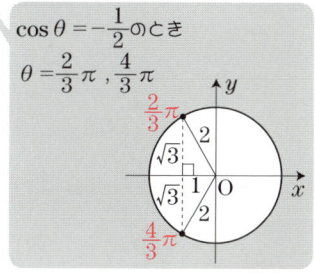

問題4-3 標準

$0 \leqq \theta < 2\pi$ のとき,次の不等式を解け。

(1) $\tan\theta \leqq 1$ ← p.29 問題2-3 (3)と同じですよ!!

(2) $-\sqrt{3} < \tan\theta$

ビジュアル解答

単位円と $\tan\theta$ との関係については,p.47を参照せよ!!

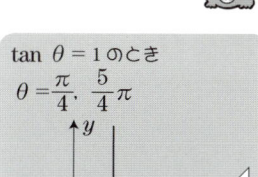

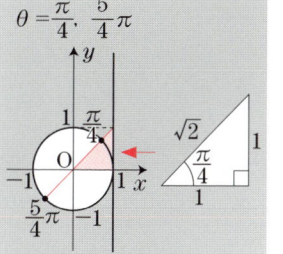

(1) $\tan\theta \leqq 1$ より,

$\tan\theta$ は半分ずつ考えたほうがいいよ!!

そうなの??

$\tan\theta = 1$ のとき
$\theta = \dfrac{\pi}{4},\ \dfrac{5}{4}\pi$

右半分について!!

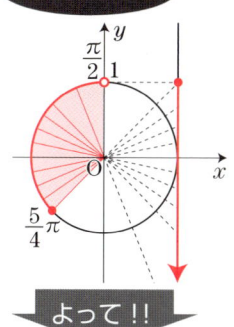

左半分について!!

$\tan\theta$ のとき $\theta \neq \dfrac{\pi}{2},\ \dfrac{3}{2}\pi$ は大前提ですよ!!

よって!!
$0 \leqq \theta \leqq \dfrac{\pi}{4},\ \dfrac{3}{2}\pi < \theta < 2\pi$

よって!!
$\dfrac{\pi}{2} < \theta \leqq \dfrac{5}{4}\pi$

以上より，

$$0 \leqq \theta \leqq \frac{\pi}{4},\ \frac{\pi}{2} < \theta \leqq \frac{5}{4}\pi,\ \frac{3}{2}\pi < \theta < 2\pi \quad \cdots \text{(答)}$$

(2)　$-\sqrt{3} < \tan\theta$ より，

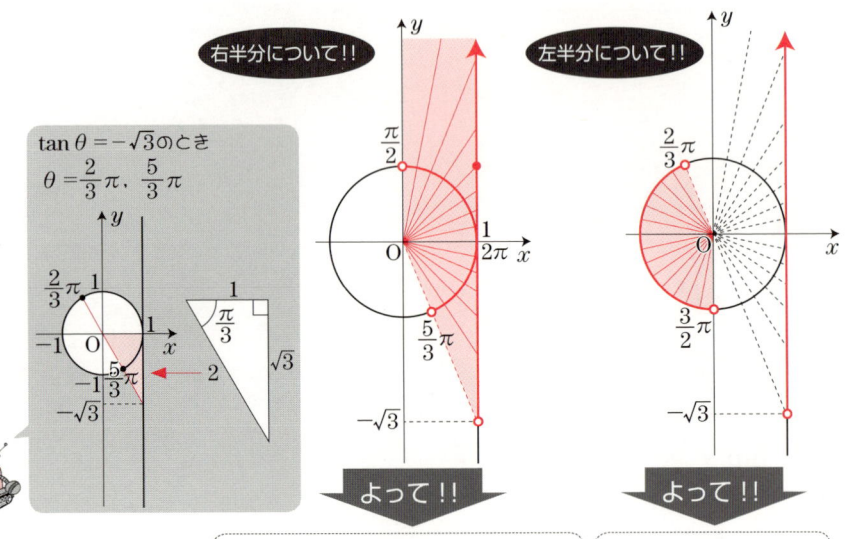

$$0 \leqq \theta < \frac{\pi}{2},\ \frac{5}{3}\pi < \theta < 2\pi \qquad \frac{2}{3}\pi < \theta < \frac{3}{2}\pi$$

以上より，θ の範囲は，

$$0 \leqq \theta < \frac{\pi}{2},\ \frac{2}{3}\pi < \theta < \frac{3}{2}\pi,\ \frac{5}{3}\pi < \theta < 2\pi \quad \cdots \text{(答)}$$

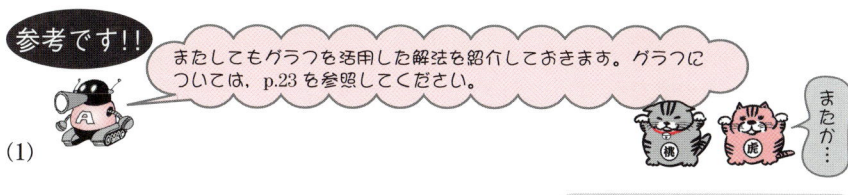

Theme 4 単位円を修得せよ!!   59

参考です!!

またしてもグラフを活用した解法を紹介しておきます。グラフについては、p.23 を参照してください。

またか…

(1)

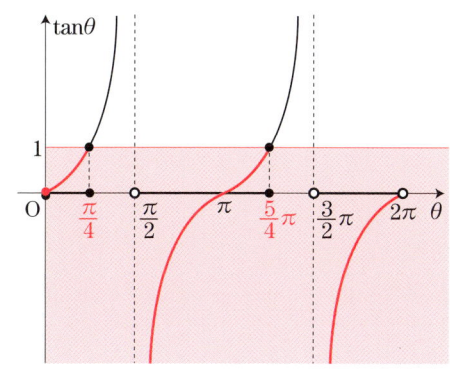

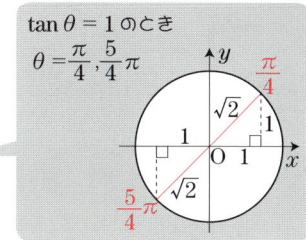

$\tan\theta = 1$ のとき
$\theta = \dfrac{\pi}{4}, \dfrac{5}{4}\pi$

上のグラフより、θ の範囲は、

$$0 \leqq \theta \leqq \dfrac{\pi}{4},\ \dfrac{\pi}{2} < \theta \leqq \dfrac{5}{4}\pi,\ \dfrac{3}{2}\pi < \theta < 2\pi \quad \cdots \text{(答)}$$

(2)

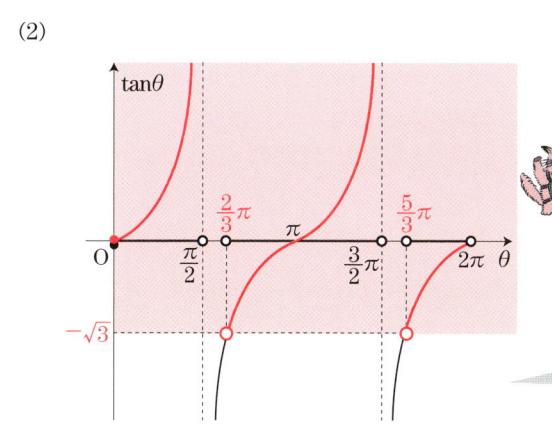

何度も言いますが…
$\tan\theta$ の場合、
$\theta = \dfrac{\pi}{2}, \dfrac{3}{2}\pi$ は
必ず抜けます!!

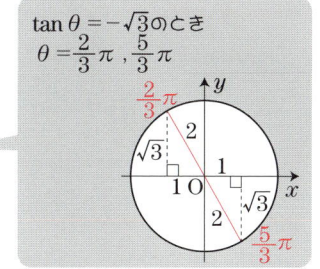

$\tan\theta = -\sqrt{3}$ のとき
$\theta = \dfrac{2}{3}\pi, \dfrac{5}{3}\pi$

上のグラフより、θ の範囲は、

$$0 \leqq \theta < \dfrac{\pi}{2},\ \dfrac{2}{3}\pi < \theta < \dfrac{3}{2}\pi,\ \dfrac{5}{3}\pi < \theta < 2\pi \quad \cdots \text{(答)}$$

Theme 5 おなじみの BIG3

もうご存知かもしれませんが…

BIG3 を紹介します♥

> BIGその☝ $\sin^2\theta + \cos^2\theta = 1$
> BIGその✌ $\tan\theta = \dfrac{\sin\theta}{\cos\theta}$
> BIGその🤟 $\tan^2\theta + 1 = \dfrac{1}{\cos^2\theta}$

BIGその☝ $\sin^2\theta + \cos^2\theta = 1$

BIGその✌ $\tan\theta = \dfrac{\sin\theta}{\cos\theta}$

BIGその🤟 $\tan^2\theta + 1 = \dfrac{1}{\cos^2\theta}$

以上の公式の証明は Theme 14 の **公式証明ダイジェスト** にて，気が向いたら修得してくださいませ！

でもでも，まず公式を使って，いろいろな問題に **トライ** することが先だよ！ 証明なんかを最初にやらなきゃなんて思うから嫌になっちゃうんじゃないの？ とにかく公式はしっかり暗記するべし！！！ まず手始めに…

問題 5-1 【基礎】

(1) $\cos\theta = -\dfrac{4}{5}$ $(0 < \theta < \pi)$ のとき，$\sin\theta$ と $\tan\theta$ の値を求めよ。

(2) $\tan\theta = 3$ $\left(\dfrac{\pi}{2} < \theta < \dfrac{3}{2}\pi\right)$ のとき，$\sin\theta$ と $\cos\theta$ の値を求めよ。

ナイスな導入!!

こっ，これは基本中のキホン！！ 上記の **BIG3** 公式を用いることは，いうまでもない！ が，しかし，その前に，第何象限での話になっているか？ を見切ることが先ですヨ♥

(1)では，設定が $0 < \theta < \pi$ かつ $\cos\theta = -\dfrac{4}{5} < 0$

- 第1象限 or 第2象限
- $\cos\theta < 0$ といえば… 第2象限 or 第3象限

ここだよ！

⇩と，ゆーことは…

第2象限 なりぃー♥

⇩つまーり！

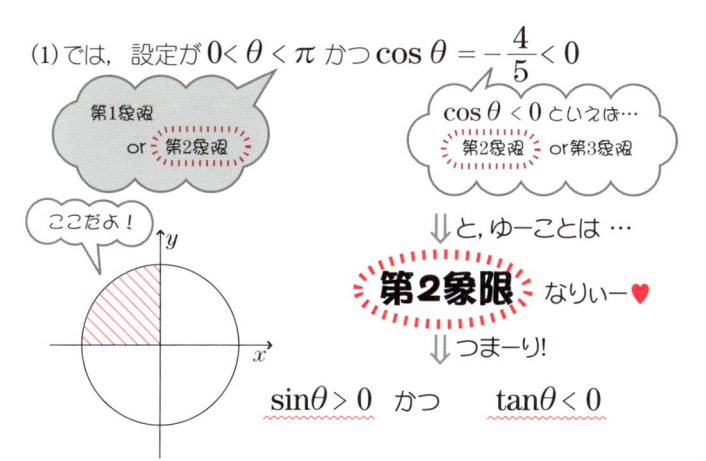

$\sin\theta > 0$ かつ $\tan\theta < 0$

これさえわかれば，あとは公式に身を任せるだけ！

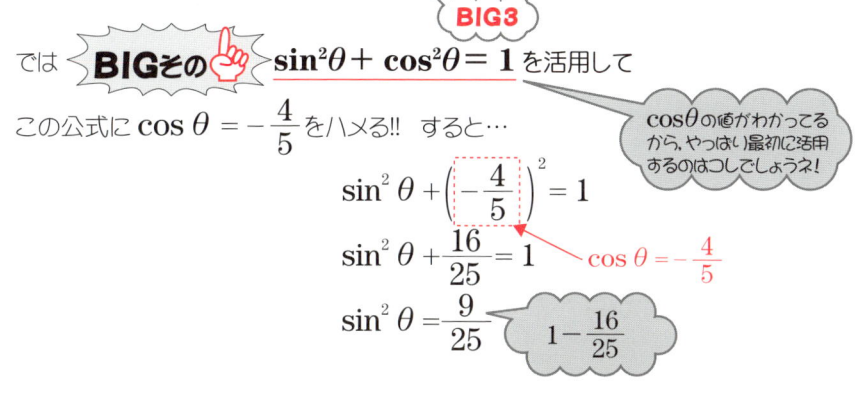

では **BIGその①** $\sin^2\theta + \cos^2\theta = 1$ を活用して【BIG3】

この公式に $\cos\theta = -\dfrac{4}{5}$ をハメる!! すると…

$\cos\theta$ の値がわかってるから，やっぱ!) 最初に活用するのはコレでしょうネ！

$$\sin^2\theta + \left(-\dfrac{4}{5}\right)^2 = 1$$

$$\sin^2\theta + \dfrac{16}{25} = 1 \quad \cos\theta = -\dfrac{4}{5}$$

$$\sin^2\theta = \dfrac{9}{25} \quad 1-\dfrac{16}{25}$$

で， $\sin\theta > 0$ だったから… $\sin\theta = \sqrt{\dfrac{9}{25}} = \dfrac{3}{5}$ **答です!!**

$\pm\sqrt{\dfrac{9}{25}}$ としないように！

できたヨ

さらに **BIGその②** $\tan\theta = \dfrac{\sin\theta}{\cos\theta}$ を活用して

この公式に $\cos\theta = -\dfrac{4}{5}$ と，先ほど求まった $\sin\theta = \dfrac{3}{5}$ をハメる！

すると…

$$\tan\theta = \dfrac{\dfrac{3}{5}}{-\dfrac{4}{5}}$$

$\sin\theta = \dfrac{3}{5}$

分母&分子を×5

$\cos\theta = -\dfrac{4}{5}$

よって, $\tan\theta = \dfrac{3}{-4} = -\dfrac{3}{4}$ 答です!!

前にマイナスを出した方がカッコイイ!!

これはちゃーんと $\tan\theta < 0$ をみたしてるネ♥

確認をお忘れなく!!

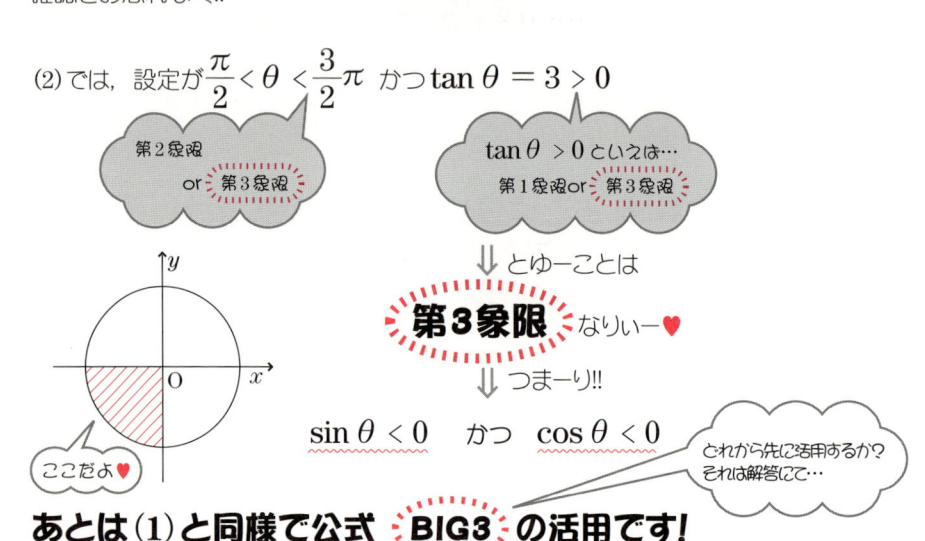

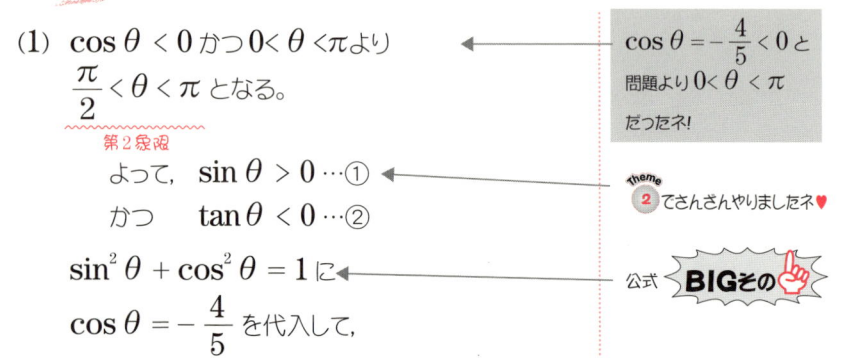

(2)では, 設定が $\dfrac{\pi}{2} < \theta < \dfrac{3}{2}\pi$ かつ $\tan\theta = 3 > 0$

第2象限 or 第3象限

$\tan\theta > 0$ といえば… 第1象限 or 第3象限

⇩ とゆーことは

第3象限 なりぃー♥

⇩ つまーり!!

$\sin\theta < 0$ かつ $\cos\theta < 0$

どれから先に活用するか? それは解答にて…

ここだよ♥

あとは(1)と同様で公式 **BIG3** の活用です!

解答でござる

(1) $\cos\theta < 0$ かつ $0 < \theta < \pi$ より

$\dfrac{\pi}{2} < \theta < \pi$ となる。

（第2象限）

よって, $\sin\theta > 0 \cdots$ ①

かつ $\tan\theta < 0 \cdots$ ②

$\sin^2\theta + \cos^2\theta = 1$ に

$\cos\theta = -\dfrac{4}{5}$ を代入して,

$\cos\theta = -\dfrac{4}{5} < 0$ と問題より $0 < \theta < \pi$ だったネ!

Theme 2 でさんさんやりましたネ♥

公式 **BIGその**☝

Theme 5　おなじみのBIG3　63

$$\sin^2\theta + \left(-\frac{4}{5}\right)^2 = 1$$

$$\sin^2\theta = \frac{9}{25}$$

①より　$\sin\theta = \sqrt{\dfrac{9}{25}} = \mathbf{\dfrac{3}{5}}$ …(答)

また，　$\tan\theta = \dfrac{\sin\theta}{\cos\theta}$ から

$$\tan\theta = \frac{\dfrac{3}{5}}{-\dfrac{4}{5}}$$

$$= -\mathbf{\frac{3}{4}} \quad \text{…(答)}$$

（これは②を満たす）

$\cos\theta = -\dfrac{4}{5}$

$1 - \dfrac{16}{25} = \dfrac{25}{25} - \dfrac{16}{25}$

$\dfrac{\pi}{2} < \theta < \pi$（第2象限）と判明したから
$\sin\theta > 0$ でっせ♥

公式 BIGその✌

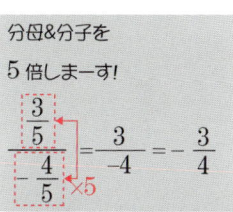

分母&分子を
5倍しまーす！
$\dfrac{\dfrac{3}{5}}{-\dfrac{4}{5}} \times 5 = \dfrac{3}{-4} = -\dfrac{3}{4}$

②の$\tan\theta < 0$をしっかり満たしてるか？ちゃんと確認すべし!!

(2)　$\tan\theta > 0$ かつ $\dfrac{\pi}{2} < \theta < \dfrac{3}{2}\pi$ より
　　$\pi < \theta < \dfrac{3}{2}\pi$ となる。
　　　第3象限

よって $\sin\theta < 0$ …①
　　　$\cos\theta < 0$ …②

公式 BIGその🤟

$\tan^2\theta + 1 = \dfrac{1}{\cos^2\theta}$ に $\tan\theta = 3$ を代入して，

$$3^2 + 1 = \frac{1}{\cos^2\theta}$$

$$10 = \frac{1}{\cos^2\theta}$$

∴ $\cos^2\theta = \dfrac{1}{10}$

ここで②から $\cos\theta = -\sqrt{\dfrac{1}{10}}$

$\tan\theta = 3 > 0$ と問題より $\dfrac{\pi}{2} < \theta < \dfrac{3}{2}\pi$ でしたよ！

$\tan\theta = 3$

$10 = \dfrac{1}{\cos^2\theta}$
　分母を払って
$10\cos^2\theta = 1$
$\cos^2\theta = \dfrac{1}{10}$ 　両辺÷10

$\pm\sqrt{\dfrac{1}{10}}$ としないように!!
②より $\cos\theta < 0$ ですヨ!!!

$$\cos\theta = -\frac{1}{\sqrt{10}}$$

$$= -\frac{\sqrt{10}}{10} \quad \cdots \text{(答)}$$

くどいようですが…
$-\sqrt{\frac{1}{10}} = -\frac{\sqrt{1}}{\sqrt{10}} = -\frac{1}{\sqrt{10}}$
このままでもOKですが，分母＆分子を$\sqrt{10}$倍して分母を有理化しておいた方が無難です。

また，$\tan\theta = \dfrac{\sin\theta}{\cos\theta}$ から

公式 BIGその☝

$\sin\theta = \tan\theta\cos\theta$

$\tan\theta = \dfrac{\sin\theta}{\boxed{\cos\theta}}$
分母を払って
$\tan\theta\cos\theta = \sin\theta$

これに，$\tan\theta = 3$, $\cos\theta = -\dfrac{\sqrt{10}}{10}$ を代入して

$$\sin\theta = 3 \times \left(-\frac{\sqrt{10}}{10}\right)$$

$$= -\frac{3\sqrt{10}}{10} \quad \cdots \text{(答)}$$

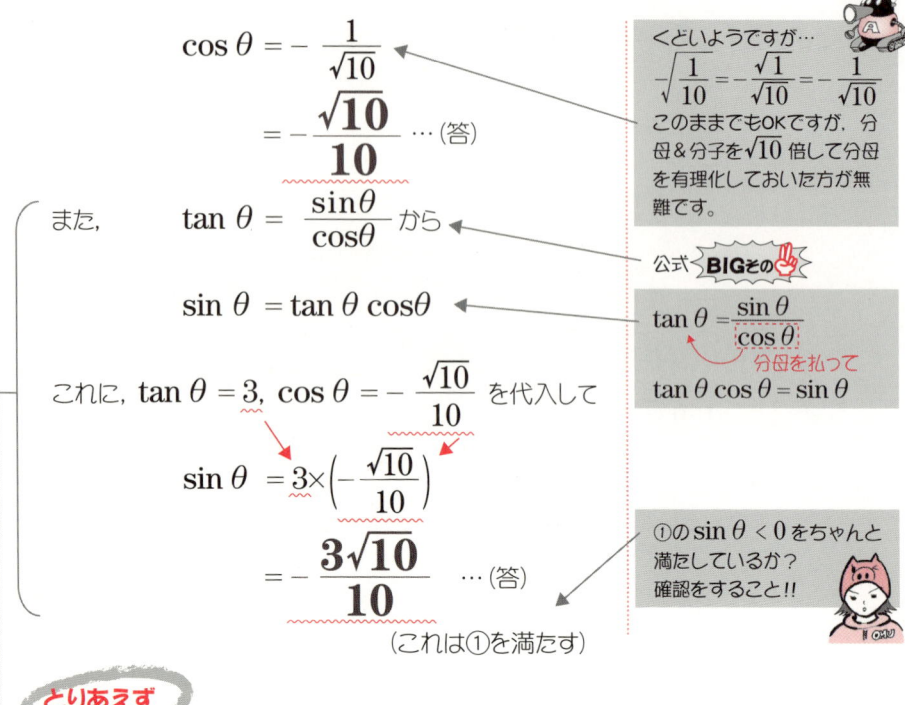

（これは①を満たす）

①の$\sin\theta < 0$をちゃんと満たしているか？確認をすること!!

とりあえず別解を

この部分なんですが……

$\cos\theta = -\dfrac{1}{\sqrt{10}}$ と求まったところで

公式 BIGその☝ $\sin^2\theta + \cos^2\theta = 1$ に代入して

$$\sin^2\theta + \left(-\frac{1}{\sqrt{10}}\right)^2 = 1$$

$\cos\theta = -\dfrac{1}{\sqrt{10}}$

$$\sin^2\theta + \frac{1}{10} = 1$$

$$\sin^2\theta = \frac{9}{10} \quad \left(1 - \frac{1}{10}\right)$$

①で$\sin\theta < 0$より

$$\sin\theta = -\sqrt{\frac{9}{10}} = -\frac{3}{\sqrt{10}} = -\frac{3\sqrt{10}}{10}$$ 答です!!

問題 5-2 【基礎】

$\sin\theta + \cos\theta = \dfrac{1}{2}$ のとき,次のそれぞれの値を求めよ。

(1) $\sin\theta \cos\theta$
(2) $\sin^3\theta + \cos^3\theta$
(3) $\tan\theta + \dfrac{1}{\tan\theta}$
(4) $\sin^4\theta + \cos^4\theta$
(5) $\sin^5\theta + \cos^5\theta$
(6) $\sin^6\theta + \cos^6\theta$

ナイスな導入!!

(1)は基本中のキホン! **2乗する**ことがポイントだ!! (これはもはやお約束ぉり!)

$$\sin\theta + \cos\theta = \dfrac{1}{2} \quad \cdots ①$$

①の両辺を2乗して

$$(\sin\theta + \cos\theta)^2 = \left(\dfrac{1}{2}\right)^2$$

$$\sin^2\theta + 2\sin\theta\cos\theta + \cos^2\theta = \dfrac{1}{4}$$

BIGその① $\sin^2\theta + \cos^2\theta = 1$ です!

$$1 + 2\sin\theta\cos\theta = \dfrac{1}{4}$$

(ホラホラ!! 求めたい $\sin\theta\cos\theta$ が出てきたゾい)

$$2\sin\theta\cos\theta = -\dfrac{3}{4}$$

$\left(\dfrac{1}{4} - 1 = \dfrac{1}{4} - \dfrac{4}{4} = -\dfrac{3}{4}\right)$

$$\therefore \sin\theta\cos\theta = -\dfrac{3}{8} \quad \text{答です!!}$$

(2) これは見るからに3乗の公式を使うしかないネ!
で,因数分解の公式 $a^3 + b^3 = (a+b)(a^2 - ab + b^2)$ を活用して

($a \to \sin\theta$, $b \to \cos\theta$ に対応!!)

$$\sin^3\theta + \cos^3\theta = (\sin\theta + \cos\theta)(\sin^2\theta - \sin\theta\cos\theta + \cos^2\theta)$$

BIGその① $\sin^2\theta + \cos^2\theta = 1$ です!

⇩ とゆーわけで

$$\sin^3\theta + \cos^3\theta = \underbrace{(\sin\theta + \cos\theta)}_{\text{問題より}\frac{1}{2}} \underbrace{(\overbrace{\sin^2\theta - \sin\theta\cos\theta + \cos^2\theta}^{\sin^2\theta + \cos^2\theta = 1})}_{(1)\text{より}-\frac{3}{8}}$$

$$= \frac{1}{2} \times \left\{ 1 - \left(-\frac{3}{8}\right) \right\}$$

意外と簡単…

$$= \boxed{\frac{11}{16}}$$ $\frac{1}{2} \times \frac{11}{8}$

答です!!

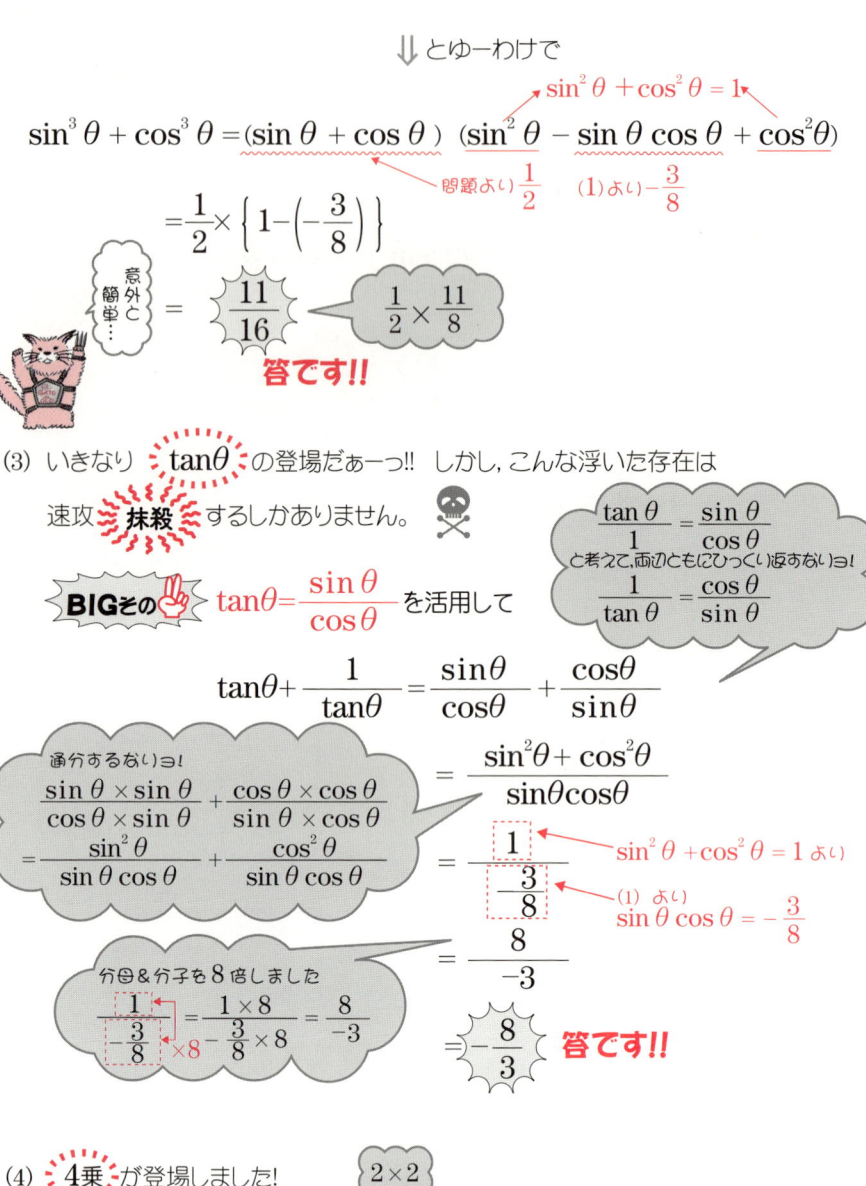

(3) いきなり $\tan\theta$ の登場だぁーっ!! しかし、こんな浮いた存在は速攻抹殺するしかありません。☠

$\dfrac{\tan\theta}{1} = \dfrac{\sin\theta}{\cos\theta}$
と考えて、両辺ともにひっくり返すのヨ!
$\dfrac{1}{\tan\theta} = \dfrac{\cos\theta}{\sin\theta}$

BIGその✌ $\tan\theta = \dfrac{\sin\theta}{\cos\theta}$ を活用して

$$\tan\theta + \frac{1}{\tan\theta} = \frac{\sin\theta}{\cos\theta} + \frac{\cos\theta}{\sin\theta}$$

通分するなりヨ!
$\dfrac{\sin\theta \times \sin\theta}{\cos\theta \times \sin\theta} + \dfrac{\cos\theta \times \cos\theta}{\sin\theta \times \cos\theta}$
$= \dfrac{\sin^2\theta}{\sin\theta\cos\theta} + \dfrac{\cos^2\theta}{\sin\theta\cos\theta}$

$$= \frac{\sin^2\theta + \cos^2\theta}{\sin\theta\cos\theta}$$

$$= \frac{\boxed{1}}{\boxed{-\dfrac{3}{8}}}$$ $\sin^2\theta + \cos^2\theta = 1$ より
(1) より $\sin\theta\cos\theta = -\dfrac{3}{8}$

$$= \frac{8}{-3}$$

分母&分子を8倍しました
$\dfrac{1}{-\dfrac{3}{8}} \cdot \dfrac{\times 8}{\times 8} = \dfrac{1 \times 8}{-\dfrac{3}{8} \times 8} = \dfrac{8}{-3}$

$$= \boxed{-\frac{8}{3}}$$ **答です!!**

(4) **4乗** が登場しました! 2×2

ここでのポイントは $(x^2)^2 = x^4$ でございます!

BIGその✌ $\sin^2\theta + \cos^2\theta = 1$ があるワケですから、こいつを2乗しちゃえば、$\sin^4\theta$ や $\cos^4\theta$ なんか簡単に出てきますネ♥

Theme 5 おなじみのBIG3 67

BIGその① $\sin^2\theta + \cos^2\theta = 1$ の両辺を2乗して，

$$(\sin^2\theta + \cos^2\theta)^2 = 1^2$$
$$(\sin^2\theta)^2 + 2\sin^2\theta\cos^2\theta + (\cos^2\theta)^2 = 1$$
$$\underline{\sin^4\theta + 2\sin^2\theta\cos^2\theta + \cos^4\theta} = 1$$

出てきたでしょうが!!

で，$2\sin^2\theta\cos^2\theta$ が余計なんですが……。

$\sin^2\theta\cos^2\theta$ は $\underline{\sin^2\theta\cos^2\theta = (\sin\theta\cos\theta)^2}$ と変形できるから

$$\sin^4\theta + \cos^4\theta = 1 - 2(\sin\theta\cos\theta)^2$$

$2\sin^2\theta\cos^2\theta = 2(\sin\theta\cos\theta)^2$

(1)より $\sin\theta\cos\theta = -\dfrac{3}{8}$

$$= 1 - 2\left(-\dfrac{3}{8}\right)^2$$

$$= 1 - 2 \times \dfrac{9}{64}$$

なるほどね？…

$$= 1 - \dfrac{9}{32}$$

$$= \dfrac{23}{32}$$ 答でございます！

(5) 5乗 の登場です！ 5乗の公式なんかナイので，強引に作るっきゃありませんネ♥

で， 公式 **BIGその①** から $\sin^2\theta + \cos^2\theta = 1$

(2)から $\sin^3\theta + \cos^3\theta = \dfrac{11}{16}$

この2つから5乗が出ません？

式が長～くなると予想されるから，ここで $\sin\theta = S$，$\cos\theta = C$ と置きかえて説明します。

このとき $(S^2+C^2)(S^3+C^3) = 1 \times \dfrac{11}{16}$

左辺は展開します

かけましたヨ！

$$S^2 \times S^3 + S^2 \times C^3 + C^2 \times S^3 + C^2 \times C^3 = \dfrac{11}{16}$$

出た！ $S^5 + \underline{S^2 C^3 + S^3 C^2} + C^5 = \dfrac{11}{16}$

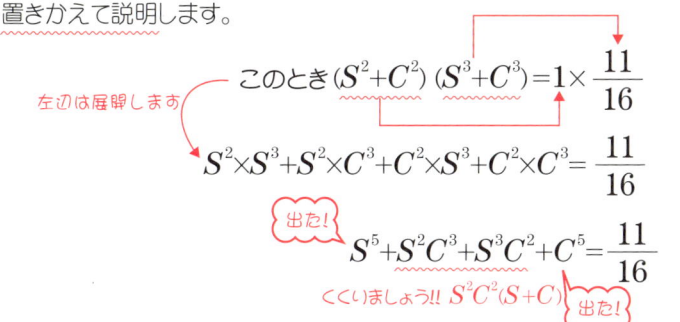

くくりましょう!! $S^2C^2(S+C)$ 出た！

$$S^5+C^5=\frac{11}{16}-\boxed{S^2C^2}(S+C)$$

余分なモノは移項する！

$$S^5+C^5=\frac{11}{16}-\boxed{(SC)^2}(S+C)$$

(1)より $SC=-\frac{3}{8}$

$$\therefore S^5+C^5=\frac{11}{16}-\left(-\frac{3}{8}\right)^2\times\frac{1}{2}$$

問題より $S+C=\frac{1}{2}$

$$=\frac{11}{16}-\frac{9}{64}\times\frac{1}{2}$$

$$=\frac{88-9}{128}=\boxed{\frac{79}{128}}$$ 答です!!

(6) 6乗 の登場です!! これも強引に作るしかナイ!!

で， (2)から $S^3+C^3=\dfrac{11}{16}$

ここでも $\sin\theta=S$
$\cos\theta=C$ と置きかえます

この両辺を2乗するといかがでしょうか？

左辺は
$(a+b)^2=a^2+2ab+b^2$
の公式を活用！

両辺を2乗する！

$$(S^3+C^3)^2=\left(\frac{11}{16}\right)^2$$

$$(S^3)^2+2S^3C^3+(C^3)^2=\frac{121}{256}$$

$$S^6+2\boxed{(SC)}^3+C^6=\frac{121}{256}$$

出たョ！　出たョ！

余分なモノは移項です！

$$\therefore S^6+C^6=\frac{121}{256}-2(SC)^3$$

$$=\frac{121}{256}-2\times\left(-\frac{3}{8}\right)^3$$

(1)より $SC=-\frac{3}{8}$ でしたネ！

$$=\frac{121}{256}-2\times\left(-\frac{27}{512}\right)$$

$$=\frac{121}{256}+\frac{27}{256}$$

$$=\frac{148}{256}=\boxed{\frac{37}{64}}$$ 答なりィ!!

Theme 5　おなじみのBIG 3　69

じゃあ，まとめもかねて答案を作っておきましょうか！

解答でござる

詳しい事情が知りたかったら前のコーナーを見てね！ ナイスな導入!!

イメージは
$(S+C)^2 = \left(\dfrac{1}{2}\right)^2$
$S^2 + 2SC + C^2 = \dfrac{1}{4}$

(1) $\sin\theta + \cos\theta = \dfrac{1}{2}$ …①

①の両辺を2乗して

$\sin^2\theta + 2\sin\theta\cos\theta + \cos^2\theta = \dfrac{1}{4}$

$\underbrace{}_{1}$

$1 + 2\sin\theta\cos\theta = \dfrac{1}{4}$

$\therefore\ \sin\theta\cos\theta = -\dfrac{\mathbf{3}}{\mathbf{8}}$ …(答)

$\sin^2\theta + \cos^2\theta = 1$
$1 + 2SC = \dfrac{1}{4}$
$2SC = \dfrac{1}{4} - 1$
$2SC = -\dfrac{3}{4}$
$\therefore\ SC = -\dfrac{3}{8}$

公式
$x^3 + y^3 = (x+y)(x^2 - xy + y^2)$
です！

(2) $\sin^3\theta + \cos^3\theta$

　　$= (\underbrace{\sin\theta + \cos\theta}_{\frac{1}{2}})(\underbrace{\sin^2\theta - \sin\theta\cos\theta + \cos^2\theta}_{1 \quad -\frac{3}{8}})$

　　$= \dfrac{1}{2} \times \left\{1 - \left(-\dfrac{3}{8}\right)\right\}$ （①と(1)の答より）

　　$= \dfrac{\mathbf{11}}{\mathbf{16}}$ …(答)

①より $S+C = \dfrac{1}{2}$
(1)より $SC = -\dfrac{3}{8}$
公式 **BIGその** より
$S^2 + C^2 = 1$

公式 **BIGその** より
$t = \dfrac{S}{C}$
で，$\dfrac{t}{1} = \dfrac{S}{C}$ として
両辺逆数をとると，
$\dfrac{1}{t} = \dfrac{C}{S}$

(3) $\tan\theta + \dfrac{1}{\tan\theta}$

　　$= \dfrac{\sin\theta}{\cos\theta} + \dfrac{\cos\theta}{\sin\theta}$

　　$= \dfrac{\boxed{\sin^2\theta + \cos^2\theta}}{\boxed{\sin\theta\cos\theta}} \begin{array}{l} \leftarrow 1 \\ \leftarrow -\dfrac{3}{8} \end{array}$

　　$= \dfrac{1}{-\dfrac{3}{8}}$ （①と(1)の答より）

　　$= \dfrac{8}{-3} = -\dfrac{\mathbf{8}}{\mathbf{3}}$ …(答)

通分しました！

公式 **BIGその**
$S^2 + C^2 = 1$

(1)より $SC = -\dfrac{3}{8}$

$\dfrac{\boxed{\dfrac{1}{-\dfrac{3}{8}}}}{} = \dfrac{8}{-3} = -\dfrac{8}{3}$
分母&分子×8

(4) 公式より $\sin^2\theta + \cos^2\theta = 1$ …②

　　②の両辺を2乗して

$$\sin^4\theta + 2\sin^2\theta\cos^2\theta + \cos^4\theta = 1$$

$(S^2+C^2)^2 = 1^2$
$(S^2)^2 + 2S^2C^2 + (C^2)^2 = 1$
$S^4 + 2S^2C^2 + C^4 = 1$

$$\sin^4\theta + \cos^4\theta = 1 - 2(\sin\theta\cos\theta)^2$$

$S^2C^2 = (SC)^2$

$$\therefore \sin^4\theta + \cos^4\theta = 1 - 2 \times \left(-\frac{3}{8}\right)^2 \quad ((1)\text{の答より})$$

(1) より $SC = -\dfrac{3}{8}$

$$= \frac{\mathbf{23}}{\mathbf{32}} \quad \cdots (\text{答})$$

(5) $(\sin^2\theta + \cos^2\theta)(\sin^3\theta + \cos^3\theta) = 1 \times \dfrac{11}{16}$ ((2)の答より)

$1 - 2 \times \dfrac{9}{64} = 1 - \dfrac{9}{32}$

公式 BIGその⑦
$S^2 + C^2 = 1$

$$\sin^5\theta + \sin^2\theta\cos^3\theta + \cos^2\theta\sin^3\theta + \cos^5\theta = \frac{11}{16}$$

(2)の答より
$S^3 + C^3 = \dfrac{11}{16}$

$$\sin^5\theta + \cos^5\theta = \frac{11}{16} - \sin^2\theta\cos^2\theta(\sin\theta + \cos\theta)$$

$S^2C^3 + S^3C^2 = S^2C^2(S+C)$

$$\sin^5\theta + \cos^5\theta = \frac{11}{16} - \underbrace{(\sin\theta\cos\theta)^2}_{-\frac{3}{8}} \underbrace{(\sin\theta + \cos\theta)}_{\frac{1}{2}}$$

(1)より $SC = -\dfrac{3}{8}$
①より $S+C = \dfrac{1}{2}$

$$\therefore \sin^5\theta + \cos^5\theta = \frac{11}{16} - \left(-\frac{3}{8}\right)^2 \times \frac{1}{2}$$
(①と(1)の答より)

$$= \frac{\mathbf{79}}{\mathbf{128}} \quad \cdots(\text{答})$$

$\dfrac{11}{16} - \dfrac{9}{128}$
$= \dfrac{88 - 9}{128}$
$= \dfrac{79}{128}$

(6) $(\sin^3\theta + \cos^3\theta)^2 = \left(\dfrac{11}{16}\right)^2$ ((2)の答より)

$$\sin^6\theta + 2\sin^3\theta\cos^3\theta + \cos^6\theta = \frac{121}{256}$$

$(S^3 + C^3)^2$
$= (S^3)^2 + 2S^3C^3 + (C^3)^2$
$= S^6 + 2S^3C^3 + C^6$

$$\sin^6\theta + \cos^6\theta = \frac{121}{256} - 2(\sin\theta\cos\theta)^3$$

$S^3C^3 = (SC)^3$

$$\therefore \sin^6\theta + \cos^6\theta = \frac{121}{256} - 2 \times \left(-\frac{3}{8}\right)^3$$
((1)の答より)

(1)より $SC = -\dfrac{3}{8}$

$$= \frac{121}{256} + \frac{27}{256}$$

$$= \frac{148}{256} = \frac{\mathbf{37}}{\mathbf{64}} \quad \cdots(\text{答})$$

Theme 5 おなじみのBIG3　71

問題 5-3　　ちょいムズ

$\sin\theta + \cos\theta = \dfrac{1}{3}$ $(0<\theta<\pi)$ のとき，$\cos\theta - \sin\theta$ の値を求めよ。

ナイスな導入!!

問題 5-2 で基本的な計算は固めましたネ。
そこで，まず必要な材料がひとつ…。それは…。
$\sin\theta\cos\theta$ でござる！　問題 5-2 を見てごらん！
(1)〜(6) 全ての解答で $\sin\theta\cos\theta$ の値が登場するヨ♥

つまーり！　本問でも $\sin\theta\cos\theta$ をあらかじめ求めておくべし！

ではでは……　$\sin\theta + \cos\theta = \dfrac{1}{3}$ …①

①の両辺を 2 乗して

$(\sin\theta + \cos\theta)^2 = \left(\dfrac{1}{3}\right)^2$

問題 5-2 でも申したとおり，両辺を2乗することがお約束でしたネ♥

$\underbrace{\sin^2\theta + 2\sin\theta\cos\theta + \cos^2\theta}_{1} = \dfrac{1}{9}$

$1 + 2\sin\theta\cos\theta = \dfrac{1}{9}$

公式 **BIGその** $\sin^2\theta + \cos^2\theta = 1$

$2\sin\theta\cos\theta = -\dfrac{8}{9}$

$\dfrac{1}{9} - 1 = \dfrac{1}{9} - \dfrac{9}{9} = -\dfrac{8}{9}$

$\therefore\ \sin\theta\cos\theta = -\dfrac{4}{9}$ …②

これが解決へのカギ！必ず求めておくべし!!

そこで!!　$\cos\theta - \sin\theta$ の値をいかに求めるか??　でーす。
で，提案なんですが，2 乗してみてはいかが？
てなワケで…

$(\cos\theta - \sin\theta)^2 = \cos^2\theta - 2\underbrace{\sin\theta\cos\theta}_{} + \sin^2\theta$

おーっと，こっ，これは…先ほど求めた②

公式 **BIGその** $\sin^2\theta + \cos^2\theta = 1$

⇓ つまーり!!

$(\cos\theta - \sin\theta)^2 = 1 - 2 \times \left(-\dfrac{4}{9}\right)$

> ②より
> $\sin\theta\cos\theta = -\dfrac{4}{9}$

$(\cos\theta - \sin\theta)^2 = \dfrac{17}{9}$

> $1 + \dfrac{8}{9} = \dfrac{9}{9} + \dfrac{8}{9} = \dfrac{17}{9}$

$\therefore \cos\theta - \sin\theta = \pm\sqrt{\dfrac{17}{9}} = \pm\dfrac{\sqrt{17}}{3}$ …③

> イメージは
> $x^2 = \dfrac{17}{9}$ のとき
> $x = \pm\sqrt{\dfrac{17}{9}}$

しかーし!! このあと大きな落とし穴が!!

これは，まだ答ではありませんよ!!

本問ではナゾの範囲 **$0 < \theta < \pi$** があります。このような場合は，答に対して常に疑いの姿勢をもつことが大切なり！

はたして③の

$$\cos\theta - \sin\theta = \pm\dfrac{\sqrt{17}}{3}$$

でゴールなのかなぁ…？？？

> $\dfrac{\sqrt{17}}{3}$ と $-\dfrac{\sqrt{17}}{3}$ 両方ともOKなの？？

> $0 \leqq \theta < 2\pi$ のような θ が1周することを許さない妙な範囲が…

もう，みんなは大丈夫だと思うけど，**$0 < \theta < \pi$** の範囲では **$\sin\theta > 0$** だったよねぇ!! これはスゴイことだよ!

②の式で， $\sin\theta\cos\theta = -\dfrac{4}{9} < 0$ でしょ？ ポイント!!

⇓ つまり…

$\sin\theta\cos\theta < 0$ で かつ $\sin\theta > 0$ なんだから…

⇓

$\cos\theta < 0$ が決定する!!

> イメージは
> $\sin\theta\cos\theta < 0$
> $\sin\theta > 0$　$\cos\theta < 0$

> 負の数から正の数を引くと負になるヨ！
> 例えば $-2 - 3 = -5$
> 　　　　　負　正　負

とゆーワケで…

⇓

$\sin\theta > 0$ かつ $\cos\theta < 0$ となるから…

$\cos\theta - \sin\theta < 0$ となーる!!
　負　　　正

Theme 5 おなじみのBIG3

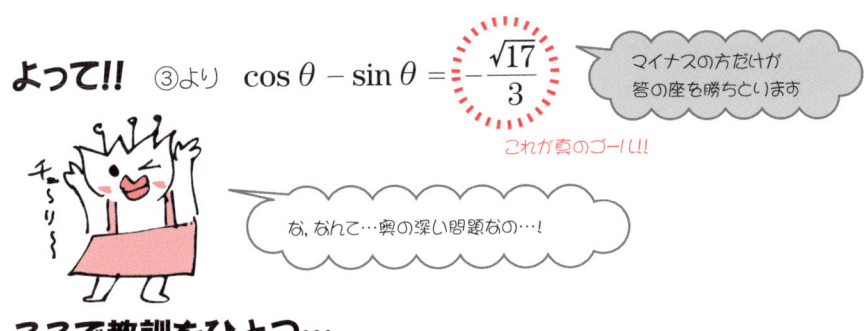

よって!! ③より $\cos\theta - \sin\theta = -\dfrac{\sqrt{17}}{3}$

> マイナスの方だけが答の座を勝ちとります

これが真のゴール!!

> な, なんて…奥の深い問題なの…!

ここで教訓をひとつ…。

角度に妙な範囲があるときは注意せよ!!

> $0 \leq \theta < 2\pi$ のように θ が1周しない範囲

解答でござる

$$\sin\theta + \cos\theta = \dfrac{1}{3} \quad \cdots ①$$

$(S+C)^2 = \left(\dfrac{1}{3}\right)^2$
$S^2 + 2SC + C^2 = \dfrac{1}{9}$

①の両辺を2乗して,

$$\underbrace{\sin^2\theta + 2\sin\theta\cos\theta + \cos^2\theta}_{1} = \dfrac{1}{9}$$

公式 **BIGその☝**
$\sin^2\theta + \cos^2\theta = 1$

$$1 + 2\sin\theta\cos\theta = \dfrac{1}{9}$$

$$\sin\theta\cos\theta = -\dfrac{4}{9} \quad \cdots ②$$

$1 + 2SC = \dfrac{1}{9}$
$2SC = -\dfrac{8}{9}$
$\therefore SC = -\dfrac{4}{9}$

一方,
$$(\cos\theta - \sin\theta)^2 = \cos^2\theta \underbrace{- 2\sin\theta\cos\theta}_{-\frac{4}{9}} + \sin^2\theta$$

②より $\sin\theta\cos\theta = -\dfrac{4}{9}$

$$= 1 - 2 \times \left(-\dfrac{4}{9}\right)$$

公式 **BIGその☝**
$\sin^2\theta + \cos^2\theta = 1$

$$= \dfrac{17}{9}$$

$1 + \dfrac{8}{9} = \dfrac{9}{9} + \dfrac{8}{9} = \dfrac{17}{9}$

$$\therefore \cos\theta - \sin\theta = \pm\sqrt{\dfrac{17}{9}} = \pm\dfrac{\sqrt{17}}{3} \quad \cdots ③$$

> まだまだゴールじゃないぜ!

このとき，$0<\theta<\pi$ より $\sin\theta>0$ …④
また，②より，$\sin\theta\cos\theta<0$ …⑤
④かつ⑤より，$\cos\theta<0$ …⑥
そこで，④かつ⑥より
$$\cos\theta-\sin\theta<0$$
よって，③から
$$\cos\theta-\sin\theta=-\frac{\sqrt{17}}{3} \quad \text{…(答)}$$

②で，
$\sin\theta\cos\theta=-\dfrac{4}{9}<0$

$\sin\theta\cos\theta<0$

$\sin\theta>0$　$\cos\theta<0$
決定！！

$\cos\theta-\sin\theta<0$
負　　正　決定！！

詳しくは ナイスな導入!! 参照！

マイナスの方だけが答です！

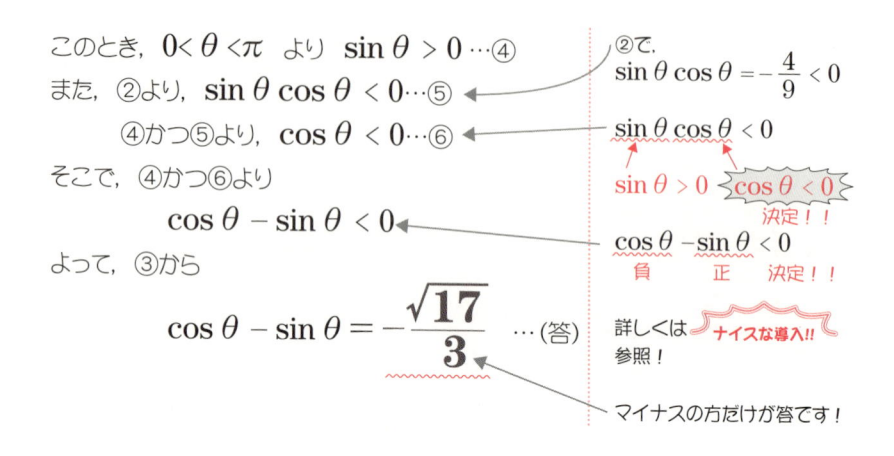

プロフィール

桃太郎

　食べる事が大好きなグルメ猫。基本的に勉強は嫌いなようで、サボリの常習犯♥
　垂れた耳がチャームポイントのやさしい猫で、おむちゃんの飼い猫の一匹です♥

プロフィール

虎次郎

　抜群の運動神経を誇るアスリート猫。肝心な勉強に対しても、前向きで真面目!!
　もちろん、虎次郎もおむちゃんの飼い猫で、体重は桃太郎の半分の4kgです。

おいおい！　俺が8kgってバレるじゃん☆

Theme 6 加法定理を攻略せよ!!

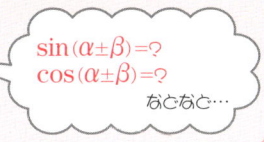

$\sin(\alpha \pm \beta) = ?$
$\cos(\alpha \pm \beta) = ?$
などなど…

とにかく！ 次の公式を丸暗記してくださいませ♥

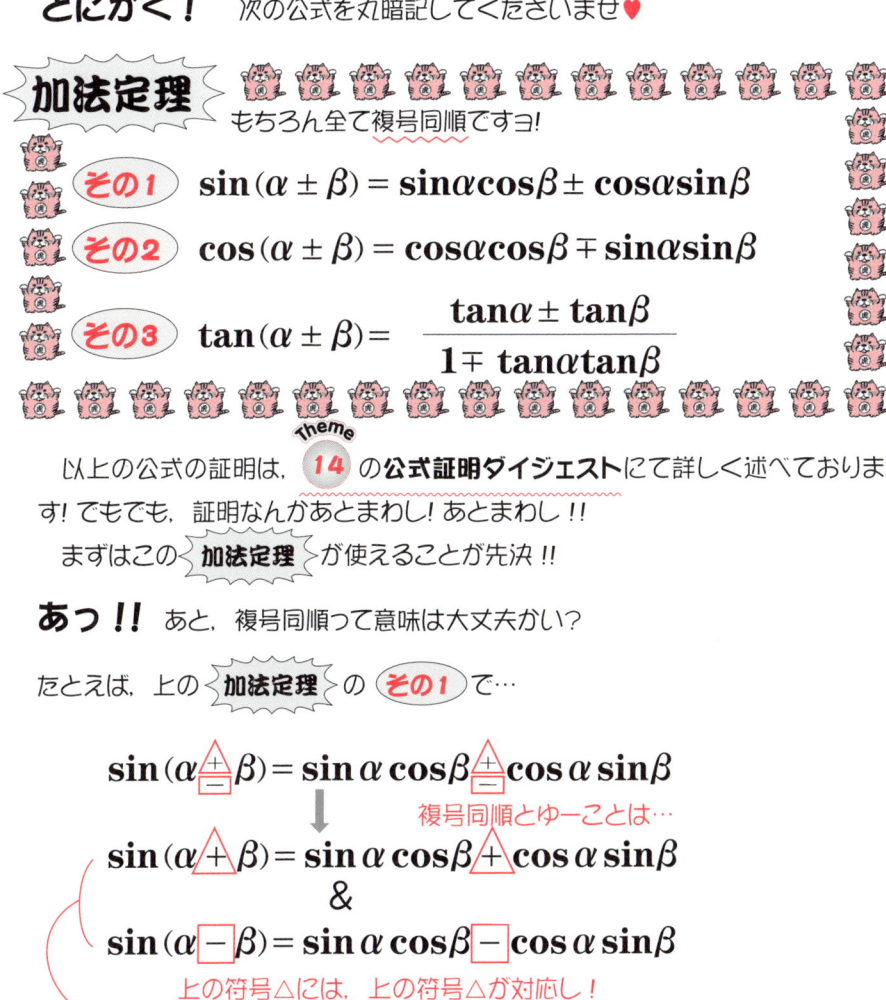

加法定理

もちろん全て複号同順ですヨ！

その1 $\sin(\alpha \pm \beta) = \sin\alpha\cos\beta \pm \cos\alpha\sin\beta$

その2 $\cos(\alpha \pm \beta) = \cos\alpha\cos\beta \mp \sin\alpha\sin\beta$

その3 $\tan(\alpha \pm \beta) = \dfrac{\tan\alpha \pm \tan\beta}{1 \mp \tan\alpha\tan\beta}$

以上の公式の証明は，**Theme 14** の**公式証明ダイジェスト**にて詳しく述べております！でもでも，証明なんかあとまわし！あとまわし！！

まずはこの 加法定理 が使えることが先決!!

あっ!! あと，複号同順って意味は大丈夫かい？

たとえば，上の 加法定理 の **その1** で…

$\sin(\alpha \boxed{\pm} \beta) = \sin\alpha\cos\beta \boxed{\pm} \cos\alpha\sin\beta$

↓ 複号同順とゆーことは…

$\sin(\alpha \boxed{+} \beta) = \sin\alpha\cos\beta \boxed{+} \cos\alpha\sin\beta$

&

$\sin(\alpha \boxed{-} \beta) = \sin\alpha\cos\beta \boxed{-} \cos\alpha\sin\beta$

上の符号△には，上の符号△が対応し！
下の符号□には，下の符号□が対応する！！

これが複号同順ってことですヨ♥

では早速，この加法定理の活用法を体得することから始めようぜい！

問題 6-1 　　　　　　　　　　　　　　　　　　　　　　　**基礎の基礎**

次のそれぞれの値を求めよ。

(1) $\sin \dfrac{5}{12}\pi$　　　　　　(2) $\cos \dfrac{\pi}{12}$

(3) $\tan \dfrac{11}{12}\pi$

ナイスな導入!!

たとえば，(1)で $\dfrac{5}{12}\pi$ がブサイクな角なのはわかりますネ？

で， $\dfrac{5}{12}\pi = \dfrac{\pi}{4} + \dfrac{\pi}{6}$ や $\dfrac{5}{12}\pi = \dfrac{2}{3}\pi - \dfrac{\pi}{4}$ などとプリティな角の和や差で表します。すると…

オエ…ブサイク…　　Pretty!　　Pretty!

解答例 その 1

$$\sin \dfrac{5}{12}\pi = \sin\left(\dfrac{\pi}{4} + \dfrac{\pi}{6}\right)$$

ここで **加法定理 その1** の登場だ!!

$$\sin\left(\dfrac{\pi}{4} + \dfrac{\pi}{6}\right) = \sin\dfrac{\pi}{4}\cos\dfrac{\pi}{6} + \cos\dfrac{\pi}{4}\sin\dfrac{\pi}{6}$$

$$\sin(\alpha + \beta) = \sin\alpha\cos\beta + \cos\alpha\sin\beta$$

$\alpha = \dfrac{\pi}{4}$, $\beta = \dfrac{\pi}{6}$ に対応しています！

Theme 2 でさんざんやりました！
$\sin\dfrac{\pi}{4} = \dfrac{1}{\sqrt{2}}$
$\cos\dfrac{\pi}{6} = \dfrac{\sqrt{3}}{2}$
$\cos\dfrac{\pi}{4} = \dfrac{1}{\sqrt{2}}$
$\sin\dfrac{\pi}{6} = \dfrac{1}{2}$
you know!?

$$= \dfrac{1}{\sqrt{2}} \times \dfrac{\sqrt{3}}{2} + \dfrac{1}{\sqrt{2}} \times \dfrac{1}{2}$$

$$= \dfrac{\sqrt{3}}{2\sqrt{2}} \xrightarrow{\times\sqrt{2}} + \dfrac{1}{2\sqrt{2}} \xrightarrow{\times\sqrt{2}}$$

$$= \dfrac{\sqrt{6}}{4} + \dfrac{\sqrt{2}}{4}$$

ともに分母を有理化しました！

$$= \boxed{\dfrac{\sqrt{6} + \sqrt{2}}{4}}$$ **答です!!**

Theme 6　加法定理を攻略せよ!!

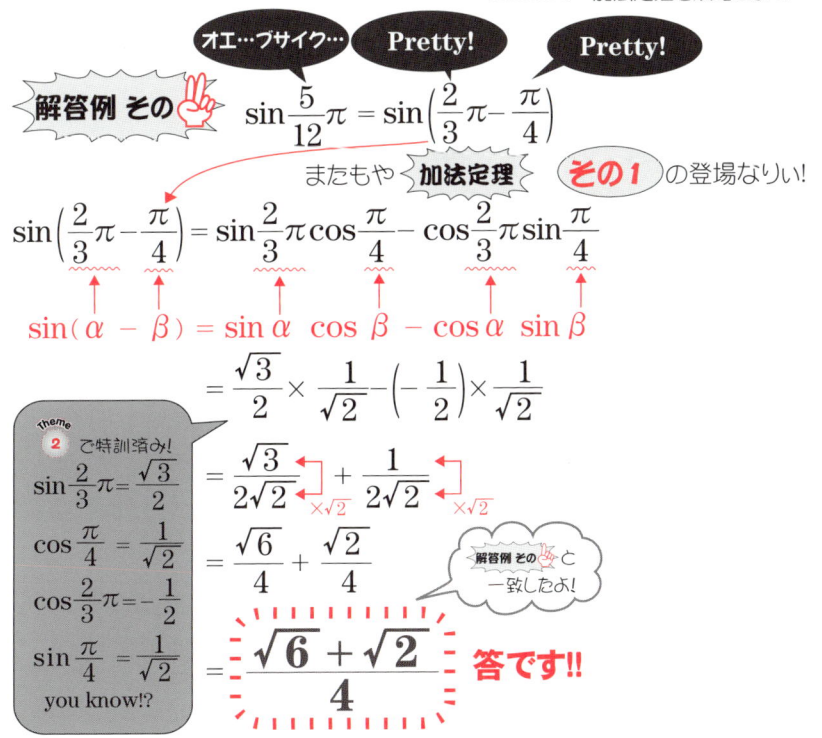

解答例 その✌ 　オエ…ブサイク…　Pretty!　Pretty!

$$\sin\frac{5}{12}\pi = \sin\left(\frac{2}{3}\pi - \frac{\pi}{4}\right)$$

またもや **加法定理 その1** の登場なりぃ!

$$\sin\left(\frac{2}{3}\pi - \frac{\pi}{4}\right) = \sin\frac{2}{3}\pi\cos\frac{\pi}{4} - \cos\frac{2}{3}\pi\sin\frac{\pi}{4}$$

$$\sin(\alpha - \beta) = \sin\alpha\cos\beta - \cos\alpha\sin\beta$$

Theme 2 ご特訓済み!
$\sin\frac{2}{3}\pi = \frac{\sqrt{3}}{2}$
$\cos\frac{\pi}{4} = \frac{1}{\sqrt{2}}$
$\cos\frac{2}{3}\pi = -\frac{1}{2}$
$\sin\frac{\pi}{4} = \frac{1}{\sqrt{2}}$
you know!?

$$= \frac{\sqrt{3}}{2} \times \frac{1}{\sqrt{2}} - \left(-\frac{1}{2}\right) \times \frac{1}{\sqrt{2}}$$

$$= \frac{\sqrt{3}}{2\sqrt{2}} + \frac{1}{2\sqrt{2}} \quad (\times\sqrt{2})$$

$$= \frac{\sqrt{6}}{4} + \frac{\sqrt{2}}{4}$$

解答例 その☝と一致したよ!

$$= \boxed{\frac{\sqrt{6}+\sqrt{2}}{4}} \quad \text{答です!!}$$

てなワケで, (2)(3)も活用する公式は違えど同様なり。

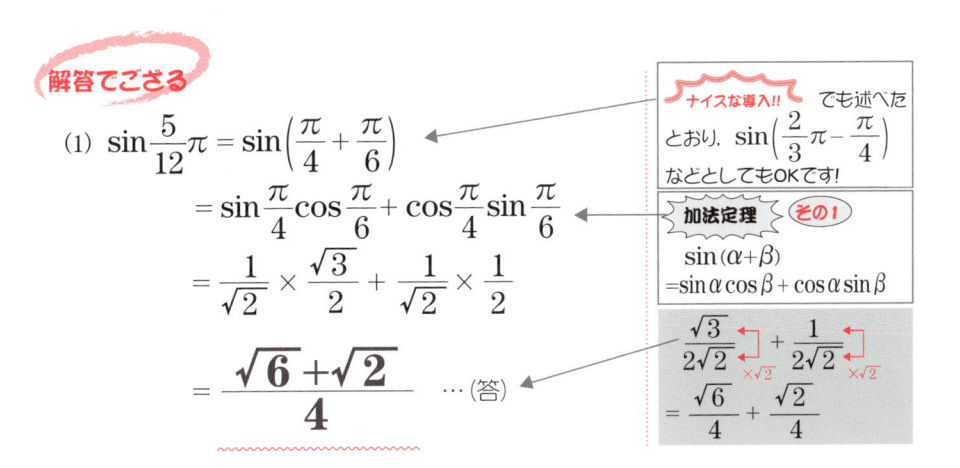

解答でござる

(1) $\sin\dfrac{5}{12}\pi = \sin\left(\dfrac{\pi}{4}+\dfrac{\pi}{6}\right)$

　　　　　$= \sin\dfrac{\pi}{4}\cos\dfrac{\pi}{6} + \cos\dfrac{\pi}{4}\sin\dfrac{\pi}{6}$

　　　　　$= \dfrac{1}{\sqrt{2}} \times \dfrac{\sqrt{3}}{2} + \dfrac{1}{\sqrt{2}} \times \dfrac{1}{2}$

　　　　　$= \dfrac{\sqrt{6}+\sqrt{2}}{4}$　…(答)

ナイスな導入!! でも述べたとおり, $\sin\left(\dfrac{2}{3}\pi - \dfrac{\pi}{4}\right)$ などとしてもOKです!

加法定理 その1
$\sin(\alpha+\beta)$
$=\sin\alpha\cos\beta + \cos\alpha\sin\beta$

$= \dfrac{\sqrt{3}}{2\sqrt{2}} + \dfrac{1}{2\sqrt{2}} \quad (\times\sqrt{2})$
$= \dfrac{\sqrt{6}}{4} + \dfrac{\sqrt{2}}{4}$

(2) $\cos\dfrac{\pi}{12} = \cos\left(\dfrac{\pi}{4} - \dfrac{\pi}{6}\right)$

$= \cos\dfrac{\pi}{4}\cos\dfrac{\pi}{6} + \sin\dfrac{\pi}{4}\sin\dfrac{\pi}{6}$

$= \dfrac{1}{\sqrt{2}} \times \dfrac{\sqrt{3}}{2} + \dfrac{1}{\sqrt{2}} \times \dfrac{1}{2}$

$= \dfrac{\sqrt{6} + \sqrt{2}}{4}$ …(答)

加法定理 その2
$\cos(\alpha - \beta) = \cos\alpha\cos\beta + \sin\alpha\sin\beta$

$\cos\left(\dfrac{\pi}{3} - \dfrac{\pi}{4}\right)$, $\cos\left(\dfrac{3}{4}\pi - \dfrac{2}{3}\pi\right)$ などとしてもOKです！

$\dfrac{\sqrt{3}}{2\sqrt{2}} + \dfrac{1}{2\sqrt{2}} = \dfrac{\sqrt{6}}{4} + \dfrac{\sqrt{2}}{4}$

(3) $\tan\dfrac{11}{12}\pi = \tan\left(\dfrac{2}{3}\pi + \dfrac{\pi}{4}\right)$

$= \dfrac{\tan\dfrac{2}{3}\pi + \tan\dfrac{\pi}{4}}{1 - \tan\dfrac{2}{3}\pi \tan\dfrac{\pi}{4}}$

$= \dfrac{-\sqrt{3} + 1}{1 - (-\sqrt{3}) \times 1}$

$= \dfrac{-\sqrt{3} + 1}{\sqrt{3} + 1}$

$= -\dfrac{(\sqrt{3} - 1) \times (\sqrt{3} - 1)}{(\sqrt{3} + 1) \times (\sqrt{3} - 1)}$

$= -\dfrac{(\sqrt{3} - 1)^2}{(\sqrt{3} + 1)(\sqrt{3} - 1)}$

$= -\dfrac{3 - 2\sqrt{3} + 1}{3 - 1}$

$= -\dfrac{4 - 2\sqrt{3}}{2}$

$= -(2 - \sqrt{3})$

$= \mathbf{-2 + \sqrt{3}}$ …(答)

$\tan\left(\dfrac{3}{4}\pi + \dfrac{\pi}{6}\right)$ などとしてもOKです！

加法定理 その3
$\tan(\alpha + \beta) = \dfrac{\tan\alpha + \tan\beta}{1 - \tan\alpha\tan\beta}$

Theme① でやったネ！
$\tan\dfrac{\pi}{4} = 1$
$\tan\dfrac{2}{3}\pi = -\sqrt{3}$
you know !?

$-\sqrt{3} + 1 = -(\sqrt{3} - 1)$

分母を有理化したいもんで…

$\dfrac{-B}{A} = -\dfrac{B}{A}$ てな具合にマイナスは前に…

$(\sqrt{3})^2 - 2 \times \sqrt{3} \times 1 + 1^2$
$(a - b)^2 = a^2 - 2ab + b^2$ より

$(\sqrt{3})^2 - 1^2$
$(a + b)(a - b) = a^2 - b^2$ より

$-\dfrac{2(2 - \sqrt{3})}{2} = -(2 - \sqrt{3})$

Theme 6 加法定理を攻略せよ!!

オーソドックスなものをもう一発!!

オーソドックス…

問題 6-2　基礎

$\sin\alpha = -\dfrac{4}{5}$, $\cos\beta = -\dfrac{5}{13}$ のとき, 次のそれぞれの値を求めよ。

ただし $\dfrac{3}{2}\pi < \alpha < 2\pi$, $\pi < \beta < \dfrac{3}{2}\pi$ とする。

(1) $\sin(\alpha+\beta)$ 　　(2) $\sin(\alpha-\beta)$
(3) $\cos(\alpha+\beta)$ 　　(4) $\cos(\alpha-\beta)$
(5) $\tan(\alpha+\beta)$ 　　(6) $\tan(\alpha-\beta)$

ナイスな導入!!

(1)～(6)の顔ぶれを見りゃあわかるとおり, 本問でも **加法定理** を使いまくります！　でも, 注意しなきゃならんのは, **α と β の範囲** でございます。まぁ, これを無視する人はいないでしょう…。

Theme 5 の 問題 5-1 でやったように…

公式だよ！
$\sin^2\theta + \cos^2\theta = 1$ です！

$\sin\alpha = -\dfrac{4}{5}$ より $\sin^2\alpha + \cos^2\alpha = 1$ から

$$\left(-\dfrac{4}{5}\right)^2 + \cos^2\alpha = 1$$

$$\cos^2\alpha = 1 - \dfrac{16}{25}$$

$$\cos^2\alpha = \dfrac{9}{25}$$

第4象限！

αが第4象限の角度より
$\cos\alpha > 0$
$\cos\alpha = \pm\dfrac{3}{5}$
としないように！

このとき, $\dfrac{3}{2}\pi < \alpha < 2\pi$ より, $\cos\alpha = \dfrac{3}{5}$

ほしかった材料が どんどん求まるヨ！

さらに, $\tan\alpha = \dfrac{\sin\alpha}{\cos\alpha}$ から

$$\tan\alpha = \dfrac{-\dfrac{4}{5}}{\dfrac{3}{5}} = \dfrac{-4}{3} = -\dfrac{4}{3}$$

分母&分子×5

第4象限だから マイナスでOK!!

公式ですヨ！
$\tan\theta = \dfrac{\sin\theta}{\cos\theta}$

この調子で $\cos\beta = -\dfrac{5}{13}$ かつ $\pi < \beta < \dfrac{3}{2}\pi$ から $\sin\beta$ と $\tan\beta$ を求めりゃあ，あとは <加法定理> にハメるのみ！
では，答案を作りましょう！

解答でござる

$\sin\alpha = -\dfrac{4}{5}$ …①

$\cos\beta = -\dfrac{5}{13}$ …②

$\dfrac{3}{2}\pi < \alpha < 2\pi$ …Ⓐ

$\pi < \beta < \dfrac{3}{2}\pi$ …Ⓑ

$\sin^2\alpha + \cos^2\alpha = 1$ に①を代入して，

$\left(-\dfrac{4}{5}\right)^2 + \cos^2\alpha = 1$

$\cos^2\alpha = \dfrac{9}{25}$

Ⓐより，$\cos\alpha > 0$ だから，

$\cos\alpha = \sqrt{\dfrac{9}{25}} = \dfrac{3}{5}$ …③

さらに，$\tan\alpha = \dfrac{\sin\alpha}{\cos\alpha}$ に①，③を代入して，

$\tan\alpha = \dfrac{-\dfrac{4}{5}}{\dfrac{3}{5}}$

∴ $\tan\alpha = -\dfrac{4}{3}$ …④

また，$\sin^2\beta + \cos^2\beta = 1$ に②を代入して，

$\sin^2\beta + \left(-\dfrac{5}{13}\right)^2 = 1$

$\sin^2\beta = \dfrac{144}{169}$

Ⓑより $\sin\beta < 0$ だから

公式
$\sin^2\theta + \cos^2\theta = 1$
で～す！

$1 - \dfrac{16}{25} = \dfrac{25}{25} - \dfrac{16}{25} = \dfrac{9}{25}$

$\dfrac{3}{2}\pi < \alpha < 2\pi$

つまり，α は第4象限の角より $\cos\alpha > 0$ となる。

$\pm\dfrac{3}{5}$ としないように!!

公式
$\tan\theta = \dfrac{\sin\theta}{\cos\theta}$
で～す！

分母&分子×5

$\dfrac{-\dfrac{4}{5}}{\dfrac{3}{5}} = \dfrac{-4}{3} = -\dfrac{4}{3}$

公式
$\sin^2\theta + \cos^2\theta = 1$
です！

$1 - \dfrac{25}{169} = \dfrac{169}{169} - \dfrac{25}{169} = \dfrac{144}{169}$

$\pi < \beta < \dfrac{3}{2}\pi$

つまり，β は第3象限の角より $\sin\beta < 0$ となる。

Theme 6　加法定理を攻略せよ!!　81

$$\sin\beta = -\sqrt{\frac{144}{169}} = -\frac{12}{13} \quad \cdots ⑤$$

$\pm \frac{12}{13}$ としないように!!

公式
$$\tan\theta = \frac{\sin\theta}{\cos\theta}$$
でーす!

さらに，$\tan\beta = \dfrac{\sin\beta}{\cos\beta}$ に②，⑤を代入して，

$$\tan\beta = \frac{-\dfrac{12}{13}}{-\dfrac{5}{13}}$$

分母&分子×(−13)

$$\frac{-\dfrac{12}{13}}{-\dfrac{5}{13}} \underset{×(-13)}{=} \frac{12}{5}$$

$$\therefore \tan\beta = \frac{12}{5} \quad \cdots ⑥$$

以上①〜⑥で必要な材料は全てそろいました!!

(1) $\sin(\alpha+\beta)$
$= \sin\alpha\cos\beta + \cos\alpha\sin\beta$
$= -\dfrac{4}{5} \times \left(-\dfrac{5}{13}\right) + \dfrac{3}{5} \times \left(-\dfrac{12}{13}\right)$
　　　　　　　　　　　(①②③⑤より)
$= \dfrac{20}{65} - \dfrac{36}{65} = -\dfrac{\mathbf{16}}{\mathbf{65}} \quad \cdots$(答)

加法定理　その1　です!

$\sin\alpha\cos\beta + \cos\alpha\sin\beta$
　①　　②　　③　　⑤
$-\dfrac{4}{5} \quad -\dfrac{5}{13} \quad \dfrac{3}{5} \quad -\dfrac{12}{13}$

(2) $\sin(\alpha-\beta)$
$= \sin\alpha\cos\beta - \cos\alpha\sin\beta$
$= -\dfrac{4}{5} \times \left(-\dfrac{5}{13}\right) - \dfrac{3}{5} \times \left(-\dfrac{12}{13}\right)$
　　　　　　　　　　　(①②③⑤より)
$= \dfrac{20}{65} + \dfrac{36}{65} = \dfrac{\mathbf{56}}{\mathbf{65}} \quad \cdots$(答)

加法定理　その1　です!

$\sin\alpha\cos\beta - \cos\alpha\sin\beta$
　①　　②　　③　　⑤
$-\dfrac{4}{5} \quad -\dfrac{5}{13} \quad \dfrac{3}{5} \quad -\dfrac{12}{13}$

(3) $\cos(\alpha+\beta)$
$= \cos\alpha\cos\beta - \sin\alpha\sin\beta$
$= \dfrac{3}{5} \times \left(-\dfrac{5}{13}\right) - \left(-\dfrac{4}{5}\right) \times \left(-\dfrac{12}{13}\right)$
　　　　　　　　　　　(①②③⑤より)
$= -\dfrac{15}{65} - \dfrac{48}{65} = -\dfrac{\mathbf{63}}{\mathbf{65}} \quad \cdots$(答)

加法定理　その2　です!

$\cos\alpha\cos\beta - \sin\alpha\sin\beta$
　③　　②　　①　　⑤
$\dfrac{3}{5} \quad -\dfrac{5}{13} \quad -\dfrac{4}{5} \quad -\dfrac{12}{13}$

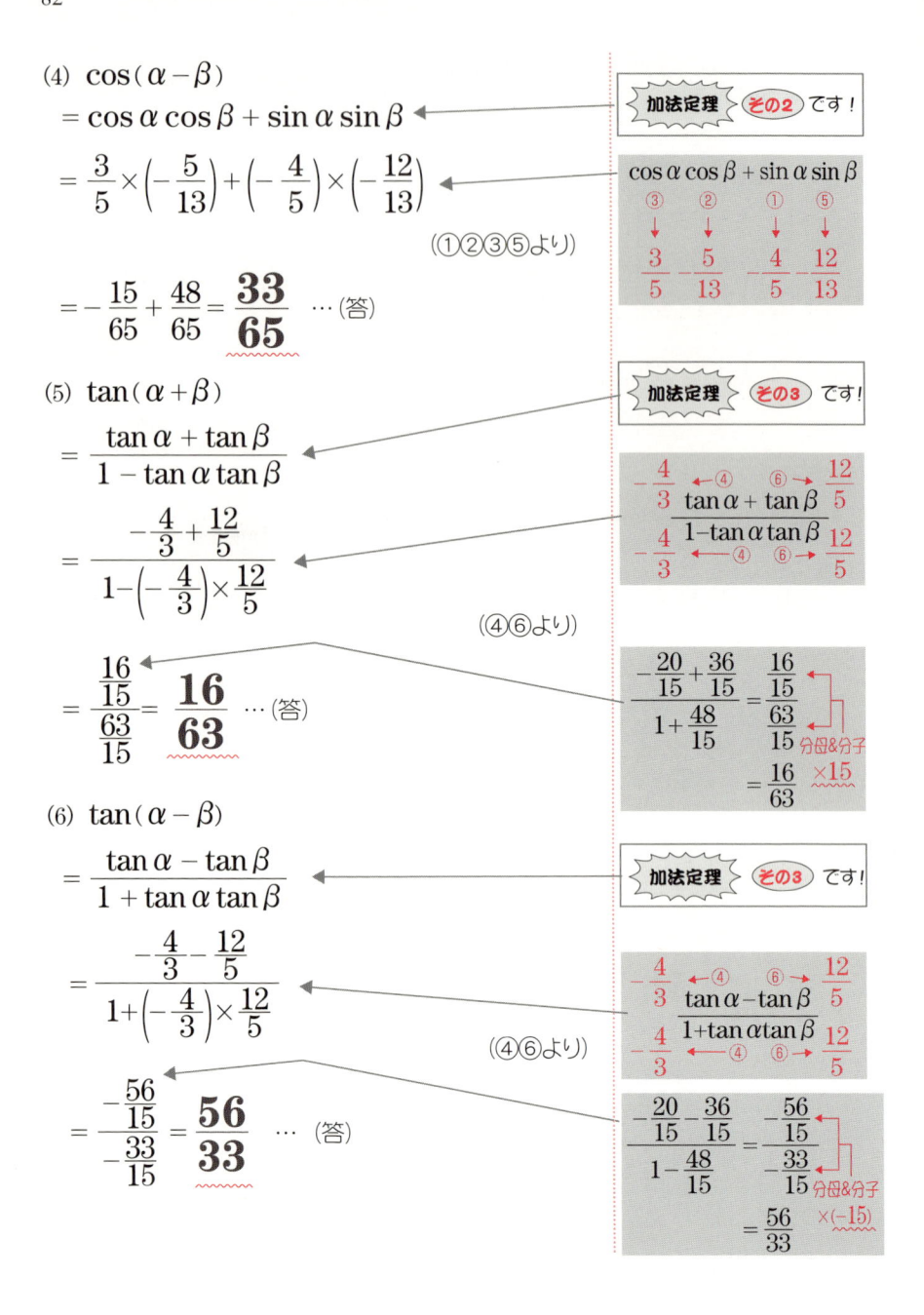

(4) $\cos(\alpha-\beta)$
$= \cos\alpha\cos\beta + \sin\alpha\sin\beta$
$= \dfrac{3}{5} \times \left(-\dfrac{5}{13}\right) + \left(-\dfrac{4}{5}\right) \times \left(-\dfrac{12}{13}\right)$

(①②③⑤より)

$= -\dfrac{15}{65} + \dfrac{48}{65} = \mathbf{\dfrac{33}{65}}$ …(答)

(5) $\tan(\alpha+\beta)$
$= \dfrac{\tan\alpha + \tan\beta}{1 - \tan\alpha\tan\beta}$
$= \dfrac{-\dfrac{4}{3} + \dfrac{12}{5}}{1 - \left(-\dfrac{4}{3}\right) \times \dfrac{12}{5}}$

(④⑥より)

$= \dfrac{\dfrac{16}{15}}{\dfrac{63}{15}} = \mathbf{\dfrac{16}{63}}$ …(答)

(6) $\tan(\alpha-\beta)$
$= \dfrac{\tan\alpha - \tan\beta}{1 + \tan\alpha\tan\beta}$
$= \dfrac{-\dfrac{4}{3} - \dfrac{12}{5}}{1 + \left(-\dfrac{4}{3}\right) \times \dfrac{12}{5}}$

(④⑥より)

$= \dfrac{-\dfrac{56}{15}}{-\dfrac{33}{15}} = \mathbf{\dfrac{56}{33}}$ …(答)

このあたりで例の公式を紹介しておきましょう!!

Ⓐ $\begin{cases} ㋑\ \sin(-\theta) = -\sin\theta \\ ㋺\ \cos(-\theta) = \cos\theta \\ ㋩\ \tan(-\theta) = -\tan\theta \end{cases}$

Ⓑ $\begin{cases} ㋑\ \sin\left(\dfrac{\pi}{2}+\theta\right) = \cos\theta \\ ㋺\ \cos\left(\dfrac{\pi}{2}+\theta\right) = -\sin\theta \\ ㋩\ \tan\left(\dfrac{\pi}{2}+\theta\right) = -\dfrac{1}{\tan\theta} \end{cases}$

Ⓒ $\begin{cases} ㋑\ \sin\left(\dfrac{\pi}{2}-\theta\right) = \cos\theta \\ ㋺\ \cos\left(\dfrac{\pi}{2}-\theta\right) = \sin\theta \\ ㋩\ \tan\left(\dfrac{\pi}{2}-\theta\right) = \dfrac{1}{\tan\theta} \end{cases}$

Ⓓ $\begin{cases} ㋑\ \sin(\pi+\theta) = -\sin\theta \\ ㋺\ \cos(\pi+\theta) = -\cos\theta \\ ㋩\ \tan(\pi+\theta) = \tan\theta \end{cases}$

Ⓔ $\begin{cases} ㋑\ \sin(\pi-\theta) = \sin\theta \\ ㋺\ \cos(\pi-\theta) = -\cos\theta \\ ㋩\ \tan(\pi-\theta) = -\tan\theta \end{cases}$

例の公式…

多すぎる…

じつは，この公式はすべて**加法定理**で導けます。
たとえば，Ⓐのⓘの場合…

$\sin(-\theta)$
$=\sin(0-\theta)$ ◀ $-\theta = 0-\theta$ と考える!!
$=\underline{\sin 0}\cos\theta - \underline{\cos 0}\sin\theta$ ◀ 加法定理 その1 より
　　 0　　　　　 1　　　　　　$\sin(\alpha-\beta) = \sin\alpha\cos\beta - \cos\alpha\sin\beta$
$=0\times\cos\theta - 1\times\sin\theta$ ◀ $\sin 0 = 0$, $\cos 0 = 1$ です!! Theme 2 参照
$=0-\sin\theta$
$=-\sin\theta$

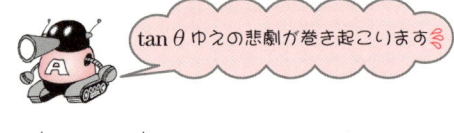

確かに導くことができたね…

たとえば，Ⓑのⓡの場合…

$\cos\left(\dfrac{\pi}{2}+\theta\right)$

$=\underline{\cos\dfrac{\pi}{2}}\cos\theta - \underline{\sin\dfrac{\pi}{2}}\sin\theta$ ◀ 加法定理 その2 より
　　　 0　　　　　　 1　　　　　　　$\cos(\alpha+\beta)$
　　　　　　　　　　　　　　　　　　$=\cos\alpha\cos\beta - \sin\alpha\sin\beta$

$=0\times\cos\theta - 1\times\sin\theta$ ◀ Theme 2 参照!! $\cos\dfrac{\pi}{2}=0$, $\sin\dfrac{\pi}{2}=1$ です!!
$=0-\sin\theta$
$=-\sin\theta$

導けたねぇ…

そこで…，Ⓒのⓗの場合なんですが…

$\tan\theta$ ゆえの悲劇が巻き起こります

悲劇!?

$\tan\left(\dfrac{\pi}{2}-\theta\right)$

Theme 6 加法定理を攻略せよ!! 85

$$= \frac{\tan\frac{\pi}{2} - \tan\theta}{1 + \tan\frac{\pi}{2}\tan\theta}$$

◀ 加法定理 その3 より，
$\tan(\alpha - \beta) = \dfrac{\tan\alpha - \tan\beta}{1 + \tan\alpha\tan\beta}$

（このお話も Theme 2 参照!!）

そーです!! $\tan\dfrac{\pi}{2}$ の値は存在しません!!

つまり，この方法だと導くことができません。

しかし!! 焦ることはありません。**作戦変更**でございます。

$\tan\left(\dfrac{\pi}{2} - \theta\right)$

$= \dfrac{\sin\left(\dfrac{\pi}{2} - \theta\right)}{\cos\left(\dfrac{\pi}{2} - \theta\right)}$

◀ 超有名公式
$\tan\theta = \dfrac{\sin\theta}{\cos\theta}$ ですよ!!

$= \dfrac{\overset{1}{\underline{\sin\dfrac{\pi}{2}\cos\theta}} - \overset{0}{\underline{\cos\dfrac{\pi}{2}\sin\theta}}}{\underset{0}{\underline{\cos\dfrac{\pi}{2}\cos\theta}} + \underset{1}{\underline{\sin\dfrac{\pi}{2}\sin\theta}}}$

◀ 加法定理 その1 より
$\sin(\alpha - \beta) = \sin\alpha\cos\beta - \cos\alpha\sin\beta$

◀ 加法定理 その2 より
$\cos(\alpha - \beta) = \cos\alpha\cos\beta + \sin\alpha\sin\beta$

$= \dfrac{1 \times \cos\theta - 0 \times \sin\theta}{0 \times \cos\theta + 1 \times \sin\theta}$

◀ Theme 2 参照!! $\sin\dfrac{\pi}{2} = 1$，$\cos\dfrac{\pi}{2} = 0$ です!!

$= \dfrac{\cos\theta - 0}{0 + \sin\theta}$

$= \dfrac{\cos\theta}{\sin\theta}$

◀ $\tan\theta = \dfrac{\sin\theta}{\cos\theta}$ より
$\dfrac{\tan\theta}{1} = \dfrac{\sin\theta}{\cos\theta}$
◀ 分母に1を作る!!
$\therefore \dfrac{1}{\tan\theta} = \dfrac{\cos\theta}{\sin\theta}$
◀ 両辺ともに 分子と分母を ひっくり返す!!

（まだこの変形があぁ…）

$= \dfrac{1}{\tan\theta}$ できあがい!!

つまり!! p.83 Ⓐ～Ⓔの公式は，**すべて加法定理で導くことができます!!** 丸暗記するか?? 導くか?? は，アナタ次第です。

問題 6-3 　　　　　　　　　　　　　　　　　　　　　　　　　基礎

次のそれぞれの式の値を求めよ。
(1) $\sin\dfrac{7}{18}\pi + \cos\dfrac{5}{9}\pi + \sin\dfrac{17}{18}\pi + \cos\dfrac{10}{9}\pi$
(2) $\tan(\pi + \theta)\sin\left(\dfrac{\pi}{2} + \theta\right) + \sin(\pi + \theta)$
(3) $\{1 - \sin(\pi - \theta)\}\{1 - \sin(\pi + \theta)\} - \sin\left(\dfrac{\pi}{2} + \theta\right)\cos(-\theta)$

ナイスな導入!!　　$\sin\dfrac{\pi}{6} = \dfrac{1}{2}$　$\cos\dfrac{\pi}{4} = \dfrac{1}{\sqrt{2}}$
のようにウマく値が求まらない!!

(1) このように，**ブサイクな角度**がメジロ押し！ってなタイプの問題では，全て，$\dfrac{\pi}{4}$以内の角度に直すのがコツですョ♥

たとえば，　$\sin\dfrac{7}{18}\pi = \sin\left(\dfrac{\pi}{2} - \dfrac{\pi}{9}\right)$
　　　　　　　　　　　　 $= \cos\dfrac{\pi}{9}$　となります！

（p.83の公式Ⓒのⓐ　$\sin\left(\dfrac{\pi}{2} - \theta\right) = \cos\theta$　でーす!!）

この調子で…
$\cos\dfrac{5}{9}\pi = \cos\left(\dfrac{\pi}{2} + \dfrac{\pi}{18}\right)$　（$\dfrac{\pi}{4}$以内）
　　　　 $= -\sin\dfrac{\pi}{18}$　（$\dfrac{\pi}{4}$以内）

（p.83の公式Ⓑのⓒ　$\cos\left(\dfrac{\pi}{2} + \theta\right) = -\sin\theta$　でーす!!）

注！　このとき，$\cos\dfrac{5}{9}\pi = \cos\left(\pi - \dfrac{4}{9}\pi\right)$
　　　　　　　　　　　　 $= -\cos\dfrac{4}{9}\pi$　（$\dfrac{\pi}{4}$以内でなーい！）

とも変形できますが，**ダメ**です!!　$\dfrac{\pi}{4}$以内の角度が登場するように心がけよう!!　そーすれば，**必ずできる**し，方針が定まってないと面倒でしょ!?

で，同様に $\sin\dfrac{17}{18}\pi = \sin\left(\pi - \dfrac{\pi}{18}\right)$
　　　　　　　　　　　　 $= \sin\dfrac{\pi}{18}$

（p.83の公式Ⓔのⓐ　$\sin(\pi - \theta) = \sin\theta$　でーす!!）

$\cos\dfrac{10}{9}\pi = \cos\left(\pi + \dfrac{\pi}{9}\right)$
　　　　　 $= -\cos\dfrac{\pi}{9}$

（p.83の公式Ⓓのⓒ　$\cos(\pi + \theta) = -\cos\theta$　でーす!!）

以上より，

$\sin\dfrac{7}{18}\pi + \cos\dfrac{5}{9}\pi + \sin\dfrac{17}{18}\pi + \cos\dfrac{10}{9}\pi$

$= \cos\dfrac{\pi}{9} - \sin\dfrac{\pi}{18} + \sin\dfrac{\pi}{18} - \cos\dfrac{\pi}{9}$　（上の変形を参照してネ♥）
　　　　　　　　きえる！　　　きえる!!

$= \boxed{0}$　**答です!!**

Theme 6 加法定理を攻略せよ!!

p.83の公式を用いる方針で説明しましたが，もちろん!!

$$\sin\frac{7}{18}\pi = \sin\left(\frac{\pi}{2} - \frac{\pi}{9}\right)$$
$$= \sin\frac{\pi}{2}\cos\frac{\pi}{9} - \cos\frac{\pi}{2}\sin\frac{\pi}{9}$$
$$= 1 \times \cos\frac{\pi}{9} - 0 \times \sin\frac{\pi}{9}$$
$$= \cos\frac{\pi}{9}$$

加法定理 その1 より
$\sin(\alpha - \beta)$
$= \sin\alpha\cos\beta - \cos\alpha\sin\beta$

一丁あがり!!

てな感じに1つ1つ 加法定理 にハメていってもOKでっせ！

(2)(3)は，$\sin\left(\frac{\pi}{2} + \theta\right)$ や $\cos(-\theta)$ などがモロに登場してるから，p.83の公式たちを活用すりゃあ楽勝です！　もちろん，1つ1つ 加法定理 で導きながら解いてもOKっすョ♥

$\sin\frac{\pi}{6} = \frac{1}{2}$，$\cos\frac{\pi}{4} = \frac{1}{\sqrt{2}}$ のように値が求まらない!!

解答でござる

(1) $\sin\frac{7}{18}\pi + \cos\frac{5}{9}\pi + \sin\frac{17}{18}\pi + \cos\frac{10}{9}\pi$

$= \sin\left(\frac{\pi}{2} - \frac{\pi}{9}\right) + \cos\left(\frac{\pi}{2} + \frac{\pi}{18}\right)$
$\quad + \sin\left(\pi - \frac{\pi}{18}\right) + \cos\left(\pi + \frac{\pi}{9}\right)$
$= \cos\frac{\pi}{9} - \sin\frac{\pi}{18} + \sin\frac{\pi}{18} - \cos\frac{\pi}{9}$
$= \mathbf{0}$ …(答)

ブサイクな角度ばっかり。こんなときはp.83の公式で $\frac{\pi}{4}$ 以内の角に変身させる！

全て $\frac{\pi}{4}$ 以内の角度で表すのが コツ です！

(2) $\tan(\pi + \theta)\sin\left(\frac{\pi}{2} + \theta\right) + \sin(\pi + \theta)$
$= \tan\theta \times \cos\theta - \sin\theta$
$= \frac{\sin\theta}{\cos\theta} \times \cos\theta - \sin\theta$
$= \sin\theta - \sin\theta$
$= \mathbf{0}$ …(答)

p.83の公式です！
$\tan(\pi + \theta) = \tan\theta$
$\sin\left(\frac{\pi}{2} + \theta\right) = \cos\theta$
$\sin(\pi + \theta) = -\sin\theta$

重要公式
$\tan\theta = \frac{\sin\theta}{\cos\theta}$ ですョ!!

(3) $\{1 - \sin(\pi - \theta)\}\{1 - \sin(\pi + \theta)\}$
$\qquad - \sin\left(\frac{\pi}{2} + \theta\right)\cos(-\theta)$
$= (1 - \sin\theta)\{1 - (-\sin\theta)\} - \cos\theta \times \cos\theta$
$= (1 - \sin\theta)(1 + \sin\theta) - \cos^2\theta$
$= 1 - \sin^2\theta - \cos^2\theta = 1 - (\sin^2\theta + \cos^2\theta)$
$= 1 - 1$
$= \mathbf{0}$ …(答)

p.83の公式でーす！
$\sin(\pi - \theta) = \sin\theta$
$\sin(\pi + \theta) = -\sin\theta$
$\sin\left(\frac{\pi}{2} + \theta\right) = \cos\theta$
$\cos(-\theta) = \cos\theta$

超重要公式
$\sin^2\theta + \cos^2\theta = 1$ です！
you know!?

Theme 7 2倍角の公式とその仲間たち

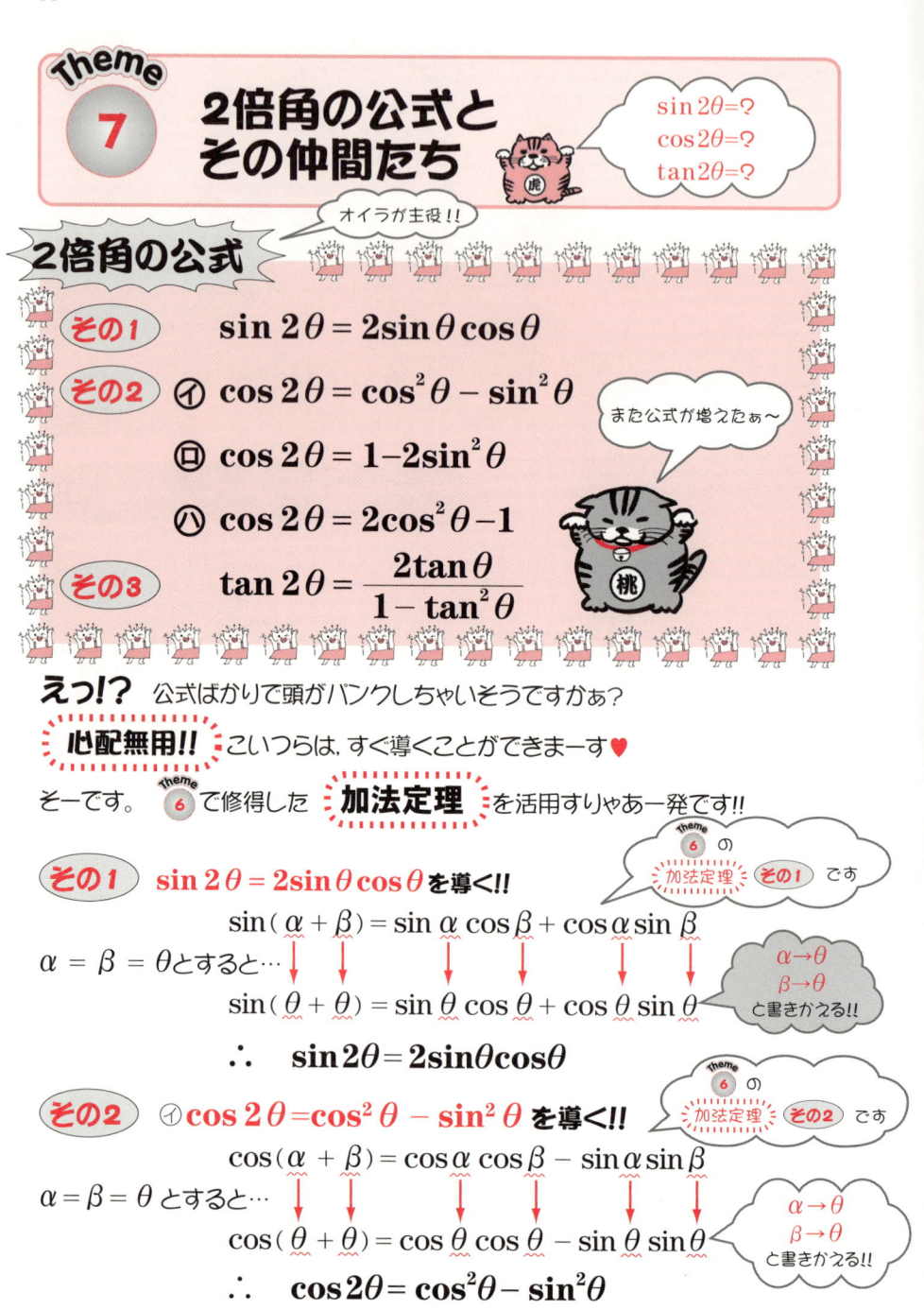

$\sin 2\theta = ?$
$\cos 2\theta = ?$
$\tan 2\theta = ?$

オイラが主役!!

2倍角の公式

その1 $\sin 2\theta = 2\sin\theta\cos\theta$

その2
㋑ $\cos 2\theta = \cos^2\theta - \sin^2\theta$
㋺ $\cos 2\theta = 1 - 2\sin^2\theta$
㋩ $\cos 2\theta = 2\cos^2\theta - 1$

その3 $\tan 2\theta = \dfrac{2\tan\theta}{1-\tan^2\theta}$

また公式が増えたぁ〜

えっ!? 公式ばかりで頭がパンクしちゃいそうですかぁ?

心配無用!! こいつらは、すぐ導くことができまーす♥

そーです。Theme 6 で修得した **加法定理** を活用すりゃあ一発です!!

その1 $\sin 2\theta = 2\sin\theta\cos\theta$ を導く!!

Theme 6 の 加法定理 その1 です

$\sin(\alpha + \beta) = \sin\alpha\cos\beta + \cos\alpha\sin\beta$

$\alpha = \beta = \theta$ とすると…

$\sin(\theta + \theta) = \sin\theta\cos\theta + \cos\theta\sin\theta$

$\alpha \to \theta$
$\beta \to \theta$
と書きかえる!!

$\therefore \sin 2\theta = 2\sin\theta\cos\theta$

その2 ㋑ $\cos 2\theta = \cos^2\theta - \sin^2\theta$ を導く!!

Theme 6 の 加法定理 その2 です

$\cos(\alpha + \beta) = \cos\alpha\cos\beta - \sin\alpha\sin\beta$

$\alpha = \beta = \theta$ とすると…

$\cos(\theta + \theta) = \cos\theta\cos\theta - \sin\theta\sin\theta$

$\alpha \to \theta$
$\beta \to \theta$
と書きかえる!!

$\therefore \cos 2\theta = \cos^2\theta - \sin^2\theta$

これにはつづきがありまして…

◎ $\cos 2\theta = 1 - 2\sin^2\theta$ を導く！

> 公式 $\sin^2\theta + \cos^2\theta = 1$ より
> $\cos^2\theta = 1 - \sin^2\theta$

$$\cos 2\theta = \underline{\cos^2\theta} - \sin^2\theta$$
$$= \underline{1 - \sin^2\theta} - \sin^2\theta$$
$$= 1 - 2\sin^2\theta$$

さらに，さらに…

◎ $\cos 2\theta = 2\cos^2\theta - 1$ を導く！

> 公式 $\sin^2\theta + \cos^2\theta = 1$ より
> $\sin^2\theta = 1 - \cos^2\theta$

$$\cos 2\theta = \cos^2\theta - \underline{\sin^2\theta}$$
$$= \cos^2\theta - \underline{(1 - \cos^2\theta)}$$
$$= 2\cos^2\theta - 1$$

その3 $\tan 2\theta = \dfrac{2\tan\theta}{1 - \tan^2\theta}$ を導く！！！

Theme 6 の加法定理 その3

$$\tan(\alpha + \beta) = \frac{\tan\alpha + \tan\beta}{1 - \tan\alpha\tan\beta}$$

$\alpha = \beta = \theta$ とすると…

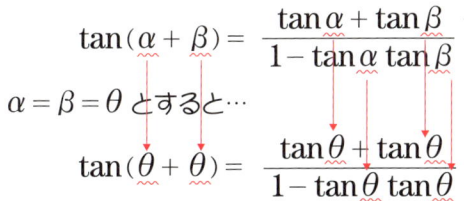

またもや
$\alpha \to \theta$
$\beta \to \theta$
と書きかえる！

$$\tan(\theta + \theta) = \frac{\tan\theta + \tan\theta}{1 - \tan\theta\tan\theta}$$

$$\therefore \tan 2\theta = \frac{2\tan\theta}{1 - \tan^2\theta}$$

つまり!! 2倍角の公式 は導くにかぎります!! ついでに…

半角の公式

その1 $\sin^2\dfrac{A}{2} = \dfrac{1 - \cos A}{2}$

その2 $\cos^2\dfrac{A}{2} = \dfrac{1 + \cos A}{2}$

その3 $\tan^2\dfrac{A}{2} = \dfrac{1 - \cos A}{1 + \cos A}$

全て導けるようにしてください！

その1 $\sin^2\dfrac{A}{2}=\dfrac{1-\cos A}{2}$ を導く！

p.88の **2倍角の公式 その2** より…

$$\cos 2\theta = 1 - 2\sin^2\theta$$
$$2\sin^2\theta = 1 - \cos 2\theta$$

> 移項をしただけです！

$$\therefore \sin^2\theta = \dfrac{1-\cos 2\theta}{2}$$

このとき，$2\theta = A$ とおくと，$\theta = \dfrac{A}{2}$

よって，$\sin^2\dfrac{A}{2} = \dfrac{1-\cos A}{2}$

その2 $\cos^2\dfrac{A}{2}=\dfrac{1+\cos A}{2}$ を導く！！

p.88の **2倍角の公式 その2** より…

$$\cos 2\theta = 2\cos^2\theta - 1 \qquad 2\cos^2\theta = 1 + \cos 2\theta$$

$$\therefore \cos^2\theta = \dfrac{1+\cos 2\theta}{2}$$

このとき，$2\theta = A$ とおくと，$\theta = \dfrac{A}{2}$

よって，$\cos^2\dfrac{A}{2} = \dfrac{1+\cos A}{2}$

> どんどん導かれていくねぇ…

その3 $\tan^2\dfrac{A}{2}=\dfrac{1-\cos A}{1+\cos A}$ を導く！！！

上で導いた2式より

$$\sin^2\dfrac{A}{2} = \dfrac{1-\cos A}{2}$$
$$\cos^2\dfrac{A}{2} = \dfrac{1+\cos A}{2}$$

$$\tan^2\dfrac{A}{2} = \dfrac{\sin^2\dfrac{A}{2}}{\cos^2\dfrac{A}{2}}$$

> 分母&分子を2倍します！

$$\tan^2\dfrac{A}{2} = \dfrac{\dfrac{1-\cos A}{2}}{\dfrac{1+\cos A}{2}}$$

$$\therefore \tan^2\dfrac{A}{2} = \dfrac{1-\cos A}{1+\cos A}$$

$\tan\theta = \dfrac{\sin\theta}{\cos\theta}$ を両辺2乗して

$\tan^2\theta = \left(\dfrac{\sin\theta}{\cos\theta}\right)^2$

$\tan^2\theta = \dfrac{\sin^2\theta}{\cos^2\theta}$

ここで $\theta = \dfrac{A}{2}$ としています

問題 7-1 　　　　　　　　　　　　　　　　　　　　　　　基礎

$\sin\theta = \dfrac{2}{3}$ $\left(\dfrac{\pi}{2} < \theta < \dfrac{3}{2}\pi\right)$ のとき，次のそれぞれの値を求めよ．

(1) $\sin 2\theta$　　(2) $\cos 2\theta$　　(3) $\tan 2\theta$

ナイスな導入!!

もちろん!! STARTは Theme 5 の 問題 5-1 の復習からです!

$\sin\theta = \dfrac{2}{3}$ $\left(\dfrac{\pi}{2} < \theta < \dfrac{3}{2}\pi\right)$ から，必要な材料である $\cos\theta$，$\tan\theta$ の値を求めるところからです! **大丈夫??**

⇩ そーすりゃあ…

p.88の **2倍角の公式** を活用して

$\sin 2\theta$, $\cos 2\theta$, $\tan 2\theta$ の値が次々と求まっちゃうョ♥

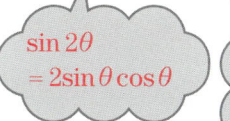

$\sin 2\theta = 2\sin\theta\cos\theta$

$\cos 2\theta = \cos^2\theta - \sin^2\theta = 1 - 2\sin^2\theta = 2\cos^2\theta - 1$

$\tan 2\theta = \dfrac{2\tan\theta}{1 - \tan^2\theta}$

どれを使ってもOKですョ!

では，答案を作っちゃいましょう!!

解答でござる

$\sin\theta = \dfrac{2}{3}$ …①

$\dfrac{\pi}{2} < \theta < \dfrac{3}{2}\pi$ …Ⓐ

①かつⒶより $\dfrac{\pi}{2} < \theta < \pi$ …Ⓑ

よってⒷから $\cos\theta < 0$ かつ $\tan\theta < 0$ …Ⓒ 　**決定!!**

公式 $\sin^2\theta + \cos^2\theta = 1$ に①を代入して

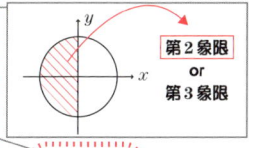

$\left(\dfrac{2}{3}\right)^2 + \cos^2\theta = 1$

$\sin\theta = \dfrac{2}{3} > 0$ より
第1象限 or 第2象限

第2象限 or 第3象限

第2象限!!

第2象限では
$\cos\theta < 0$ かつ $\tan\theta < 0$
でしたネ!

Theme 5 でやりまくった超有名公式

$$\cos^2\theta = \frac{5}{9}$$

©で，$\cos\theta < 0$ より

$$\cos\theta = -\sqrt{\frac{5}{9}} = -\frac{\sqrt{5}}{3} \cdots ②$$

公式 $\tan\theta = \dfrac{\sin\theta}{\cos\theta}$ に①②を代入して

$$\tan\theta = \frac{\frac{2}{3}}{-\frac{\sqrt{5}}{3}} = -\frac{2}{\sqrt{5}} \cdots ③$$

（これは©をみたす）

(1) $\sin 2\theta = 2\sin\theta\cos\theta$

$$= 2 \times \frac{2}{3} \times \left(-\frac{\sqrt{5}}{3}\right) \quad (①②より)$$

$$= -\frac{4\sqrt{5}}{9} \cdots (答)$$

(2) $\cos 2\theta = \cos^2\theta - \sin^2\theta$

$$= \left(-\frac{\sqrt{5}}{3}\right)^2 - \left(\frac{2}{3}\right)^2 \quad (①②より)$$

$$= \frac{5}{9} - \frac{4}{9}$$

$$= \frac{1}{9} \cdots (答)$$

(3) $\tan 2\theta = \dfrac{2\tan\theta}{1-\tan^2\theta}$

$$= \frac{2 \times \left(-\frac{2}{\sqrt{5}}\right)}{1-\left(-\frac{2}{\sqrt{5}}\right)^2} \quad (③より)$$

$$= \frac{-\frac{4}{\sqrt{5}}}{\frac{1}{5}}$$

右側メモ：

$\cos^2\theta = 1 - \dfrac{4}{9}$ ← $\left(\dfrac{2}{3}\right)^2$

$= \dfrac{9}{9} - \dfrac{4}{9} = \dfrac{5}{9}$

$\pm\dfrac{\sqrt{5}}{3}$ としないように!!

またもや超重要公式! Theme 5 参照!!

①より $\sin\theta = \dfrac{2}{3}$

②より $\cos\theta = -\dfrac{\sqrt{5}}{3}$

$\dfrac{\frac{2}{3}}{-\frac{\sqrt{5}}{3}} = \dfrac{2}{-\sqrt{5}} = -\dfrac{2}{\sqrt{5}}$

分母&分子×3　マイナスを前に出す!

©で $\tan\theta < 0$ だったよネ! とりあえず確認を…

2倍角の公式　その1
$\sin 2\theta = 2\sin\theta\cos\theta$

2倍角の公式　その2
$\cos 2\theta = \cos^2\theta - \sin^2\theta$
注 ここで
$\cos 2\theta = 1 - 2\sin^2\theta$
や
$\cos 2\theta = 2\cos^2\theta - 1$
を活用してもOKですヨ!!

2倍角の公式　その3
$\tan 2\theta = \dfrac{2\tan\theta}{1-\tan^2\theta}$

分母で
$1 - \left(-\dfrac{2}{\sqrt{5}}\right)^2 = 1 - \dfrac{4}{5}$
$= \dfrac{5}{5} - \dfrac{4}{5}$
$= \dfrac{1}{5}$

①より $\sin\theta = \dfrac{2}{3}$
②より $\cos\theta = -\dfrac{\sqrt{5}}{3}$
③より $\tan\theta = -\dfrac{2}{\sqrt{5}}$

Theme 7　2倍角の公式とその仲間たち　93

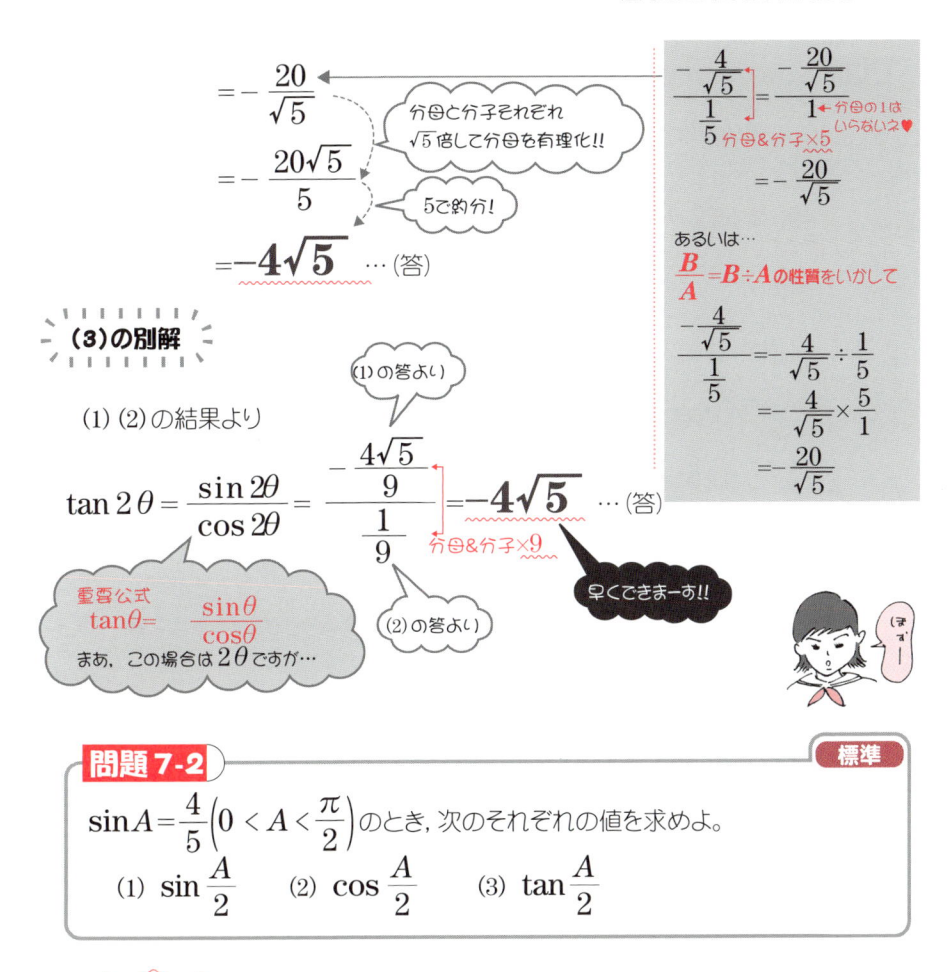

$$= -\frac{20}{\sqrt{5}}$$

分母と分子それぞれ√5倍して分母を有理化!!

$$= -\frac{20\sqrt{5}}{5}$$

5で約分!

$$= -4\sqrt{5} \quad \cdots (答)$$

$$-\frac{\frac{4}{\sqrt{5}}}{\frac{1}{5}} = -\frac{\frac{20}{\sqrt{5}}}{1} \leftarrow \text{分母の1はいらないネ♥}$$
分母&分子×5
$$= -\frac{20}{\sqrt{5}}$$

あるいは…
$$\frac{B}{A} = B \div A \text{の性質をいかして}$$

$$-\frac{\frac{4}{\sqrt{5}}}{\frac{1}{5}} = -\frac{4}{\sqrt{5}} \div \frac{1}{5}$$
$$= -\frac{4}{\sqrt{5}} \times \frac{5}{1}$$
$$= -\frac{20}{\sqrt{5}}$$

(3)の別解

(1)(2)の結果より

(1)の答より

$$\tan 2\theta = \frac{\sin 2\theta}{\cos 2\theta} = \frac{-\frac{4\sqrt{5}}{9}}{\frac{1}{9}} = -4\sqrt{5} \quad \cdots (答)$$

分母&分子×9

重要公式　$\tan\theta = \dfrac{\sin\theta}{\cos\theta}$
まあ，この場合は2θですが…

(2)の答より

早くできまーす!!

（ぎょー）

問題 7-2　　　　　　　　　　　　　　　　　　　　　標準

$\sin A = \dfrac{4}{5}\left(0 < A < \dfrac{\pi}{2}\right)$のとき，次のそれぞれの値を求めよ。

(1) $\sin\dfrac{A}{2}$　　(2) $\cos\dfrac{A}{2}$　　(3) $\tan\dfrac{A}{2}$

ナイスな導入!!

確かにザッとみた感じp.89の 半角の公式 を用いれば一発でしとめられますが，p.90で半角の公式を導いたように，p.88の 2倍角の公式 その2 とp.89の 半角の公式 は，本質的に変わりません！

ですから，実力者 となっていただくために，あえて 2倍角の公式 その2 を**ひと工夫して活用する**方針をメインに解説します。

もちろん，半角の公式 を用いた解答も 別解 としてのせておきまーす。

では， p.88の **2倍角の公式 その2** をもう一度…

㋑ $\cos 2\theta = \cos^2\theta - \sin^2\theta$
㋺ $\cos 2\theta = 1 - 2\sin^2\theta$
㋩ $\cos 2\theta = 2\cos^2\theta - 1$

このうち㋺と㋩を用います。

ここで，$2\theta = A$ とおくと，$\theta = \dfrac{A}{2}$ となります。（両辺を÷2）

このとき㋺では $\cos A = 1 - 2\sin^2\dfrac{A}{2}$ → $\cos A$ がわかれば $\sin\dfrac{A}{2}$ が求まる!!

㋩では $\cos A = 2\cos^2\dfrac{A}{2} - 1$ → $\cos A$ がわかれば $\cos\dfrac{A}{2}$ が求まる!!

⇒ **つまーり!!**

A と $\dfrac{A}{2}$ が登場する式が簡単に得られる!!

この方針の方が実力がつくぞぉーっ!!

実力…??

解答でござる

$\sin A = \dfrac{4}{5}$ …①

$0 < A < \dfrac{\pi}{2}$ …Ⓐ

Ⓐより，$\cos A > 0$ …Ⓑ

第1象限より，$\cos A > 0$

公式 $\sin^2 A + \cos^2 A = 1$ に①を代入して，

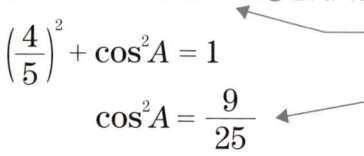

$\left(\dfrac{4}{5}\right)^2 + \cos^2 A = 1$

$\cos^2 A = \dfrac{9}{25}$

超重要公式 you know!?
$1 - \left(\dfrac{4}{5}\right)^2 = 1 - \dfrac{16}{25}$
$= \dfrac{25}{25} - \dfrac{16}{25} = \dfrac{9}{25}$

Ⓑより　$\cos A = \sqrt{\dfrac{9}{25}} = \dfrac{3}{5}$ …②

Ⓑで $\cos A > 0$ でしたヨ!!

(1) 2倍角の公式から，

$\boxed{\cos A} = 1 - 2\sin^2\dfrac{A}{2}$

2倍角の公式 その2 の㋺
$\cos 2\theta = 1 - 2\sin^2\theta$
⇓ $2\theta = A$ とおく
$\cos A = 1 - 2\sin^2\dfrac{A}{2}$
$\theta = \dfrac{A}{2}$

これに②を代入して，（②より）

$\boxed{\dfrac{3}{5}} = 1 - 2\sin^2\dfrac{A}{2}$

$2\sin^2\dfrac{A}{2} = \dfrac{2}{5}$

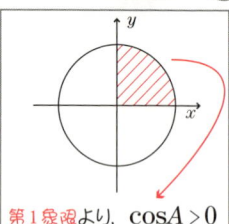

移項しただけ!!

Theme 7　2倍角の公式とその仲間たち　95

$$\sin^2 \frac{A}{2} = \frac{1}{5}$$

Ⓐから　$0 < \dfrac{A}{2} < \dfrac{\pi}{4}$　…Ⓒ

Ⓒより　$\sin \dfrac{A}{2} > 0$

$\therefore \sin \dfrac{A}{2} = \sqrt{\dfrac{1}{5}} = \dfrac{1}{\sqrt{5}} = \dfrac{\sqrt{5}}{5}$　…(答)

> Ⓐで $0 < A < \dfrac{\pi}{2}$ の両辺を ÷2
> $\dfrac{0}{2} < \dfrac{A}{2} < \dfrac{\pi/2}{2}$
> $\therefore 0 < \dfrac{A}{2} < \dfrac{\pi}{4}$

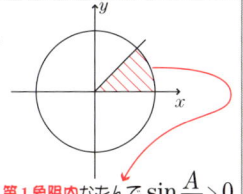

第1象限内なもんで $\sin \dfrac{A}{2} > 0$

分母&分子×$\sqrt{5}$

(2) 2倍角の公式から，

$$\cos A = 2\cos^2 \frac{A}{2} - 1$$

これに②を代入して，

$$\frac{3}{5} = 2\cos^2 \frac{A}{2} - 1$$

$$2\cos^2 \frac{A}{2} = \frac{8}{5}$$

$$\cos^2 \frac{A}{2} = \frac{4}{5}$$

Ⓒより　$\cos \dfrac{A}{2} > 0$

$\therefore \cos \dfrac{A}{2} = \sqrt{\dfrac{4}{5}} = \dfrac{2}{\sqrt{5}} = \dfrac{2\sqrt{5}}{5}$　…(答)

> 2倍角の公式 その2 の(ハ)
> $\cos 2\theta = 2\cos^2 \theta - 1$
> ⇓ $2\theta = A$ とおく
> $\cos A = 2\cos^2 \dfrac{A}{2} - 1$
> $\theta = \dfrac{A}{2}$

> Ⓒより $0 < \dfrac{A}{2} < \dfrac{\pi}{4}$ でしたヨ!!
> 第1象限内の話なんて $\cos \dfrac{A}{2} > 0$

分母&分子×$\sqrt{5}$

(3) (1)(2)より，

$$\tan \frac{A}{2} = \frac{\sin \dfrac{A}{2}}{\cos \dfrac{A}{2}}$$

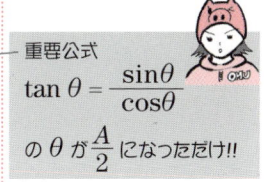

$$= \frac{\dfrac{\sqrt{5}}{5}}{\dfrac{2\sqrt{5}}{5}} = \frac{\sqrt{5}}{2\sqrt{5}}$$

$$= \frac{1}{2}$$　…(答)

> 重要公式
> $\tan \theta = \dfrac{\sin \theta}{\cos \theta}$
> の θ が $\dfrac{A}{2}$ になっただけ!!
>
> 分母&分子を5倍しよう!
> $\sqrt{5}$ で約分します!

別解でござる モロに **半角の公式** にハメちゃいまーす!! (p.89参照)

ひとりこと… 私としてはあまりおすすめしませんが…

だって……暗記しなくても……さっきの解答でいいじゃん……

$\sin A = \dfrac{4}{5}$ …① $0 < A < \dfrac{\pi}{2}$ …Ⓐ

Ⓐより $\cos A > 0$ …Ⓑ

公式 $\sin^2 A + \cos^2 A = 1$ に①を代入して

$\left(\dfrac{4}{5}\right)^2 + \cos^2 A = 1$ $\cos^2 A = \dfrac{9}{25}$

Ⓑより $\cos A = \dfrac{3}{5}$ …②

ここまでは先ほどの解答と全く同じです!

(1) 半角の公式より,

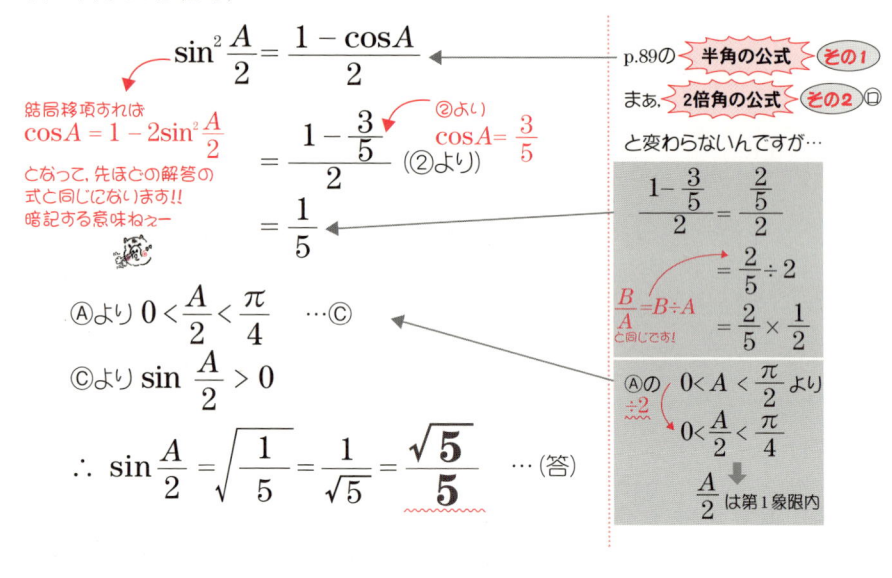

$$\sin^2 \dfrac{A}{2} = \dfrac{1 - \cos A}{2} = \dfrac{1 - \dfrac{3}{5}}{2} = \dfrac{1}{5}$$

(②より) $\cos A = \dfrac{3}{5}$

結局移項すれば $\cos A = 1 - 2\sin^2 \dfrac{A}{2}$
となって、先ほどの解答の式と同じになります!!
暗記する意味ねぇー

Ⓐより $0 < \dfrac{A}{2} < \dfrac{\pi}{4}$ …Ⓒ

Ⓒより $\sin \dfrac{A}{2} > 0$

∴ $\sin \dfrac{A}{2} = \sqrt{\dfrac{1}{5}} = \dfrac{1}{\sqrt{5}} = \dfrac{\sqrt{5}}{5}$ …(答)

p.89の **半角の公式** その1

まぁ、**2倍角の公式** その2

と変わらないんですが…

$\dfrac{1 - \dfrac{3}{5}}{2} = \dfrac{\dfrac{2}{5}}{2}$

$= \dfrac{2}{5} \div 2$

$\dfrac{B}{A} = B \div A$ と同じです!

$= \dfrac{2}{5} \times \dfrac{1}{2}$

Ⓐの ÷2 $0 < A < \dfrac{\pi}{2}$ より $0 < \dfrac{A}{2} < \dfrac{\pi}{4}$

$\dfrac{A}{2}$ は第1象限内

Theme 7　2倍角の公式とその仲間たち　97

(2) 半角の公式より,
$$\cos^2\frac{A}{2} = \frac{1+\cos A}{2}$$

結局移項すれば
$\cos A = 2\cos^2\frac{A}{2} - 1$
となって、先ほどの解答の式と同じになります!!
暗記する意味ねぇー

$$= \frac{1+\frac{3}{5}}{2} \quad (\text{②より})$$

②より $\cos A = \frac{3}{5}$

$$= \frac{4}{5}$$

p.89の 半角の公式 その2
まぁ, 2倍角の公式 その1 ハ
と変わらないんですがねぇ…

$\dfrac{1+\frac{3}{5}}{2} = \dfrac{\frac{8}{5}}{2}$

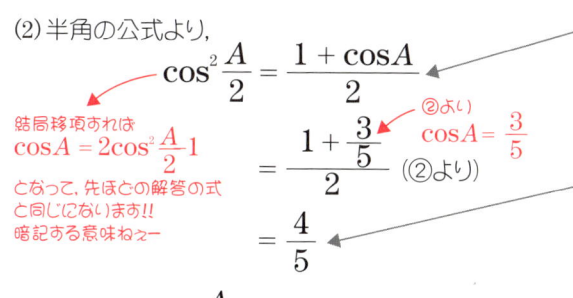

$\dfrac{B}{A} = B \div A$ と同じです!

$= \frac{8}{5} \div 2$
$= \frac{8}{5} \times \frac{1}{2}$
$= \frac{4}{5}$

©より　$\cos\dfrac{A}{2} > 0$

∴ $\cos\dfrac{A}{2} = \sqrt{\dfrac{4}{5}} = \dfrac{2}{\sqrt{5}} = \boldsymbol{\dfrac{2\sqrt{5}}{5}}$　…(答)

(3) 半角の公式より,

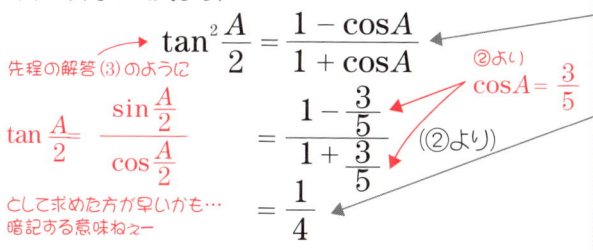

先程の解答(3)のように
$\tan\dfrac{A}{2} = \dfrac{\sin\frac{A}{2}}{\cos\frac{A}{2}}$
として求めた方が早いかも…
暗記する意味ねぇー

$$\tan^2\frac{A}{2} = \frac{1-\cos A}{1+\cos A}$$

②より $\cos A = \frac{3}{5}$

$$= \frac{1-\frac{3}{5}}{1+\frac{3}{5}} \quad (\text{②より})$$

$$= \frac{1}{4}$$

p.89の 半角の公式 その3

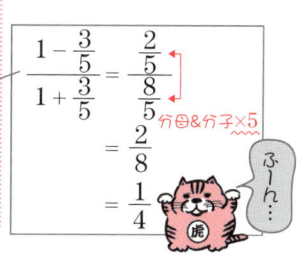

$\dfrac{1-\frac{3}{5}}{1+\frac{3}{5}} = \dfrac{\frac{2}{5}}{\frac{8}{5}}$

分母&分子×5

$= \dfrac{2}{8} = \dfrac{1}{4}$

ふーん…

©より　$\tan\dfrac{A}{2} > 0$

∴ $\tan\dfrac{A}{2} = \sqrt{\dfrac{1}{4}} = \boldsymbol{\dfrac{1}{2}}$　…(答)

つまり!! 結論めいたものをいわせてもらうと…

半角の公式 は導けるようにするだけで暗記する必要はないのではない

こいつは眩だ…

でしょうか？　だって最初の解答で十分でしょ??
まぁ, 覚えておいて損はナイって程度のもんじゃないかな…。

で, 半角の公式 よりもっと大切な大切な公式があります♥

3倍角の公式

その1　$\sin 3\theta = 3\sin\theta - 4\sin^3\theta$

その2　$\cos 3\theta = -3\cos\theta + 4\cos^3\theta$

$3\sin\theta - 4\sin^3\theta$
サンサインヨッ!
って覚える!

その1 の$\sin\theta$を$\cos\theta$
に書きかえ, 符号の+, −を
チェンジすればできあがり♥

3倍角の公式 その1 $\sin 3\theta = 3\sin\theta - 4\sin^3\theta$ を導く!!

$3\theta = 2\theta + \theta$ に分ける

$$\sin 3\theta = \sin(2\theta + \theta)$$
$$= \sin 2\theta \cos\theta + \cos 2\theta \sin\theta$$

p.88の **2倍角の公式 その1**
$\sin 2\theta = 2\sin\theta\cos\theta$

p.88の **2倍角の公式 その2**
$\cos 2\theta = 1 - 2\sin^2\theta$

p.75の **加法定理 その1**
$\sin(\alpha + \beta) = \sin\alpha\cos\beta + \cos\alpha\sin\beta$
$\alpha = 2\theta, \beta = \theta$ に対応!!

$$= 2\sin\theta\cos\theta \times \cos\theta + (1 - 2\sin^2\theta) \times \sin\theta$$
$$= 2\sin\theta\cos^2\theta + \sin\theta - 2\sin^3\theta \quad \text{展開したよ!}$$
$$= 2\sin\theta \times (1 - \sin^2\theta) + \sin\theta - 2\sin^3\theta$$
$$= 2\sin\theta - 2\sin^3\theta + \sin\theta - 2\sin^3\theta$$
$$= \mathbf{3\sin\theta - 4\sin^3\theta} \quad \text{できあがり♥}$$

重要公式
$\sin^2\theta + \cos^2\theta = 1$ より
$\cos^2\theta = 1 - \sin^2\theta$

3倍角の公式 その2 $\cos 3\theta = -3\cos\theta + 4\cos^3\theta$ を導く!!

$$\cos 3\theta = \cos(2\theta + \theta) \quad 3\theta = 2\theta + \theta \text{に分ける!}$$
$$= \cos 2\theta \cos\theta - \sin 2\theta \sin\theta$$

p.88の **2倍角の公式 その2** ㋑
$\cos 2\theta = 2\cos^2\theta - 1$

p.88の **2倍角の公式 その1**
$\sin 2\theta = 2\sin\theta\cos\theta$

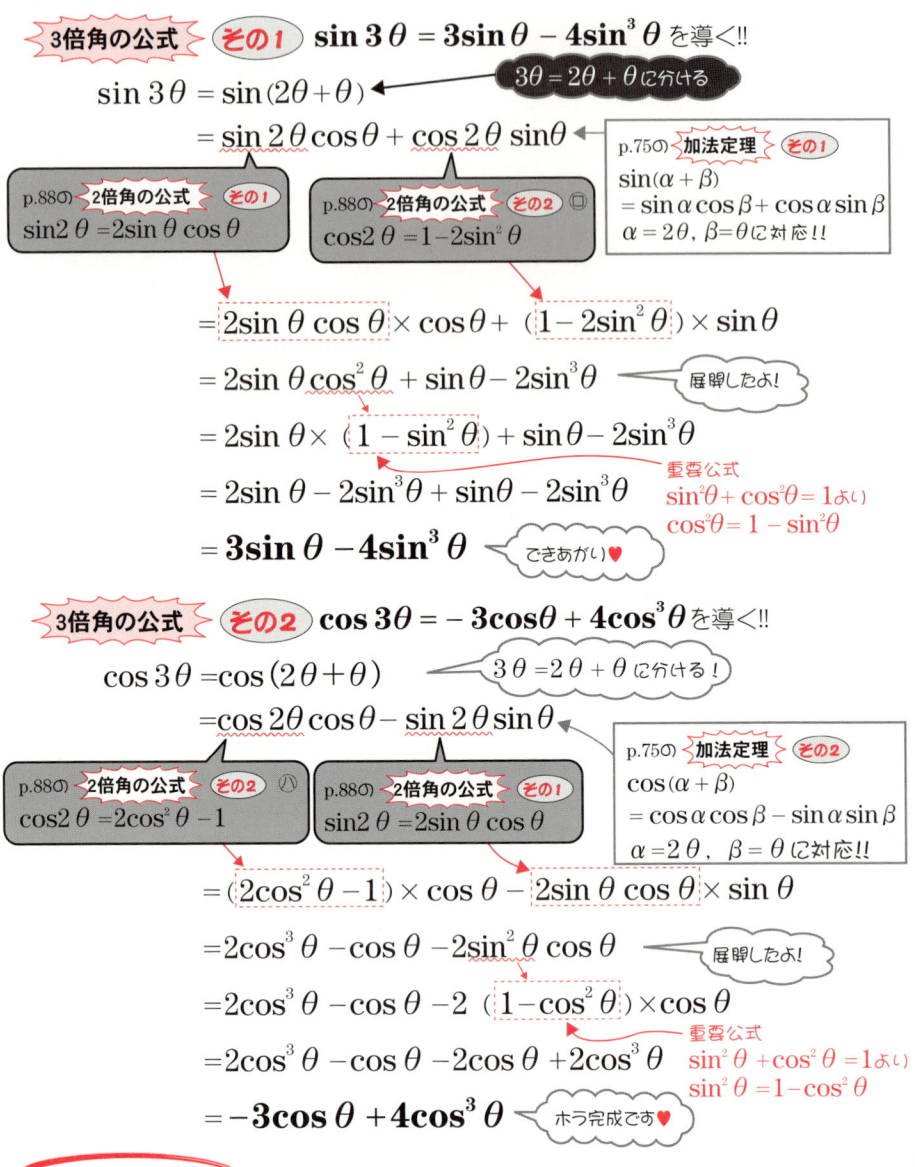

p.75の **加法定理 その2**
$\cos(\alpha + \beta) = \cos\alpha\cos\beta - \sin\alpha\sin\beta$
$\alpha = 2\theta, \beta = \theta$ に対応!!

$$= (2\cos^2\theta - 1) \times \cos\theta - 2\sin\theta\cos\theta \times \sin\theta$$
$$= 2\cos^3\theta - \cos\theta - 2\sin^2\theta\cos\theta \quad \text{展開したよ!}$$
$$= 2\cos^3\theta - \cos\theta - 2(1 - \cos^2\theta) \times \cos\theta$$
$$= 2\cos^3\theta - \cos\theta - 2\cos\theta + 2\cos^3\theta$$
$$= \mathbf{-3\cos\theta + 4\cos^3\theta} \quad \text{ホラ完成です♥}$$

重要公式
$\sin^2\theta + \cos^2\theta = 1$ より
$\sin^2\theta = 1 - \cos^2\theta$

ちょっと言わせて

p.88の **2倍角の公式 その2** ロと㋑で，ロ $\cos 2\theta = 1 - 2\sin^2\theta$ と，㋑ $\cos 2\theta = 2\cos^2\theta - 1$ のどちらを用いるかは，場の空気を見て最終的に $\sin\theta$ の式にしたいか？ $\cos\theta$ の式にしたいか？ で決めるべし!!

では，この3倍角の公式が活躍する問題を…

問題 7-3 （ちょいムズ）

$\theta = \dfrac{\pi}{10}$ とするとき，次の各問いに答えよ。

(1) 等式 $\sin 2\theta = \cos 3\theta$ を証明せよ。
(2) $\sin\theta$ の値を求めよ。　(3) $\cos\dfrac{\pi}{5}$ の値を求めよ。

ナイスな導入!! こっ，これは**超有名問題!!** まず気づいてホシイのは，

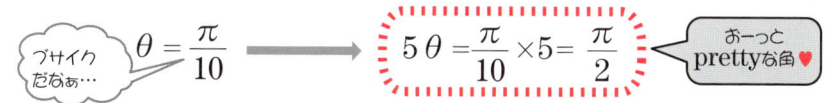

ブサイクだなぁ… $\theta = \dfrac{\pi}{10}$ ⟶ $5\theta = \dfrac{\pi}{10} \times 5 = \dfrac{\pi}{2}$ おーっとprettyな角♥

そこで！ $5\theta = 2\theta + 3\theta$ と分けられますネ！

とゆーことは

$5\theta = \dfrac{\pi}{2}$ より　$2\theta + 3\theta = \dfrac{\pi}{2}$

移項すると…

$\therefore\ 2\theta = \dfrac{\pi}{2} - 3\theta$

おっ!! 虎

つまーり!!

両辺 $\sin\triangle$ の形へ…

(1) では，$\sin 2\theta = \sin\left(\dfrac{\pi}{2} - 3\theta\right)$

この場合は 3θ ですが…

$\therefore\ \sin 2\theta = \cos 3\theta$

p.83 ⓒ の ㋑ の公式より
$\sin\left(\dfrac{\pi}{2} - \theta\right) = \cos\theta$
でも**加法定理**から導いても全然OKですヨ!!

(2) からは

2倍角の公式

$\begin{cases} \sin 2\theta = 2\sin\theta\cos\theta \\ \cos 3\theta = -3\cos\theta + 4\cos^3\theta \end{cases}$

を活用すれば楽勝ムードですネ♥

先ほど登場 p.97 の 3倍角の公式 **その2**

解答でござる

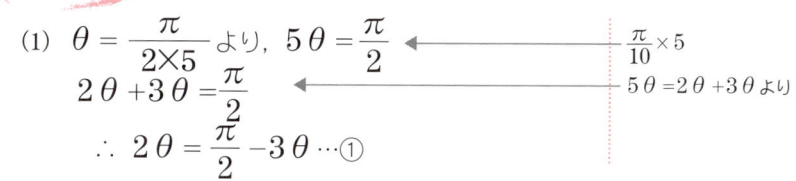

(1) $\theta = \dfrac{\pi}{2 \times 5}$ より，$5\theta = \dfrac{\pi}{2}$　　　　$\dfrac{\pi}{10} \times 5$

$2\theta + 3\theta = \dfrac{\pi}{2}$　　　　　　　　　$5\theta = 2\theta + 3\theta$ より

$\therefore\ 2\theta = \dfrac{\pi}{2} - 3\theta \ \cdots ①$

①より，
$$\sin 2\theta = \boxed{\sin\left(\frac{\pi}{2} - 3\theta\right)}$$
$$\therefore \sin 2\theta = \boxed{\cos 3\theta}$$
（証明終わり）

(2) 2倍角の公式から，
$$\sin 2\theta = 2\sin\theta\cos\theta$$
3倍角の公式から，
$$\cos 3\theta = -3\cos\theta + 4\cos^3\theta$$
以上を(1)の結果に代入して，
$$2\sin\theta\cos\theta = -3\cos\theta + 4\cos^3\theta$$
$$2\sin\theta\cos\theta = \cos\theta\,(4\cos^2\theta - 3)$$
このとき $\cos\theta = \cos\dfrac{\pi}{10} \neq 0$ より，

両辺 $\cos\theta$ で割って，

両辺÷$\cos\theta$

$$2\sin\theta = 4\boxed{\cos^2\theta} - 3 \quad \color{red}{\sin^2\theta + \cos^2\theta = 1 \text{より}}$$
$$\color{red}{\cos^2\theta = 1 - \sin^2\theta}$$
$$2\sin\theta = 4\boxed{(1-\sin^2\theta)} - 3$$
$$4\sin^2\theta + 2\sin\theta - 1 = 0$$

$$\therefore \sin\theta = \frac{-1 \pm \sqrt{5}}{4}$$

ここで $0 < \sin\theta < 1$ であるから，

$$\sin\theta = \frac{-1 + \sqrt{5}}{4} \quad \cdots\text{(答)}$$

注! $\sqrt{5} \fallingdotseq 2.2$ より

中学でやったでしょ!!
$\sqrt{5} = 2.2360679\cdots$
フジサンロクオームナク…

$$\frac{-1+\sqrt{5}}{4} \fallingdotseq \frac{-1+2.2}{4} = \frac{1.2}{4} = 0.3$$

これは答案に書く必要なし!!
計算用紙で確認せよ!

ちゃんと
$0 < \sin\theta < 1$
をみたしてます

$2\theta = \dfrac{\pi}{2} - 3\theta$ より
両辺 $\sin\triangle$ の形にして
$\sin 2\theta = \sin\left(\dfrac{\pi}{2} - 3\theta\right)$

$\sin\left(\dfrac{\pi}{2} - 3\theta\right) = \cos 3\theta$
加法定理
$\sin(\alpha - \beta)$
$= \sin\alpha\cos\beta - \cos\alpha\sin\beta$
を活用して
$\sin\left(\dfrac{\pi}{2} - 3\theta\right)$
$= \sin\dfrac{\pi}{2}\cos 3\theta - \cos\dfrac{\pi}{2}\sin 3\theta$
$= \underset{1}{1}\times\cos 3\theta - \underset{0}{0}\times\sin 3\theta$
$= \cos 3\theta$
とした解答でもOKです!
p.83参照!!

3倍角の公式 では，いちいち導くのではなく，暗記しておくことをすすめます!!

左辺にも $\cos\theta$ があるもんで，右辺も $\cos\theta$ でくくりました！

$\theta = \dfrac{\pi}{10}$ でしたネ♥
$\cos\dfrac{\pi}{10} \neq 0$ は明らか!!
だって $\cos\theta = 0$ になるのは
$\theta = \dfrac{\pi}{2}$ や $\dfrac{3}{2}\pi$ などでしょ！？

$\sin\theta$ だけにする!!
移項してまとめました!

解の公式です！次ページの
愛の補足 参照！♥

$\theta = \dfrac{\pi}{10}$ より $0 < \theta < \dfrac{\pi}{2}$
つまり $0 < \sin\theta < 1$
$\sin 0 = 0 \quad \sin\dfrac{\pi}{2} = 1$

$\dfrac{-1-\sqrt{5}}{4} < 0$
より，みるからに
$0 < \sin\theta < 1$
を満たしてないヨ！

Theme 7　2倍角の公式とその仲間たち　101

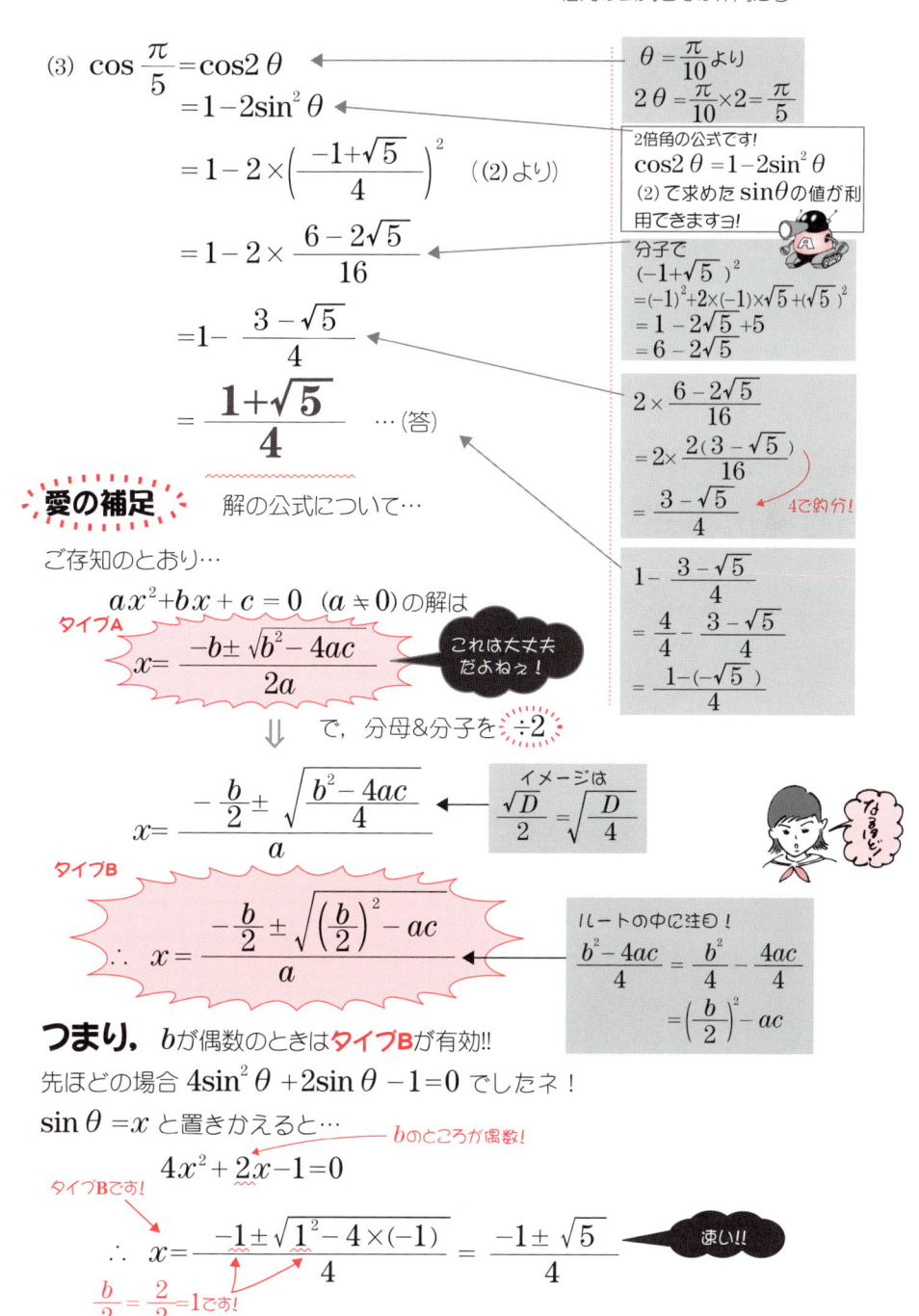

(3) $\cos\dfrac{\pi}{5}=\cos 2\theta$

$\qquad = 1-2\sin^2\theta$

$\qquad = 1-2\times\left(\dfrac{-1+\sqrt{5}}{4}\right)^2$　((2)より)

$\qquad = 1-2\times\dfrac{6-2\sqrt{5}}{16}$

$\qquad = 1-\dfrac{3-\sqrt{5}}{4}$

$\qquad = \dfrac{1+\sqrt{5}}{4}$　…(答)

右側の補足：

$\theta=\dfrac{\pi}{10}$ より
$2\theta=\dfrac{\pi}{10}\times 2=\dfrac{\pi}{5}$

2倍角の公式です！
$\cos 2\theta = 1-2\sin^2\theta$
(2)で求めた $\sin\theta$ の値が利用できますョ！

分子で
$(-1+\sqrt{5})^2$
$=(-1)^2+2\times(-1)\times\sqrt{5}+(\sqrt{5})^2$
$=1-2\sqrt{5}+5$
$=6-2\sqrt{5}$

$2\times\dfrac{6-2\sqrt{5}}{16}$
$=2\times\dfrac{2(3-\sqrt{5})}{16}$
$=\dfrac{3-\sqrt{5}}{4}$　← 4で約分！

$1-\dfrac{3-\sqrt{5}}{4}$
$=\dfrac{4}{4}-\dfrac{3-\sqrt{5}}{4}$
$=\dfrac{1-(-\sqrt{5})}{4}$

愛の補足　解の公式について…

ご存知のとおり…

$ax^2+bx+c=0$ $(a\neq 0)$ の解は

タイプA

$$x=\dfrac{-b\pm\sqrt{b^2-4ac}}{2a}$$

これは大丈夫だよねぇ！

⇓　で，分母&分子を ÷2

$$x=\dfrac{-\dfrac{b}{2}\pm\sqrt{\dfrac{b^2-4ac}{4}}}{a}$$

イメージは $\dfrac{\sqrt{D}}{2}=\sqrt{\dfrac{D}{4}}$

タイプB

$$\therefore\ x=\dfrac{-\dfrac{b}{2}\pm\sqrt{\left(\dfrac{b}{2}\right)^2-ac}}{a}$$

ルートの中に注目！
$\dfrac{b^2-4ac}{4}=\dfrac{b^2}{4}-\dfrac{4ac}{4}$
$=\left(\dfrac{b}{2}\right)^2-ac$

つまり， b が偶数のときは **タイプB** が有効!!

先ほどの場合 $4\sin^2\theta+2\sin\theta-1=0$ でしたネ！

$\sin\theta=x$ と置きかえると…　← b のところが偶数！

$$4x^2+2x-1=0$$

タイプBです！

$$\therefore\ x=\dfrac{-1\pm\sqrt{1^2-4\times(-1)}}{4}=\dfrac{-1\pm\sqrt{5}}{4}$$

$\dfrac{b}{2}=\dfrac{2}{2}=1$ です！

速い!!

ザ・公式ナビ

このあたりでまとめておこうぜ♥

まとめちゃうの??

加法定理 (p.75参照)

その1 $\sin(\alpha \pm \beta) = \sin\alpha\cos\beta \pm \cos\alpha\sin\beta$

その2 $\cos(\alpha \pm \beta) = \cos\alpha\cos\beta \mp \sin\alpha\sin\beta$

その3 $\tan(\alpha \pm \beta) = \dfrac{\tan\alpha \pm \tan\beta}{1 \mp \tan\alpha\tan\beta}$

もちろん全て複号同順ですヨ！

2倍角の公式 (p.88参照)

全て 加法定理 から簡単に導けたネ♥ $\alpha = \beta = \theta$ と置きかえりゃあ楽勝だゼ！！

その1 $\sin 2\theta = 2\sin\theta\cos\theta$

その2
㋑ $\cos 2\theta = \cos^2\theta - \sin^2\theta$
㋺ $\cos 2\theta = 1 - 2\sin^2\theta$
㋩ $\cos 2\theta = 2\cos^2\theta - 1$

その3 $\tan 2\theta = \dfrac{2\tan\theta}{1 - \tan^2\theta}$

半角の公式 (p.89参照)

ぶっちゃけ!! 重要にあらず！

2倍角の公式 その2 ㋺㋩ と変わらないもんネ!

その1 $\sin^2\dfrac{A}{2} = \dfrac{1-\cos A}{2}$

その2 $\cos^2\dfrac{A}{2} = \dfrac{1+\cos A}{2}$

その3 $\tan^2\dfrac{A}{2} = \dfrac{1-\cos A}{1+\cos A}$

2倍角の公式 その2
㋺ $\cos 2\theta = 1 - 2\sin^2\theta$
㋩ $\cos 2\theta = 2\cos^2\theta - 1$
で、$2\theta = A$ と置きかえて変形すればすぐ導けます！
p.90参照!!

Theme 7　2倍角の公式とその仲間たち

3倍角の公式　(p.97参照)

その1 $\sin 3\theta = 3\sin\theta - 4\sin^3\theta$

その2 $\cos 3\theta = -3\cos\theta + 4\cos^3\theta$

サンサインヨッ！

サンサインヨッ!! ってかあ…

ちゃんと導けるようにしておいてネ♥

おまけ！　(p.84参照)

全て 加法定理 から導けますョ！

$$\begin{cases} \sin(-\theta) = -\sin\theta \\ \cos(-\theta) = \cos\theta \\ \tan(-\theta) = -\tan\theta \end{cases}$$

$$\begin{cases} \sin(90°\pm\theta) = \cos\theta \\ \cos(90°\pm\theta) = \mp\sin\theta \\ \tan(90°\pm\theta) = \mp\dfrac{1}{\tan\theta} \end{cases}$$

$$\begin{cases} \sin(180°\pm\theta) = \mp\sin\theta \\ \cos(180°\pm\theta) = -\cos\theta \\ \tan(180°\pm\theta) = \pm\tan\theta \end{cases}$$

全て複号同順でーす！

Theme 8 方程式&不等式を本格的に…

基本的な三角方程式&三角不等式はTheme 2にて扱ってます！そこからしっかりマスターしてくださいませ♥

いきなり問題からガンガンいきまっせ♥

問題 8-1 　　　　　　　　　　　　　　　　　　　　　　標準

$0 \leq x < 2\pi$ のとき，次のそれぞれの方程式を解け。
(1) $2\cos^2 x + \sin x - 2 = 0$
(2) $2\sin^2 x + (4-\sqrt{3})\cos x - 2(1-\sqrt{3}) = 0$
(3) $\tan^2 x - (\sqrt{3}+1)\tan x + \sqrt{3} = 0$

ナイスな導入!!

(1), (2)は超有名公式 $\sin^2 x + \cos^2 x = 1$ を活用して，$\sin x$ or $\cos x$ のいずれかで**1種類の三角関数に統一**することから始めましょう！ つづきは，解答で… (3)は，$\tan x$ の1種類で表されているから，このままでOK！

解答でござる

(1) $2\boxed{\cos^2 x} + \sin x - 2 = 0$
  $2(\boxed{1 - \sin^2 x}) + \sin x - 2 = 0$
  $2 - 2\sin^2 x + \sin x - 2 = 0$
  $2\sin^2 x - \sin x = 0$
  $\sin x (2\sin x - 1) = 0$
  $\therefore \sin x = 0, \ \sin x = \dfrac{1}{2}$

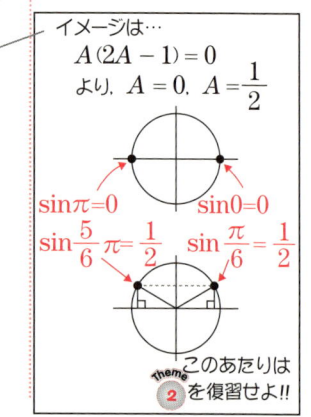

$0 \leq x < 2\pi$ に注意して
  $\sin x = 0$ より $x = \boxed{0, \ \pi}$
  $\sin x = \dfrac{1}{2}$ のとき $x = \boxed{\dfrac{\pi}{6}, \ \dfrac{5}{6}\pi}$

以上まとめて

$x = \boldsymbol{0, \ \dfrac{\pi}{6}, \ \dfrac{5}{6}\pi, \ \pi}$ …(答)

$\sin^2 x + \cos^2 x = 1$ より
$\cos^2 x = 1 - \sin^2 x$
これで，$\sin x$ だけの式へ…

両辺−1倍しました！

$\sin x$ でくくる！

イメージは…
$A(2A-1) = 0$
より，$A = 0, \ A = \dfrac{1}{2}$

$\sin \pi = 0$　　$\sin 0 = 0$
$\sin \dfrac{5}{6}\pi = \dfrac{1}{2}$　　$\sin \dfrac{\pi}{6} = \dfrac{1}{2}$

大切!!
まとめよう!!

このあたりはTheme 2を復習せよ!!

(2) $2\sin^2 x + (4-\sqrt{3})\cos x - 2(1-\sqrt{3}) = 0$

$2(1-\cos^2 x) + (4-\sqrt{3})\cos x - 2(1-\sqrt{3}) = 0$

$-2\cos^2 x + (4-\sqrt{3})\cos x + 2\sqrt{3} = 0$

$2\cos^2 x - (4-\sqrt{3})\cos x - 2\sqrt{3} = 0$

$(2\cos x + \sqrt{3})(\cos x - 2) = 0$

ここで，$0 \leq x < 2\pi$ のとき，$-1 \leq \cos x \leq 1$

よって，$\cos x = -\dfrac{\sqrt{3}}{2}$

$\therefore x = \dfrac{5}{6}\pi, \dfrac{7}{6}\pi$ …(答)

ちょっと言わせて

とりあえず

$\cos x = -\dfrac{\sqrt{3}}{2}$，2と両方とも求めてしまってから，

$0 \leq x < 2\pi$ に注意して

$\cos x = -\dfrac{\sqrt{3}}{2}$ より $x = \dfrac{5}{6}\pi, \dfrac{7}{6}\pi$

$\cos x = 2$ をみたす x は存在しない

以上まとめて $x = \dfrac{5}{6}\pi, \dfrac{7}{6}\pi$ …(答)

てな解答もOKヨ♥

(3) $\tan^2 x - (\sqrt{3}+1)\tan x + \sqrt{3} = 0$

$(\tan x - 1)(\tan x - \sqrt{3}) = 0$

$\therefore \tan x = 1, \sqrt{3}$

$0 \leq x < 2\pi$ に注意して

$\tan x = 1$ より $x = \dfrac{\pi}{4}, \dfrac{5}{4}\pi$

$\tan x = \sqrt{3}$ より $x = \dfrac{\pi}{3}, \dfrac{4}{3}\pi$

以上まとめて

$x = \dfrac{\pi}{4}, \dfrac{\pi}{3}, \dfrac{5}{4}\pi, \dfrac{4}{3}\pi$ …(答)

$\sin^2 x + \cos^2 x = 1$ より
$\boxed{\sin^2 x = 1 - \cos^2 x}$
これで，$\cos x$ だけの式へ…
前後で2が消えました!

$\cos x = A$ とおくと
$2A^2 - (4-\sqrt{3})A - 2\sqrt{3} = 0$

$\begin{array}{cc} 2 & \sqrt{3} = \sqrt{3} \\ 1 & -2 = -4 \end{array}$ $(+\atop -(4-\sqrt{3}))$

$\therefore (2A+\sqrt{3})(A-2) = 0$

$\cos \pi = -1$(最小)　$\cos 0 = 1$(最大)

すなわち $-1 \leq \cos x \leq 1$

$(2\cos x + \sqrt{3})(\cos x - 2) = 0$ より
$\cos x = -\dfrac{\sqrt{3}}{2}, 2$
となるが，$\cos x = 2$ は範囲外!

$\begin{cases} \cos \dfrac{5}{6}\pi = -\dfrac{\sqrt{3}}{2} \\ \cos \dfrac{7}{6}\pi = -\dfrac{\sqrt{3}}{2} \end{cases}$

$\tan x = A$ とおくと
$A^2 - (\sqrt{3}+1)A + \sqrt{3} = 0$

$\begin{array}{cc} 1 & -1 = -1 \\ 1 & -\sqrt{3} = -\sqrt{3} \end{array}$ $(+\atop -(\sqrt{3}+1))$

$\therefore (A-1)(A-\sqrt{3}) = 0$

$\tan \dfrac{\pi}{4} = 1$
$\tan \dfrac{5}{4}\pi = 1$

$\tan \dfrac{\pi}{3} = \sqrt{3}$
$\tan \dfrac{4}{3}\pi = \sqrt{3}$

問題 8-2 標準

$0 \leqq x < 2\pi$ のとき，次のそれぞれの方程式を解け。
(1) $2\sin\left(2x + \dfrac{\pi}{3}\right) = 1$
(2) $\sin 2x = \cos x$
(3) $\cos 2x = \sin x$

ナイスな導入!!

(1) $\theta = 2x + \dfrac{\pi}{3}$ とおけば，$2\sin\theta = 1$ となり，$\sin\theta = \dfrac{1}{2}$ 〈楽勝ムード♥〉

しか〜し!! 注意しなきゃいけないのは θ の範囲 でっせ!

$0 \leqq x < 2\pi$ より
×2 ($0 \leqq 2x < 4\pi$ ← $0 \times 2 \leqq x \times 2 < 2\pi \times 2$
+$\dfrac{\pi}{3}$ ($\dfrac{\pi}{3} \leqq 2x + \dfrac{\pi}{3} < \dfrac{13}{3}\pi$ ← $0 + \dfrac{\pi}{3} \leqq 2x + \dfrac{\pi}{3} < 4\pi + \dfrac{\pi}{3}$

∴ $\dfrac{\pi}{3} \leqq \theta < \dfrac{13}{3}\pi$ 〈これを求めておかないと始まらないせ!〉

で， この範囲で θ を求めて，そのあと，x を求めりゃあOKです♥

(2) こりゃあ，見るからに **2倍角の公式** $\sin 2x = 2\sin x \cos x$ の登場です!

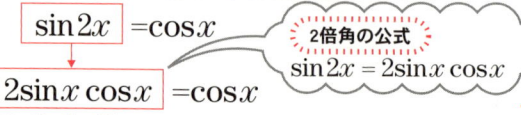

しか〜し!! そのあとが問題です!!

$\boxed{\sin 2x} = \cos x$ 〈2倍角の公式 $\sin 2x = 2\sin x \cos x$〉
$\boxed{2\sin x \cos x} = \cos x$

このとき，両辺を $\cos x$ で割ったら → 爆死! 〈え〜っ!!〉

だって，$\cos x = 0$（☞ つまり $x = \dfrac{\pi}{2}, \dfrac{3}{2}\pi$）のときがあるやんけ!
数学では，0で割ることは御法度でしたネ! 〈死刑に値するせ!〉

ですから!!

$2\sin x \cos x - \cos x = 0$ ← 〈$\cos x$ で両辺を割らずに左辺に $\cos x$ を移項して…〉
$\cos x (2\sin x - 1) = 0$ 〈$\cos x$ でくくる!〉
∴ $\cos x = 0, \ \sin x = \dfrac{1}{2}$

ここからあとは，解答にて…

Theme 8　方程式＆不等式を本格的に… 　107

(3) これも **2倍角の公式** の登場ですネ!

場の空気を読んで，右辺に $\sin x$ があるから，

公式 $\cos 2x = 1 - 2\sin^2 x$ を活用すべきでしょう!

だって，出てくる三角関数を

$\sin x$ **だけ**に統一させたいでしょ!?

あとは，解答にて…

> $\cos 2x = 2\cos^2 x - 1$ では，
> 招かれざる客 $\cos x$ が出てきてしまう!

解答でござる

(1) $2\sin\left(2x + \dfrac{\pi}{3}\right) = 1$ …①

ここで $\theta = 2x + \dfrac{\pi}{3}$ …Ⓐ とおくと

①より $2\sin\theta = 1$

$\therefore \sin\theta = \dfrac{1}{2}$ …②

また，$0 \leq x < 2\pi$ より

$\dfrac{\pi}{3} \leq 2x + \dfrac{\pi}{3} < \dfrac{13}{3}\pi$

よってⒶから $\dfrac{\pi}{3} \leq \theta < \dfrac{13}{3}\pi$ …Ⓑ

Ⓑの範囲に注意して，②から

$\theta = \dfrac{5}{6}\pi, \dfrac{13}{6}\pi, \dfrac{17}{6}\pi, \dfrac{25}{6}\pi$

Ⓐより

$2x + \dfrac{\pi}{3} = \dfrac{5}{6}\pi, \dfrac{13}{6}\pi, \dfrac{17}{6}\pi, \dfrac{25}{6}\pi$

$2x = \dfrac{\pi}{2}, \dfrac{11}{6}\pi, \dfrac{5}{2}\pi, \dfrac{23}{6}\pi$

$\therefore x = \dfrac{\pi}{4}, \dfrac{11}{12}\pi, \dfrac{5}{4}\pi, \dfrac{23}{12}\pi$ …(答)

×2　$0 \leq x < 2\pi$
＋$\dfrac{\pi}{3}$　$0 \leq 2x < 4\pi$
　　$\dfrac{\pi}{3} \leq 2x + \dfrac{\pi}{3} < \dfrac{13}{3}\pi$

ぐるぐる2周!

この範囲で

$\dfrac{\pi}{6}$ は範囲外!

$\dfrac{5}{6}\pi$ ←1周め!→ $\dfrac{13}{6}\pi$

$\dfrac{17}{6}\pi$ ←2周め!→ $\dfrac{25}{6}\pi$

全体に $-\dfrac{\pi}{3}$

全体を $\div 2$

(2) $\boxed{\sin 2x} = \cos x$

$\boxed{2\sin x\cos x} = \cos x$

$2\sin x\cos x - \cos x = 0$

$\cos x(2\sin x - 1) = 0$

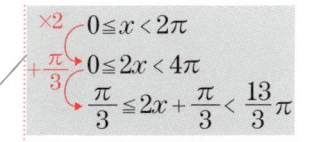

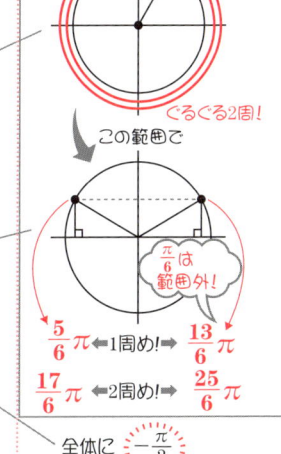

左辺で **2倍角の公式**
$\sin 2x = 2\sin x\cos x$ を活用!

ナイスな導入!! で
さんざん述べたように
$\cos x$ で両辺を割らずに
左辺に移項する!!
$\cos x$ でくくる!!

∴ $\cos x = 0,\ \sin x = \dfrac{1}{2}$

$0 \leqq x < 2\pi$ に注意して,

$\cos x = 0$ より, $x = \boxed{\dfrac{\pi}{2},\ \dfrac{3}{2}\pi}$

$\sin x = \dfrac{1}{2}$ より, $x = \boxed{\dfrac{\pi}{6},\ \dfrac{5}{6}\pi}$

以上まとめて,

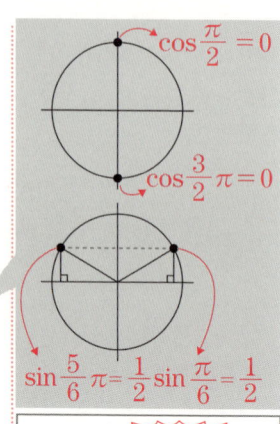

$$x = \dfrac{\pi}{6},\ \dfrac{\pi}{2},\ \dfrac{5}{6}\pi,\ \dfrac{3}{2}\pi \quad \cdots \text{(答)}$$

まとめろ！ まとめろーっ!!

左辺で 2倍角の公式
$\cos 2x = 1 - 2\sin^2 x$
を活用!
$\sin x$ だけの式となーる!!

(3) $\boxed{\cos 2x} = \sin x$

$\boxed{1 - 2\sin^2 x} = \sin x$

$2\sin^2 x + \sin x - 1 = 0$

$(2\sin x - 1)(\sin x + 1) = 0$

∴ $\sin x = \dfrac{1}{2},\ -1$

移項してまとめました!!

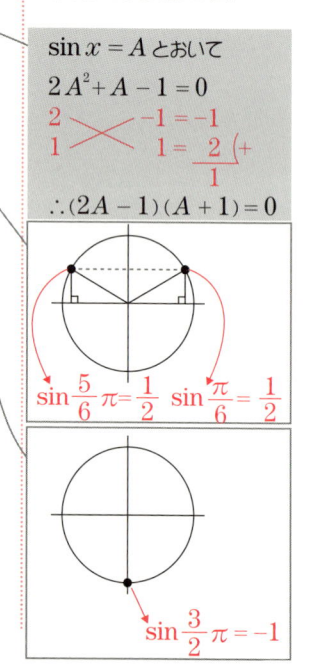

$\sin x = A$ とおいて
$2A^2 + A - 1 = 0$

∴ $(2A - 1)(A + 1) = 0$

$0 \leqq x < 2\pi$ に注意して,

$\sin x = \dfrac{1}{2}$ より, $x = \boxed{\dfrac{\pi}{6},\ \dfrac{5}{6}\pi}$

$\sin x = -1$ より, $x = \boxed{\dfrac{3}{2}\pi}$

これら全てまとめて!!

以上まとめて,

$$x = \dfrac{\pi}{6},\ \dfrac{5}{6}\pi,\ \dfrac{3}{2}\pi \quad \cdots \text{(答)}$$

いよいよ不等式でっせ!! 方程式よりエグいっすよ!!

問題 8-3 （ちょいムズ）

$0 \leq x < 2\pi$ のとき, 次の不等式を解け。

(1) $2\cos^2 x \leq \sin x + 1$
(2) $2\sin^2 x - \sqrt{3}\cos x + 1 \geq 0$
(3) $2\sin x \leq \tan x$

不等式の基礎は Theme 2 参照!!

ナイスな導入!!

(1)(2)では, **ズバリ!** 公式 $\sin^2 x + \cos^2 x = 1$ を活用して

$\sin x$ or $\cos x$ のみの式にすればOK!!

つづきは, 解答にて…

おーっと! いつものアレですネ♥

why?

で, 問題の(3)で——す!

みなさんのやりそうな解法

とりあえず ダメ出し!! から…

$2\sin x \leq \tan x$ より

$\tan x = \dfrac{\sin x}{\cos x}$ を活用して

有名な公式だぁーっ!

$2\sin x \leq \dfrac{\sin x}{\cos x}$ ってなSTARTを切りそうですねぇ…。

まぁ, できないってことはナインですが…。面倒っすよ…。

え!! まっ, まさか!!!

分母を払って

$2\sin x \cos x \leq \sin x$

なんてしませんよねぇ!?

OH! NO!!

これは マズイ !!! 爆死 でーす!

だって もしも $\cos x < 0$ だったら…

$2\sin x \leq \dfrac{\sin x}{\cos x}$ →分母を払うと… → $2\sin x \cos x \geq \sin x$ 逆転!!

ってな具合になりません??

そーです!! $\cos x > 0$ or $\cos x < 0$ で場合分けが必要となるのです。

嫌でしょ?

あとで別解としてのせます

じつは,逃げ道が…

$\cos x = 0$ のとき $x = \dfrac{\pi}{2}, \dfrac{3}{2}\pi$ となり
$\tan x$ の値が存在しないので
本問では,右辺に $\tan x$ があるので
考えなくてOKです!!

公式 $\tan x = \dfrac{\sin x}{\cos x}$ より $\tan x \cos x = \sin x$

分母を払う!!

この形で使います!

と,ゆーわけで…

おーっと!!

$2\sin x \leqq \tan x$ より $2\tan x \cos x \leqq \tan x$

$2\tan x \cos x - \tan x \leqq 0$
$\tan x (2\cos x - 1) \leqq 0$

$\tan x \leqq 0$ かもしれないから
両辺を $\tan x$ で割らずに
$\tan x$ を左辺に移項する!
$\tan x$ で割らない理由としては
$\tan x$ の符号が確定しないから

よって!!

$\tan x$ でくくる!!

$\begin{cases} \tan x \geqq 0 \\ 2\cos x - 1 \leqq 0 \end{cases}$ or $\begin{cases} \tan x \leqq 0 \\ 2\cos x - 1 \geqq 0 \end{cases}$

イメージは
$AB \leqq 0$
$\Updownarrow$
$\begin{cases} A \geqq 0 \\ B \leqq 0 \end{cases}$ or $\begin{cases} A \leqq 0 \\ B \geqq 0 \end{cases}$

変形!

$\therefore \begin{cases} \tan x \geqq 0 \\ \cos x \leqq \dfrac{1}{2} \end{cases}$ or $\begin{cases} \tan x \leqq 0 \\ \cos x \geqq \dfrac{1}{2} \end{cases}$

変形!

あとは,これらを解けばOKでーす!!

こっちを例にしますぅ!

たとえば $\begin{cases} \tan x \geqq 0 & \cdots ① \\ \cos x \leqq \dfrac{1}{2} & \cdots ② \end{cases}$ のとき

①から
$0 \leqq x < \dfrac{\pi}{2},\ \pi \leqq x < \dfrac{3}{2}\pi \cdots Ⓐ$

②から $\dfrac{\pi}{3} \leqq x \leqq \dfrac{5}{3}\pi \cdots Ⓑ$

$\tan \dfrac{\pi}{2}$
$\tan \dfrac{3}{2}\pi$
は,存在しない!!
なので $\dfrac{\pi}{2}, \dfrac{3}{2}\pi$ は
抜けまっする!

ⒶかつⒷより,

$\boxed{\dfrac{\pi}{3} \leqq x < \dfrac{\pi}{2},\ \pi \leqq x < \dfrac{3}{2}\pi}$

ⒶⒷのダブってる
ところですぅ!

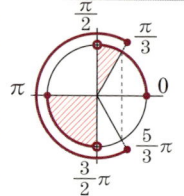

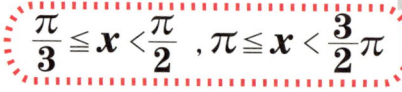

もう一方も同様でござる!! つづきは解答にて!

Theme 8　方程式＆不等式を本格的に… 　111

解答でござる

(1)　$2\boxed{\cos^2 x} \leq \sin x + 1$

　　$2(\boxed{1 - \sin^2 x}) \leq \sin x + 1$

　　$2\sin^2 x + \sin x - 1 \geq 0$

　　$(2\sin x - 1)(\sin x + 1) \geq 0$

　　$\therefore \sin x \leq -1,\ \dfrac{1}{2} \leq \sin x$

$0 \leq x < 2\pi$ に注意して，

　$\sin x \leq -1$ から，$\boxed{x = \dfrac{3}{2}\pi}$

　$\dfrac{1}{2} \leq \sin x$ から，$\boxed{\dfrac{\pi}{6} \leq x \leq \dfrac{5}{6}\pi}$

以上まとめて

$$\dfrac{\pi}{6} \leq x \leq \dfrac{5}{6}\pi,\quad x = \dfrac{3}{2}\pi \quad \cdots \text{(答)}$$

まとめろ！ まとめろーっ!!

右側注釈：
$\sin^2 x + \cos^2 x = 1$ より
　$\cos^2 x = 1 - \sin^2 x$
これを代入してsin$x$だけの式にする！

$-2\sin^2 x - \sin x + 1 \leq 0$
$\times(-1)$
$2\sin^2 x + \sin x - 1 \geq 0$
逆転!!

$\sin x = A$ とおくと
　$2A^2 + A - 1 \geq 0$
　$(2A - 1)(A + 1) \geq 0$

$\therefore A \leq -1,\ \dfrac{1}{2} \leq A$

$\sin\dfrac{3}{2}\pi = -1$

$\sin x < -1$ はありえないから
$\sin x = -1$ のみから
これだけが解答の顔にかかる！

---

(2)　$2\boxed{\sin^2 x} - \sqrt{3}\cos x + 1 \geq 0$

　　$2(\boxed{1 - \cos^2 x}) - \sqrt{3}\cos x + 1 \geq 0$

　　$-2\cos^2 x - \sqrt{3}\cos x + 3 \geq 0$

　　$2\cos^2 x + \sqrt{3}\cos x - 3 \leq 0$

　　$(2\cos x - \sqrt{3})(\cos x + \sqrt{3}) \leq 0$

　　$\therefore -\sqrt{3} \leq \cos x \leq \dfrac{\sqrt{3}}{2}$

このとき $-\sqrt{3} \leq \cos x$ は明らかである。

$0 \leq x < 2\pi$ で，$-1 \leq \cos x \leq 1$ はアタリマエ!!
つまーり! $-\sqrt{3} < -1 \leq \cos x$ は，必ず言える!

右側注釈：
$\sin^2 x + \cos^2 x = 1$ より
　$\sin^2 x = 1 - \cos^2 x$
これを代入してcos$x$だけの式にする!!

両辺を -1 倍したヨ!

注! 逆転しました!!

$\cos x = A$ とおくと
$2A^2 + \sqrt{3}A - 3 \leq 0$
$3 = (\sqrt{3})^2$

$(2A - \sqrt{3})(A + \sqrt{3}) \leq 0$

$\therefore -\sqrt{3} \leq A \leq \dfrac{\sqrt{3}}{2}$

よって、$\cos x \leq \dfrac{\sqrt{3}}{2}$ のみを考え、

$0 \leq x < 2\pi$ に注意して、求める解は

$$\dfrac{\pi}{6} \leq x \leq \dfrac{11}{6}\pi \quad \cdots(答)$$

> 別に
> $-1 \leq \cos x \leq \dfrac{\sqrt{3}}{2}$
> としてもOK!
> 必ず成立する話なので言わなくてもよし!

ちょっと言わせて　こんな解答もアリですョ♥

$(2\cos x - \sqrt{3})(\cos x + \sqrt{3}) \leq 0 \cdots①$

のところから…

$-1 \leq \cos x \leq 1$ より、$\cos x + \sqrt{3} > 0$

よって①から、$2\cos x - \sqrt{3} \leq 0 \cdots②$

②より、$\cos x \leq \dfrac{\sqrt{3}}{2}$

$0 \leq x < 2\pi$ に注意して、求める解は、

$$\dfrac{\pi}{6} \leq x \leq \dfrac{11}{6}\pi \quad \cdots(答)$$

> $-1 \leq \cos x \leq 1$ は、アタリマエの話!!
> だから $\cos x + \sqrt{3} > 0$ が決定!
> いくら少なくなっても -1 までですから…

> イメージは
> $AB \leq 0$ かつ $B > 0$ のとき
> $A \leq 0$ となーる!

> このあたりは、先ほどと同じです!

(3)　$2\,\boxed{\sin x} \leq \tan x \cdots①$

公式 $\tan x = \dfrac{\sin x}{\cos x}$ より、

$\sin x = \tan x \cos x \cdots②$

①に②を代入して、

$2\,\boxed{\tan x \cos x} \leq \tan x$

$2\tan x \cos x - \tan x \leq 0$

$\tan x(2\cos x - 1) \leq 0 \cdots③$

> $\tan x = \dfrac{\sin x}{\cos x}$
> 分母を払う
> $\therefore \tan x \cos x = \sin x$

> $\tan x \leq 0$ かもしれないから
> くれぐれも両辺を $\tan x$ で割らないように!!

> $\tan x$ でくくりました!

③より、

$\begin{cases} \tan x \geq 0 \\ 2\cos x - 1 \leq 0 \end{cases}$ または $\begin{cases} \tan x \leq 0 \\ 2\cos x - 1 \geq 0 \end{cases}$

つまり、

$\begin{cases} \tan x \geq 0 \\ \cos x \leq \dfrac{1}{2} \end{cases} \cdots④$ または $\begin{cases} \tan x \leq 0 \\ \cos x \geq \dfrac{1}{2} \end{cases} \cdots⑤$

変形しただけです!　　変形しただけです!

> イメージは
> $AB \leq 0$ のとき
> $\Updownarrow$
> $\begin{cases} A \geq 0 \\ B \leq 0 \end{cases}$ or $\begin{cases} A \leq 0 \\ B \geq 0 \end{cases}$

Theme 8 方程式&不等式を本格的に… 113

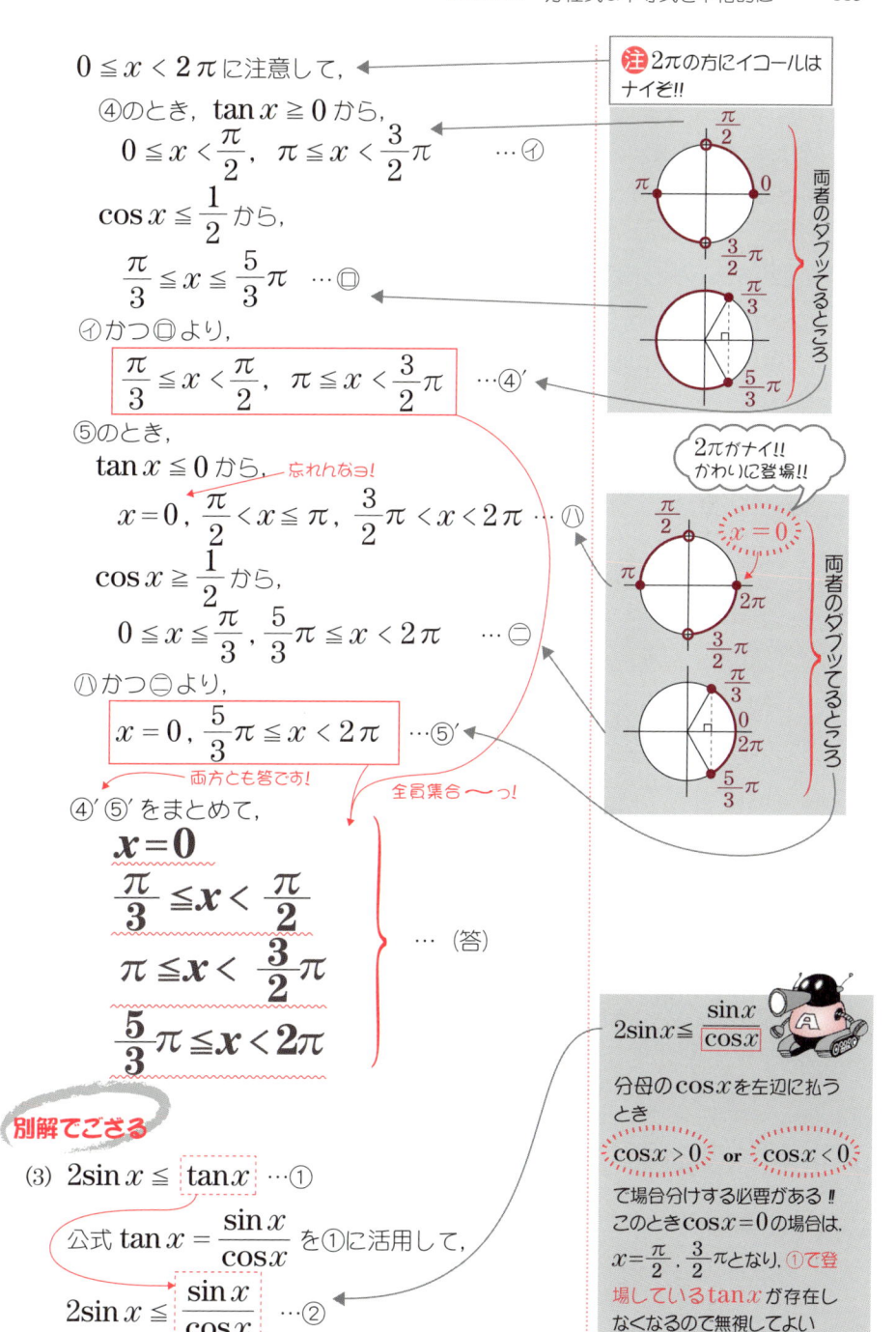

$0 \leqq x < 2\pi$ に注意して，

注 2π の方にイコールはナイぞ!!

④のとき，$\tan x \geqq 0$ から，
$$0 \leqq x < \frac{\pi}{2}, \ \pi \leqq x < \frac{3}{2}\pi \quad \cdots ㋑$$

$\cos x \leqq \dfrac{1}{2}$ から，
$$\frac{\pi}{3} \leqq x \leqq \frac{5}{3}\pi \quad \cdots ㋺$$

㋑かつ㋺より，
$$\boxed{\frac{\pi}{3} \leqq x < \frac{\pi}{2}, \ \pi \leqq x < \frac{3}{2}\pi} \quad \cdots ④'$$

両者のダブッてるところ

⑤のとき，
$\tan x \leqq 0$ から， 忘れるなョ!
$$x = 0, \ \frac{\pi}{2} < x \leqq \pi, \ \frac{3}{2}\pi < x < 2\pi \ \cdots ㋩$$

$\cos x \geqq \dfrac{1}{2}$ から，
$$0 \leqq x \leqq \frac{\pi}{3}, \ \frac{5}{3}\pi \leqq x < 2\pi \quad \cdots ㋥$$

2π がナイ!!
かわりに登場!!

㋩かつ㋥より，
$$\boxed{x = 0, \ \frac{5}{3}\pi \leqq x < 2\pi} \quad \cdots ⑤'$$

両方とも答です!

両者のダブッてるところ

④' ⑤' をまとめて， 全員集合〜っ!

$$\underline{\underline{x = 0}}$$
$$\underline{\underline{\frac{\pi}{3} \leqq x < \frac{\pi}{2}}}$$
$$\underline{\underline{\pi \leqq x < \frac{3}{2}\pi}} \quad \cdots （答）$$
$$\underline{\underline{\frac{5}{3}\pi \leqq x < 2\pi}}$$

別解でござる

(3) $2\sin x \leqq \boxed{\tan x} \quad \cdots ①$

公式 $\tan x = \dfrac{\sin x}{\cos x}$ を①に活用して，

$$2\sin x \leqq \boxed{\frac{\sin x}{\cos x}} \quad \cdots ②$$

$2\sin x \leqq \boxed{\dfrac{\sin x}{\cos x}}$

分母の $\cos x$ を左辺に払うとき
$\boxed{\cos x > 0}$ or $\boxed{\cos x < 0}$
で場合分けする必要がある!!
このとき $\cos x = 0$ の場合は，$x = \dfrac{\pi}{2}, \dfrac{3}{2}\pi$ となり，①で登場している $\tan x$ が存在しなくなるので無視してよい

$0 \leq x < 2\pi$ に注意して，以下の ⅰ) ⅱ) に場合分けする。

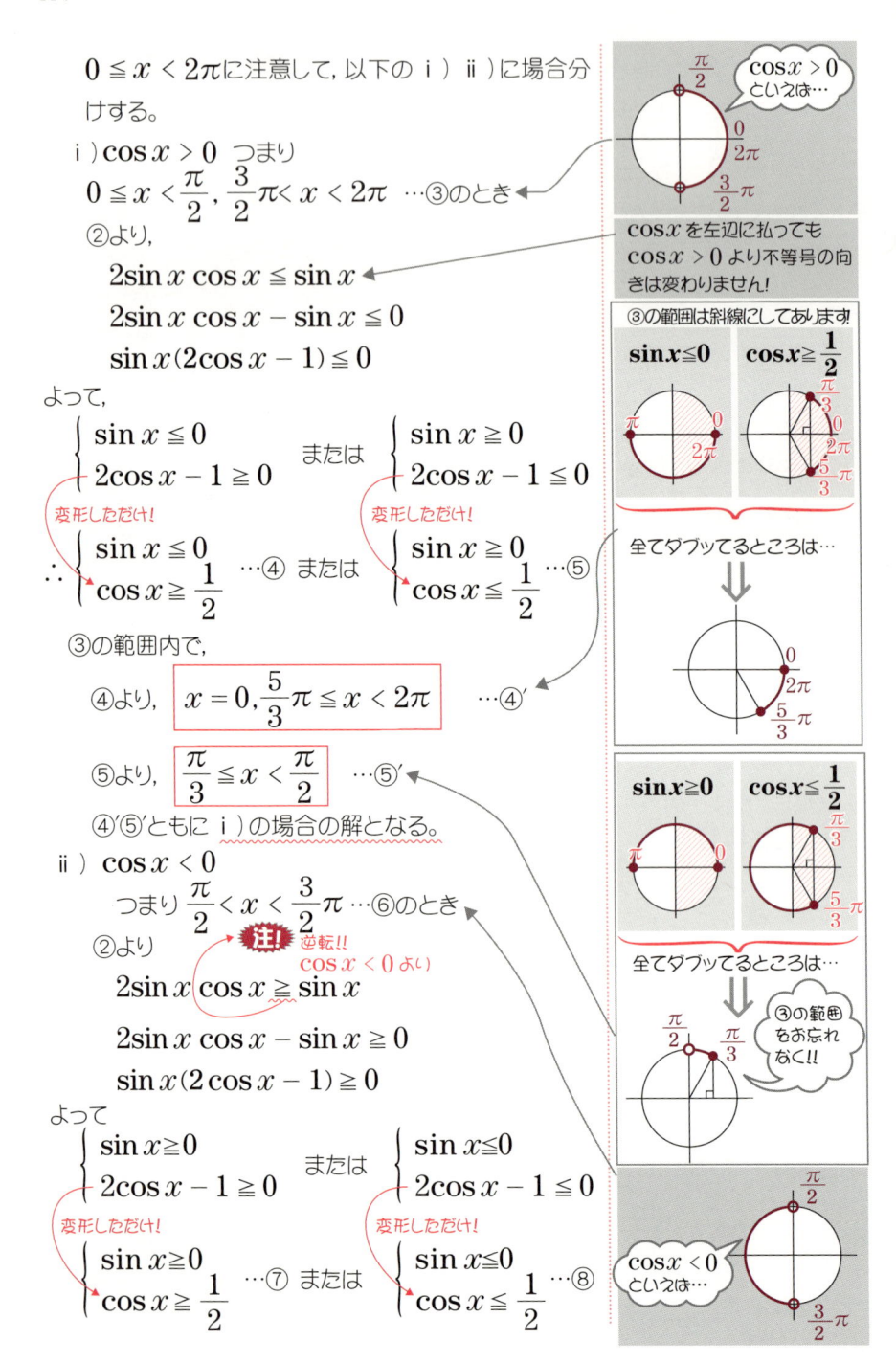

ⅰ) $\cos x > 0$ つまり
$0 \leq x < \dfrac{\pi}{2},\ \dfrac{3}{2}\pi < x < 2\pi$ …③のとき

②より，
$2\sin x \cos x \leq \sin x$
$2\sin x \cos x - \sin x \leq 0$
$\sin x (2\cos x - 1) \leq 0$

よって，
$\begin{cases} \sin x \leq 0 \\ 2\cos x - 1 \geq 0 \end{cases}$ または $\begin{cases} \sin x \geq 0 \\ 2\cos x - 1 \leq 0 \end{cases}$

変形しただけ!

$\therefore \begin{cases} \sin x \leq 0 \\ \cos x \geq \dfrac{1}{2} \end{cases}$ …④ または $\begin{cases} \sin x \geq 0 \\ \cos x \leq \dfrac{1}{2} \end{cases}$ …⑤

③の範囲内で，
④より，$\boxed{x = 0,\ \dfrac{5}{3}\pi \leq x < 2\pi}$ …④′

⑤より，$\boxed{\dfrac{\pi}{3} \leq x < \dfrac{\pi}{2}}$ …⑤′

④′⑤′ともにⅰ)の場合の解となる。

ⅱ) $\cos x < 0$
つまり $\dfrac{\pi}{2} < x < \dfrac{3}{2}\pi$ …⑥のとき

②より
注! 逆転!! $\cos x < 0$ より
$2\sin x \cos x \geq \sin x$
$2\sin x \cos x - \sin x \geq 0$
$\sin x (2\cos x - 1) \geq 0$

よって
$\begin{cases} \sin x \geq 0 \\ 2\cos x - 1 \geq 0 \end{cases}$ または $\begin{cases} \sin x \leq 0 \\ 2\cos x - 1 \leq 0 \end{cases}$

変形しただけ!

$\begin{cases} \sin x \geq 0 \\ \cos x \geq \dfrac{1}{2} \end{cases}$ …⑦ または $\begin{cases} \sin x \leq 0 \\ \cos x \leq \dfrac{1}{2} \end{cases}$ …⑧

[右段の吹き出し・図の注釈]

$\cos x > 0$ というのは…

$\cos x$ を左辺に払っても $\cos x > 0$ より不等号の向きは変わりません!

③の範囲は斜線にしてあります!

$\sin x \leq 0$　　$\cos x \geq \dfrac{1}{2}$

全てダブってるところは…

$\sin x \geq 0$　　$\cos x \leq \dfrac{1}{2}$

全てダブってるところは…
③の範囲をお忘れなく!!

$\cos x < 0$ というのは…

⑥の範囲内で，
　⑦より　該当する x は存在しない
　⑧より　$\boxed{\pi \leqq x < \dfrac{3}{2}\pi}$ …⑧′

⑧′ が ii) の場合の解となる。

以上より，④′⑤′⑧′ を全てまとめて，

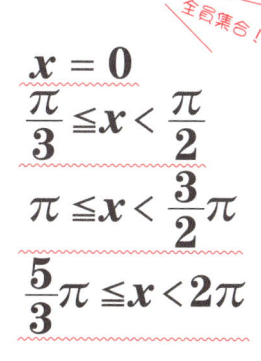

〈全員集合!!〉

$$\left.\begin{array}{l} x = 0 \\ \dfrac{\pi}{3} \leqq x < \dfrac{\pi}{2} \\ \pi \leqq x < \dfrac{3}{2}\pi \\ \dfrac{5}{3}\pi \leqq x < 2\pi \end{array}\right\} \cdots (答)$$

どうですか？　最初の方針の方が スッキリっしょ？？

公式 $\tan x = \dfrac{\sin x}{\cos x}$ をそのまま活用するのではなく，ひと工夫して $\tan x \cos x = \sin x$ として活用するとこがポイントでした。

$\tan x$ を殺すのではなく，生かす方針もある！

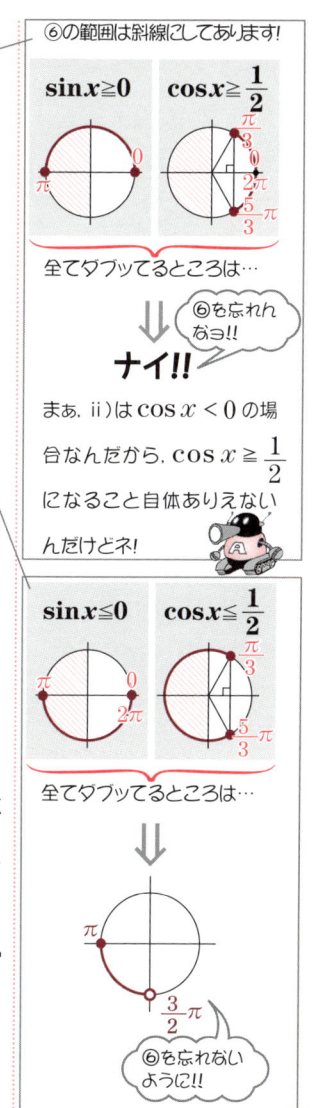

---

⑥の範囲は斜線にしてあります！

$\sin x \geqq 0$　　$\cos x \geqq \dfrac{1}{2}$

全てダブッてるところは…
⇓
ナイ!!　〈⑥を忘れるな!!〉

まぁ，ii) は $\cos x < 0$ の場合なんだから，$\cos x \geqq \dfrac{1}{2}$ になること自体ありえないんだけどネ！

$\sin x \leqq 0$　　$\cos x \leqq \dfrac{1}{2}$

全てダブッてるところは…
⇓

〈⑥を忘れないように!!〉

問題 8-4 （ちょいムズ）

$0 \leq x < 2\pi$ のとき，次の不等式を解け。
(1) $2\sin\left(2x - \dfrac{\pi}{6}\right) \geq 1$　　(2) $\sin 2x < \sin x$
(3) $\cos 2x > \cos x - 1$

ナイスな導入!!

(1)は，$\theta = 2x - \dfrac{\pi}{6}$ とおいて**θの範囲**に注意です!

(2)(3)は，**2倍角の公式**の活躍ですネ!! では早速まいりましょう!!

解答でござる

(1) $2\sin\left(2x - \dfrac{\pi}{6}\right) \geq 1$ …①

ここで，$\theta = 2x - \dfrac{\pi}{6}$ …Ⓐ とおくと，

①より $2\sin\theta \geq 1$　∴ $\sin\theta \geq \dfrac{1}{2}$ …②

また，$0 \leq x < 2\pi$ より，

$-\dfrac{\pi}{6} \leq 2x - \dfrac{\pi}{6} < \dfrac{23}{6}\pi$

よって，Ⓐから $-\dfrac{\pi}{6} \leq \theta < \dfrac{23}{6}\pi$ …Ⓑ

Ⓑの範囲に注意して，②から，

$\dfrac{\pi}{6} \leq \theta \leq \dfrac{5}{6}\pi,\ \dfrac{13}{6}\pi \leq \theta \leq \dfrac{17}{6}\pi$

Ⓐより，

$\dfrac{\pi}{6} \leq 2x - \dfrac{\pi}{6} \leq \dfrac{5}{6}\pi,\ \dfrac{13}{6}\pi \leq 2x - \dfrac{\pi}{6} \leq \dfrac{17}{6}\pi$

よって，$\dfrac{\pi}{3} \leq 2x \leq \pi,\ \dfrac{7}{3}\pi \leq 2x \leq 3\pi$

∴ $\dfrac{\pi}{6} \leq x \leq \dfrac{\pi}{2}$
　$\dfrac{7}{6}\pi \leq x \leq \dfrac{3}{2}\pi$ …（答）

全体に $+\dfrac{\pi}{6}$
全体を $\div 2$

重要公式!!
2倍角の公式
$\sin 2x = 2\sin x \cos x$
を活用!

(2) $\boxed{\sin 2x} < \sin x$
　$\boxed{2\sin x \cos x} < \sin x$
　$2\sin x \cos x - \sin x < 0$

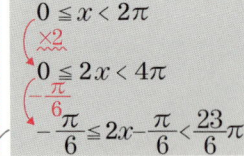

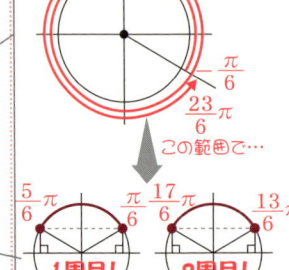

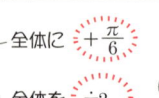

両方を$\sin x$で割ると→**外**
$\sin x \leq 0$ のときもあるのだから左辺に移項します!

Theme 8　方程式&不等式を本格的に…　117

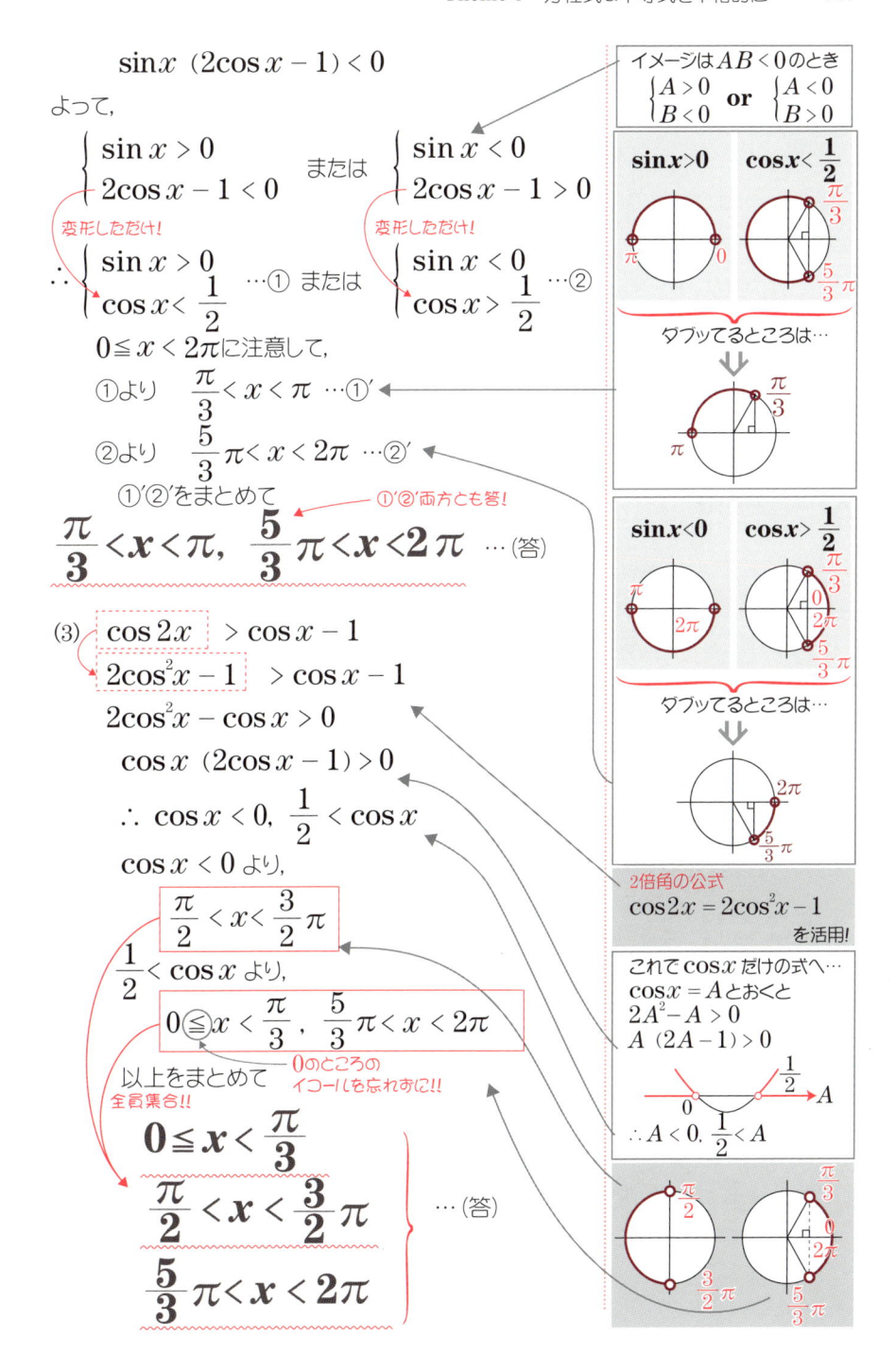

$$\sin x\,(2\cos x - 1) < 0$$

よって，

$$\begin{cases} \sin x > 0 \\ 2\cos x - 1 < 0 \end{cases} \text{または} \begin{cases} \sin x < 0 \\ 2\cos x - 1 > 0 \end{cases}$$

変形しただけ！　　変形しただけ！

$$\therefore \begin{cases} \sin x > 0 \\ \cos x < \dfrac{1}{2} \end{cases} \cdots ① \text{または} \begin{cases} \sin x < 0 \\ \cos x > \dfrac{1}{2} \end{cases} \cdots ②$$

$0 \leqq x < 2\pi$ に注意して，

①より　$\dfrac{\pi}{3} < x < \pi$ …①′

②より　$\dfrac{5}{3}\pi < x < 2\pi$ …②′

①′②′をまとめて　　①′②′両方とも答！

$$\dfrac{\pi}{3} < x < \pi,\ \dfrac{5}{3}\pi < x < 2\pi \quad \cdots(\text{答})$$

(3)　$\boxed{\cos 2x} > \cos x - 1$

　　$\boxed{2\cos^2 x - 1} > \cos x - 1$

　　$2\cos^2 x - \cos x > 0$

　　$\cos x\,(2\cos x - 1) > 0$

　　$\therefore \cos x < 0,\ \dfrac{1}{2} < \cos x$

$\cos x < 0$ より，

$$\boxed{\dfrac{\pi}{2} < x < \dfrac{3}{2}\pi}$$

$\dfrac{1}{2} < \cos x$ より，

$$\boxed{0 \leqq x < \dfrac{\pi}{3},\ \dfrac{5}{3}\pi < x < 2\pi}$$

以上をまとめて　0のところの
全員集合!!　　イコールを忘れずに!!

$$0 \leqq x < \dfrac{\pi}{3}$$
$$\dfrac{\pi}{2} < x < \dfrac{3}{2}\pi$$
$$\dfrac{5}{3}\pi < x < 2\pi$$

…(答)

イメージは $AB < 0$ のとき
$\begin{cases} A > 0 \\ B < 0 \end{cases}$ **or** $\begin{cases} A < 0 \\ B > 0 \end{cases}$

$\sin x > 0$　$\cos x < \dfrac{1}{2}$

ダブってるところは…

$\sin x < 0$　$\cos x > \dfrac{1}{2}$

ダブってるところは…

2倍角の公式
$\cos 2x = 2\cos^2 x - 1$
を活用!

これで $\cos x$ だけの式へ…
$\cos x = A$ とおくと
$2A^2 - A > 0$
$A(2A - 1) > 0$

$\therefore A < 0,\ \dfrac{1}{2} < A$

Theme 9 2次関数との夢の競演

三角関数と2次関数の融合問題でーす!!

手はじめに，これを…

問題 9-1 〔基礎〕

$0 \leq \theta < 2\pi$ のとき，次のそれぞれの関数の最大値，最小値を求めよ。また，そのときの θ の値も求めよ。

(1) $y = \sin^2\theta + \cos\theta + 2$

(2) $y = 2\tan^2\theta - 4\tan\theta + 3$

ナイスな導入!!

(1) あらすじは，こんな感じでーす！

$y = \boxed{\sin^2\theta} + \cos\theta + 2$

$\sin x$ or $\cos x$ で統一したいですネ!

公式 $\sin^2\theta + \cos^2\theta = 1$ より

$\sin^2\theta = 1 - \cos^2\theta$

これを代入して

$y = \boxed{1 - \cos^2\theta} + \cos\theta + 2$

$\therefore y = -\cos^2\theta + \cos\theta + 3$

$\cos\theta$ だけで表せました!!

そこで!! $\boxed{\cos\theta = x}$ とおくと!!

$y = -x^2 + x + 3$

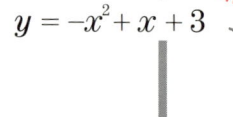

こいつぁ，「数学Ⅰ」でおなじみの **2次関数** でーす!!

よって，グラフを考えればオシマイ!!
と，いいたいところですが…
もっと **重要なコト** が…

重要…⁇

Theme 9　2次関数との夢の競演　119

そーです!!　**xの範囲**　ですよっ!!

$0 \leq \theta < 2\pi$　より　　$-1 \leq \cos\theta \leq 1$

こいつぁアタリマエだ!

$\cos\pi = -1$（最小）　$\cos 0 = 1$（最大）

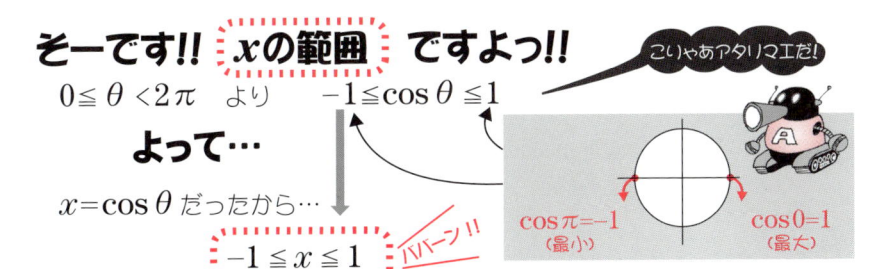

よって…

$x = \cos\theta$ だったから…

$-1 \leq x \leq 1$　バハーン!!

この範囲でグラフを考えればOKでーす♥

仕上げは解答にて…

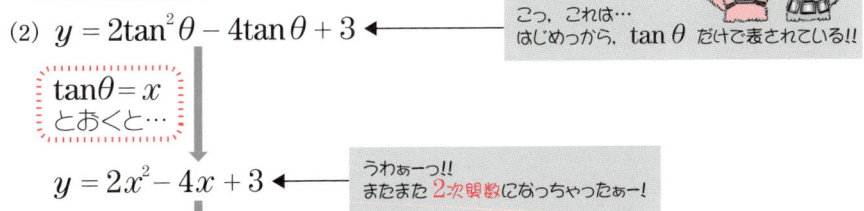

(2)　$y = 2\tan^2\theta - 4\tan\theta + 3$

こっ、これは…
はじめっから、$\tan\theta$ だけで表されている!!

$\tan\theta = x$
とおくと…

$y = 2x^2 - 4x + 3$

うわぁーっ!!
またまた 2次関数 になっちゃったぁー!

で，このグラフは描くとして，**xの範囲** ですよね!?

しかも，意外な事実が明るみになります…。　theme 2　p.23を復習せよ!!

$0 \leq \theta < 2\pi$ のとき　$\tan\theta$ は，$-\infty \sim +\infty$ まで動きまくり!!

$\tan\theta$ の値は無制限となります!

これが $\tan\theta$ の一味ちがうとこです!

つまり，$x = \tan\theta$ なんだから　**x は無制限!!**

となります。よって，グラフに範囲（定義域）は，つきません!

解答でござる

(1)　$y = \boxed{\sin^2\theta} + \cos\theta + 2$

　　$y = \boxed{1 - \cos^2\theta} + \cos\theta + 2$

　　$y = -\cos^2\theta + \cos\theta + 3$

　　$x = \cos\theta$ とおくと

　　$y = -x^2 + x + 3$　…①

公式 $\sin^2\theta + \cos^2\theta = 1$
より
　$\sin^2\theta = 1 - \cos^2\theta$

$\cos\theta$ だけで表せたヨ!

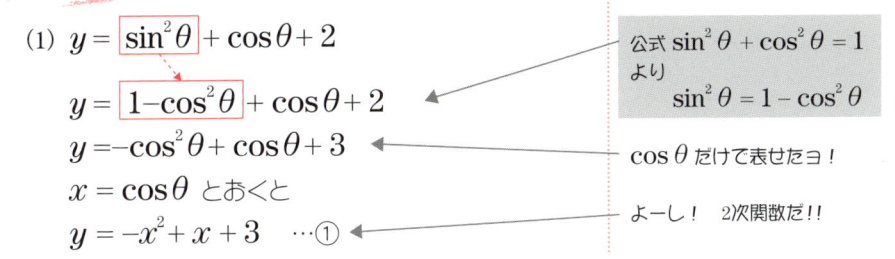

よーし！　2次関数だ!!

ここで，平方完成の復習コーナーです!!

$y = -x^2 + x + 3$

Step1 最初の2項をx^2の係数（この場合-1）でくくる！

$y = -(x^2 - x) + 3$

Step2 $y = -(x^2 - 1x) + 3$

この1の半分の2乗$\left(この場合\left(\dfrac{1}{2}\right)^2 = \dfrac{1}{4}\right)$を加えて，すぐ引く！

マイナスは無視!!

$y = -\left(x^2 - x + \dfrac{1}{4} - \dfrac{1}{4}\right) + 3$

加えて！　すぐ引く!!

Step3 このとき，$x^2 - x + \dfrac{1}{4} \to \left(x - \dfrac{1}{2}\right)^2$ と変形できる！

$y = -\left(\boxed{x^2 - x + \dfrac{1}{4}} - \dfrac{1}{4}\right) + 3$

注！　いらないから，カッコの外へ出す!!

$y = -\boxed{\left(x - \dfrac{1}{2}\right)^2} - \left(-\dfrac{1}{4}\right) + 3$

$\therefore\ y = -\left(x - \dfrac{1}{2}\right)^2 + \dfrac{13}{4}$　完成!!

計算ミスに注意せよ!!

平方完成すると，$y = -\left(x - \dfrac{1}{2}\right)^2 + \dfrac{13}{4}$

よって，頂点は，$\left(\dfrac{1}{2},\ \dfrac{13}{4}\right)$

また，$0 \leqq \theta < 2\pi$ のとき $-1 \leqq \cos\theta \leqq 1$

つまり，$-1 \leqq x \leqq 1$　…②

②の範囲で，①のグラフを描くと，

> 2次関数
> $y = a(x-p)^2 + q$
> の頂点は，$(p,\ q)$
> こりゃあ，アタリマエ!!
> ナイスな導入!!　参照！

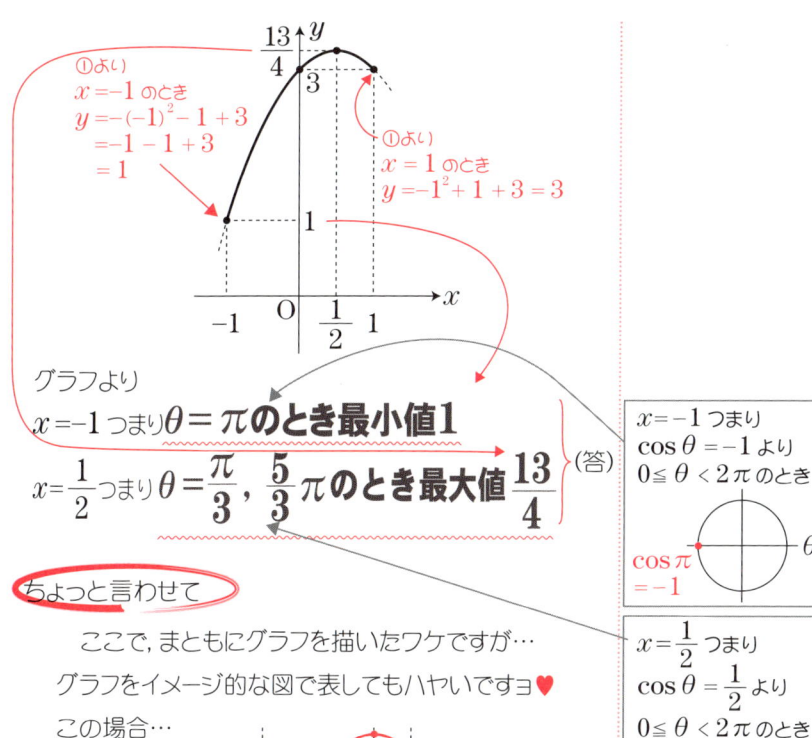

Theme 9　2次関数との夢の競演　121

①より
$x = -1$ のとき
$y = -(-1)^2 - 1 + 3$
　　$= -1 - 1 + 3$
　　$= 1$

①より
$x = 1$ のとき
$y = -1^2 + 1 + 3 = 3$

グラフより

$x = -1$ つまり $\theta = \pi$ のとき最小値 1

$x = \dfrac{1}{2}$ つまり $\theta = \dfrac{\pi}{3}, \dfrac{5}{3}\pi$ のとき最大値 $\dfrac{13}{4}$　…(答)

$x = -1$ つまり
$\cos \theta = -1$ より
$0 \leq \theta < 2\pi$ のとき

$\cos \pi = -1$
$\theta = \pi$

$x = \dfrac{1}{2}$ つまり
$\cos \theta = \dfrac{1}{2}$ より
$0 \leq \theta < 2\pi$ のとき

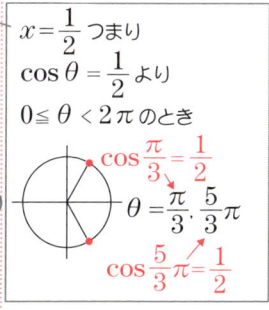

$\cos \dfrac{\pi}{3} = \dfrac{1}{2}$
$\theta = \dfrac{\pi}{3}, \dfrac{5}{3}\pi$
$\cos \dfrac{5}{3}\pi = \dfrac{1}{2}$

ちょっと言わせて

ここで，まともにグラフを描いたワケですが…
グラフをイメージ的な図で表してもハヤいですョ♥
この場合…

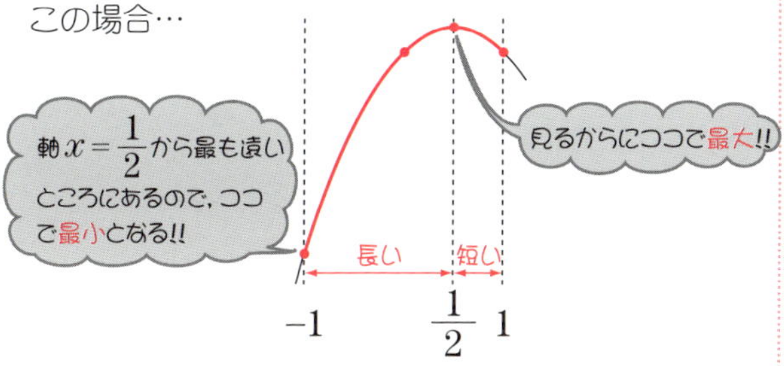

軸 $x = \dfrac{1}{2}$ から最も遠いところにあるので，ココで最小となる!!

見るからにココで最大!!

長い　短い

-1　$\dfrac{1}{2}$　1

大ザッパな図ですが，どこで最大，または最小となるか？がひと目でわかりますョ！

(2) $y = 2\tan^2 \theta - 4\tan \theta + 3$

$x = \tan \theta$ とおくと，

$y = 2x^2 - 4x + 3$

ここで，またまた平方完成の復習コーナーです!!

$y = \underline{2x^2 - 4x} + 3$

Step1 最初の2項を x^2 の係数（この場合2）でくくる！

$y = 2(x^2 - 2x) + 3$

Step2 $y = 2(x^2 - 2x) + 3$

この2の半分の2乗（この場合 $1^2 = 1$）を加えて，すぐ引く！

$y = 2(x^2 - 2x + 1 - 1) + 3$

加えて！　すぐ引く!!

Step3 このとき，$x^2 - 2x + 1 \to (x-1)^2$ と変形できる！

$y = 2(\boxed{x^2 - 2x + 1} - 1) + 3$

いらないから，カッコの外へ出す!!

$y = 2\boxed{(x-1)^2} + 2 \times (-1) + 3$

∴ $y = 2(x-1)^2 + 1$　完成!!

詳しいねぇ…

平方完成すると
$$y = 2(x-1)^2 + 1$$
よって，頂点は $(1, 1)$

> 2次関数
> $y = a(x-p)^2 + q$
> の頂点は (p, q)

> $0 \leq \theta < 2\pi$ のとき
> $\tan \theta$ は無制限！
> つまり $x = \tan \theta$ より
> x も無制限

グラフより
$x = 1$ つまり $\theta = \dfrac{\pi}{4}, \dfrac{5}{4}\pi$ のとき最小値 1
最大値は存在しない （答）

> x に範囲がナイもんで…

> グラフが無制限なので，この場合最大値は存在できない！

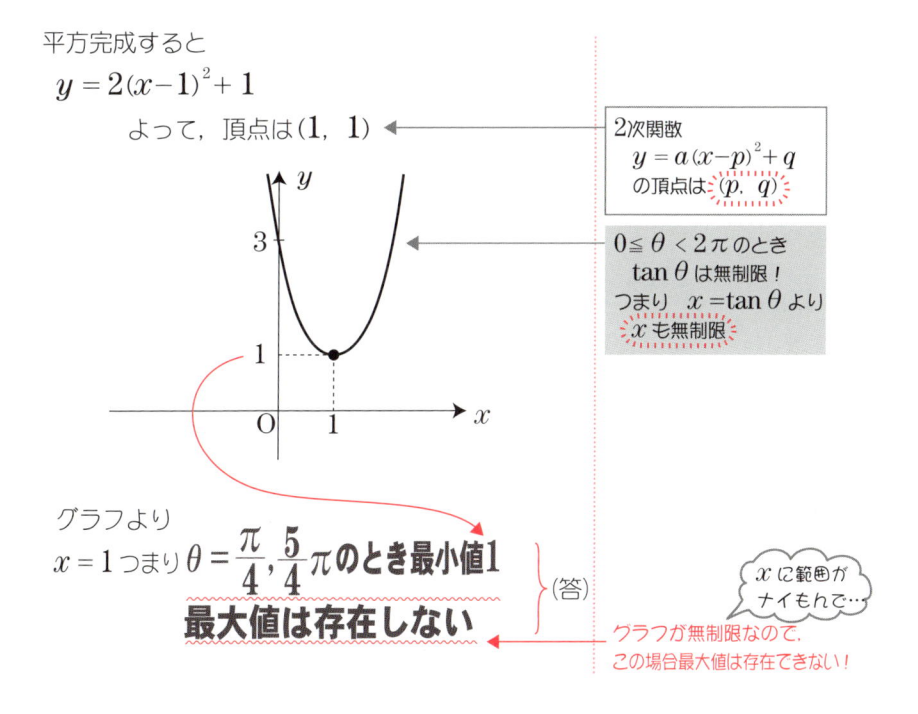

プロフィール

金四郎

　桃太郎を兄貴と慕う大型猫。少し乱暴な性格なので虎次郎には嫌われてます。品種はノルウェージャンフォレットキャットで超剛毛!! 夏はかなり暑そうです
もちろんみっちゃんの飼い猫です。

プロフィール

玉三郎

　虎次郎と仲良しの小型猫。品種は美声で名高いソマリで毛はフサフサ，少し気まぐれな性格ですが気になることはとことん追求する性分です!! 玉三郎もみっちゃんの飼い猫です。

問題 9-2 （ちょいムズ）

次の各問いに答えよ。

(1) $\cos\theta - \sin^2\theta + 2 - a = 0$ をみたす θ が存在するように，定数 a の値の範囲を求めよ。ただし，$0 \leq \theta \leq \dfrac{2}{3}\pi$ とする。

(2) 方程式 $\cos^2 x - \sin x + a = 0$ が，$-\dfrac{\pi}{2} \leq x \leq \dfrac{\pi}{6}$ の範囲に解をもつとき，定数 a の値の範囲を求めよ。

ナイスな導入!!

準備コーナー

とりあえず, この問題を考えてくだされ…

2次関数　$y = x^2 - 2x$　…①

直線　$y = 3$　…②

がある！

このとき, $0 \leq x \leq 5$ の範囲における①と②の共有点の個数を求めよ。

さて， どのように考えますか??　方針は **2つ** あります！

方針1　方程式を解く!!

①②より y を消去すると，

$x^2 - 2x = 3$　←　代入！ $\begin{cases} y = x^2 - 2x\cdots① \\ y = 3 \cdots② \end{cases}$

$x^2 - 2x - 3 = 0$

$(x + 1)(x - 3) = 0$　← タスキガケ

∴ $x = -1,\ 3$　← 共有点の x 座標となる！

このとき，$0 \leq x \leq 5$ より

$x = 3$　← $x = -1$ は, $0 \leq x \leq 5$ でない!!

②より $y = 3$ だから

①と②の $0 \leq x \leq 5$ の範囲における共有点は

$(3,\ 3)$ の **1個** のみとなる。　**答でーす!!**

別に①に $x = 3$ を代入して
$y = 3^2 - 2 \times 3 = 9 - 6 = 3$
としても OK!!
しかし, 遠まわり!!

方針2　モロにグラフを描く！！

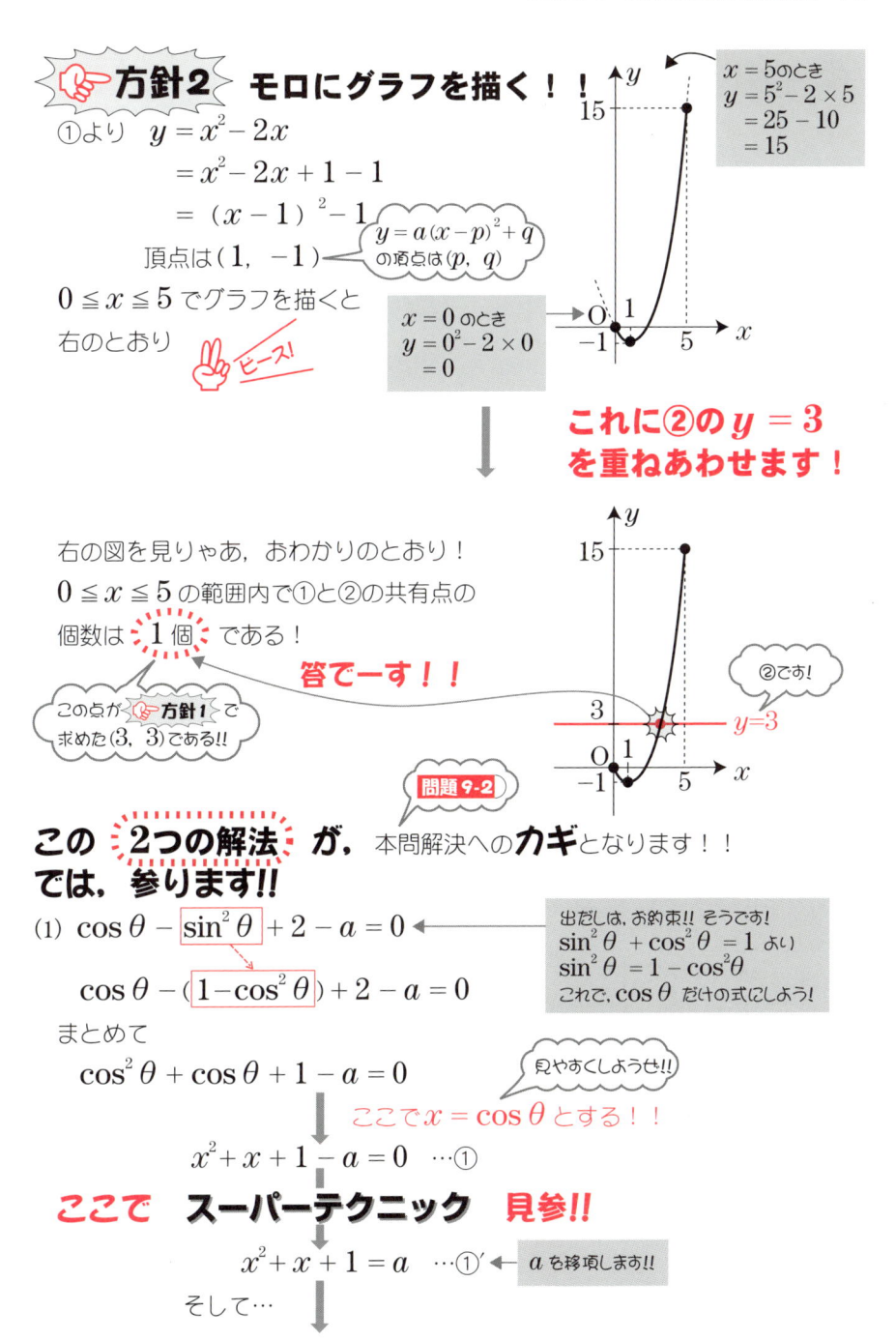

①より　$y = x^2 - 2x$
　　　　　$= x^2 - 2x + 1 - 1$
　　　　　$= (x-1)^2 - 1$

頂点は$(1, -1)$

$y = a(x-p)^2 + q$ の頂点は(p, q)

$0 \leq x \leq 5$ でグラフを描くと右のとおり

ピース！

$x = 5$ のとき
$y = 5^2 - 2 \times 5$
$ = 25 - 10$
$ = 15$

$x = 0$ のとき
$y = 0^2 - 2 \times 0$
$ = 0$

これに②の $y = 3$ を重ねあわせます！

右の図を見りゃあ，おわかりのとおり！
$0 \leq x \leq 5$ の範囲内で①と②の共有点の個数は 1個 である！

答でーす！！

この点が 方針1 で求めた$(3, 3)$である!!

②です！

$y=3$

問題9-2

この **2つの解法** が，本問解決への**カギ**となります！！
では，参ります!!

(1) $\cos\theta - \boxed{\sin^2\theta} + 2 - a = 0$

　　$\cos\theta - (\boxed{1 - \cos^2\theta}) + 2 - a = 0$

出だしは，お約束!! そうです!
$\sin^2\theta + \cos^2\theta = 1$ より
$\sin^2\theta = 1 - \cos^2\theta$
これで，$\cos\theta$ だけの式にしよう！

まとめて
　　$\cos^2\theta + \cos\theta + 1 - a = 0$

見やすくしようぜ!!

ここで $x = \cos\theta$ とする！！

　　$x^2 + x + 1 - a = 0$　…①

ここで　スーパーテクニック　見参!!

　　$x^2 + x + 1 = a$　…①′

a を移項します!!

そして…

えーっ!! いきなりの急展開！ *y* の登場です!!

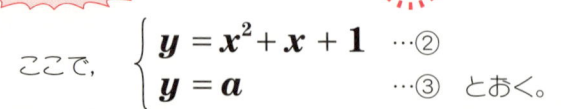

ここで, $\begin{cases} y = x^2 + x + 1 & \cdots ② \\ y = a & \cdots ③ \end{cases}$ とおく。

そうです! ①の *x* のお話＝②と③の交点の *x* 座標のお話（つまり, $x^2 + x + 1 = a \cdots ①'$ は, ②, ③の共有点を求めるために *y* を消去した瞬間の式を表す!）となりますネ!? 先ほどの 準備コーナー の 方針1 と 方針2 の関係を思い出してください。要するに **交点の話** にすりかえるのです!

ただし, **x に範囲** がつくことをお忘れなく!

$0 \leq \theta \leq \dfrac{2}{3}\pi$ より $-\dfrac{1}{2} \leq \cos\theta \leq 1$ ←

つまーり! $-\dfrac{1}{2} \leq x \leq 1$ …④ となる!

$\cos\dfrac{2}{3}\pi = -\dfrac{1}{2}$　$\cos 0 = 1$

よって…

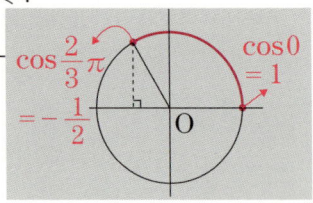

④の範囲で, ②と③の共有点が存在すれば **OK**!!

ではやってみましょう…

そーあれば… ①の *x* も $-\dfrac{1}{2} \leq x \leq 1$ の範囲で存在するので、それに対応する *θ* も存在する!!

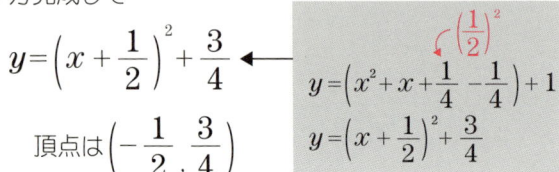

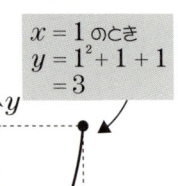

②より $y = x^2 + x + 1$

平方完成して

$y = \left(x + \dfrac{1}{2}\right)^2 + \dfrac{3}{4}$ ←

$\left(\dfrac{1}{2}\right)^2$

$y = \left(x^2 + x + \dfrac{1}{4} - \dfrac{1}{4}\right) + 1$

$y = \left(x + \dfrac{1}{2}\right)^2 + \dfrac{3}{4}$

頂点は $\left(-\dfrac{1}{2}, \dfrac{3}{4}\right)$

$x = 1$ のとき $y = 1^2 + 1 + 1 = 3$

④の範囲でグラフを描くと, 右のとおり（黒線）

で, 目的は…?

④の範囲で②のグラフ（黒線）と③ $y = a$ （赤線）が図のように **共有点** をもてばよい!

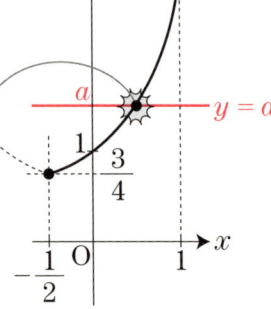

つまーり!!

求めるべき a の範囲は

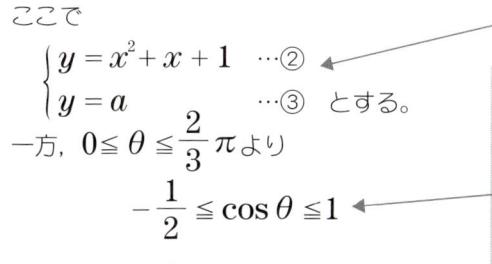

$\dfrac{3}{4} \leq a \leq 3$ となる！ 答でーす!!

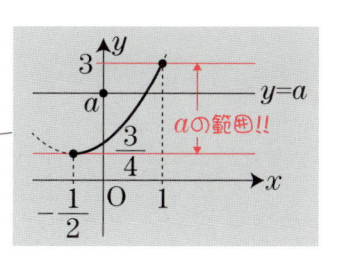

あと、(2)は言い回しが違うだけで(1)と全く同じ方針でいけますよ!!

解答でござる

(1) $\cos\theta - \boxed{\sin^2\theta} + 2 - a = 0$ ⋯Ⓐ

$\cos\theta - (\boxed{1 - \cos^2\theta}) + 2 - a = 0$

$\cos^2\theta + \cos\theta + 1 - a = 0$ ⋯Ⓑ

公式 $\sin^2\theta + \cos^2\theta = 1$ より $\sin^2\theta = 1 - \cos^2\theta$

$\cos\theta$ だけの式となった！

Ⓑで $x = \cos\theta$ とおく

$x^2 + x + 1 - a = 0$ ⋯①

$x^2 + x + 1 = a$ ⋯①'

見やすくしました！

a を右辺へ

ここで

$\begin{cases} y = x^2 + x + 1 & \cdots ② \\ y = a & \cdots ③ \end{cases}$ とする。

これぞスーパーテクニック！ 2次関数の交点の話題へ⋯

一方、$0 \leq \theta \leq \dfrac{2}{3}\pi$ より

$-\dfrac{1}{2} \leq \cos\theta \leq 1$

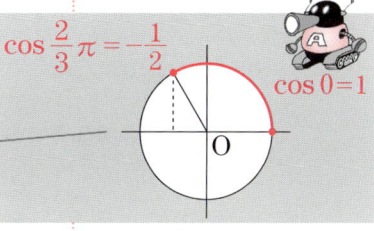

$\cos\dfrac{2}{3}\pi = -\dfrac{1}{2}$　　$\cos 0 = 1$

つまり、$-\dfrac{1}{2} \leq x \leq 1$ ⋯④

$x = \cos\theta$ です!!

$0 \leq \theta \leq \dfrac{2}{3}\pi$ の範囲にⒶをみたす θ が存在する。

⇔ ④の範囲に①'をみたす x が存在する

⇔ ④の範囲で②と③が共有点をもつ

この流れが重要!!
②と③の共有点を求めるために y を消去した瞬間の式が①'であると考えられる！

つまり、④の範囲で②と③が共有点をもつような、a の値の範囲を求めればよい。

交点の話題にうまくすりかえて⋯

このとき、②から

$y = x^2 + x + 1$

$$y = \left(x+\frac{1}{2}\right)^2 + \frac{3}{4}$$

よって，頂点は $\left(-\dfrac{1}{2}, \dfrac{3}{4}\right)$

②のグラフを④の範囲で描くと，

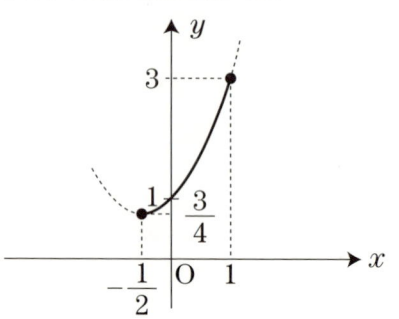

$$y = \left(x^2 + x + \frac{1}{4} - \frac{1}{4}\right) + 1$$

$\left(\dfrac{1}{2}\right)^2$

$y = a(x-p)^2 + q$ の頂点は (p, q)

②より
$x = 1$ のとき
$y = 1^2 + 1 + 1 = 3$

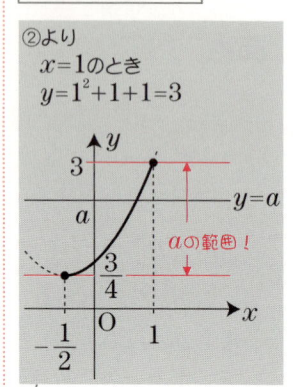

$y = a$

a の範囲！

上のグラフと，直線③が共有点をもてばよいから，求めるべき a の値の範囲は，

$$\underline{\dfrac{3}{4} \leqq a \leqq 3} \quad \cdots \text{(答)}$$

(2) $\boxed{\cos^2 x} - \sin x + a = 0 \quad \cdots \text{Ⓐ}$

$\boxed{1 - \sin^2 x} - \sin x + a = 0$

$-\sin^2 x - \sin x + 1 + a = 0 \quad \cdots \text{Ⓑ}$

Ⓑで $t = \sin x$ とおく。

$-t^2 - t + 1 + a = 0 \quad \cdots \text{①}$

$a = t^2 + t - 1 \quad \cdots \text{①}'$

ここで，

$$\begin{cases} y = t^2 + t - 1 & \cdots \text{②} \\ y = a & \cdots \text{③} \end{cases}$$

とする。

一方，$-\dfrac{\pi}{2} \leqq x \leqq \dfrac{\pi}{6}$ より，

$-1 \leqq \sin x \leqq \dfrac{1}{2}$

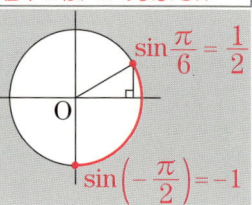

公式 $\sin^2 x + \cos^2 x = 1$ より
$\cos^2 x = 1 - \sin^2 x$

$\sin x$ だけの式になる！

Ⓐの段階で x が使われているので，泣く泣く t とおく!!

これポイント!!
①から $-t^2 - t + 1 = -a$ とすると，a にマイナスが付くので，あとあと面倒なこととなる！
必ず a は，a のままで!!

$\sin \dfrac{\pi}{6} = \dfrac{1}{2}$

$\sin\left(-\dfrac{\pi}{2}\right) = -1$

つまり，$-1 \leqq t \leqq \dfrac{1}{2}$　…④

$-\dfrac{\pi}{2} \leqq x \leqq \dfrac{\pi}{6}$ の範囲に Ⓐ が解をもつ
$\iff$ ④の範囲に①をみたす t が存在する
$\iff$ ④の範囲で，②と③が共有点をもつ

つまり，④の範囲で②と③が共有点をもつような a の値の範囲を求めればよい。

このとき，②から，
$$y = t^2 + t - 1$$
$$y = \left(t + \dfrac{1}{2}\right)^2 - \dfrac{5}{4}$$

よって，②の頂点は $\left(-\dfrac{1}{2},\ -\dfrac{5}{4}\right)$

②のグラフを④の範囲で描くと，

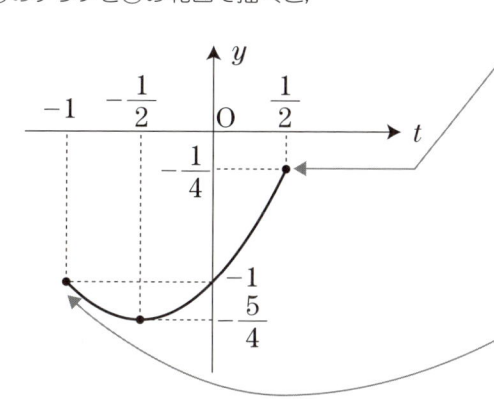

上のグラフと，直線③が共有点をもてばよいから，求めるべき a の値の範囲は，

$$-\dfrac{5}{4} \leqq a \leqq -\dfrac{1}{4} \quad \text{…(答)}$$

$t = \sin x$ です！

x が存在するという意味!!

(1)同様この流れが大切!!

②と③の共有点を求めるために y を消去した瞬間の式が ①' であると考える！

交点の話題にうまくすりかえた！

$y = \left(t^2 + t + \dfrac{1}{4} - \dfrac{1}{4}\right) - 1$

$\left(\dfrac{1}{2}\right)^2$

$y = a(x-p)^2 + q$ の頂点は $(p,\ q)$

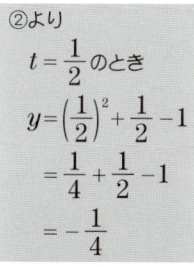

②より
$t = \dfrac{1}{2}$ のとき
$y = \left(\dfrac{1}{2}\right)^2 + \dfrac{1}{2} - 1$
$= \dfrac{1}{4} + \dfrac{1}{2} - 1$
$= -\dfrac{1}{4}$

②より
$x = -1$ のとき
$y = (-1)^2 - 1 - 1$
$= 1 - 1 - 1$
$= -1$

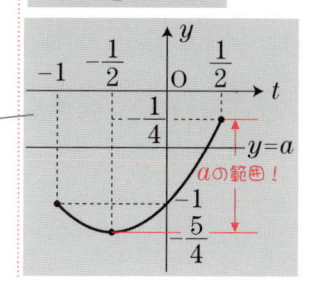

問題 9-3 （やや難）

$0 \leq \theta < 2\pi$ のとき，$\sin^2\theta + \cos\theta - a = 0$ をみたす θ の個数を，a の値について分類して答えよ。

ナイスな導入!!

こっ，これは…さっきの 問題 9-2 に似てるなぁ…。しかし，問題 9-2 よりさらに…

そうです！ 1ランク上 です！！

（何ぃーっ！？）
（さっきはよかった）

さっきの 問題 9-2 では，θ が存在しさえすればよかったんですが，この 問題 9-3 では，θ の存在する個数 の話題まで深まっております！！

まぁ，出だしは，問題 9-2 と同じです！

では始めましょう!!

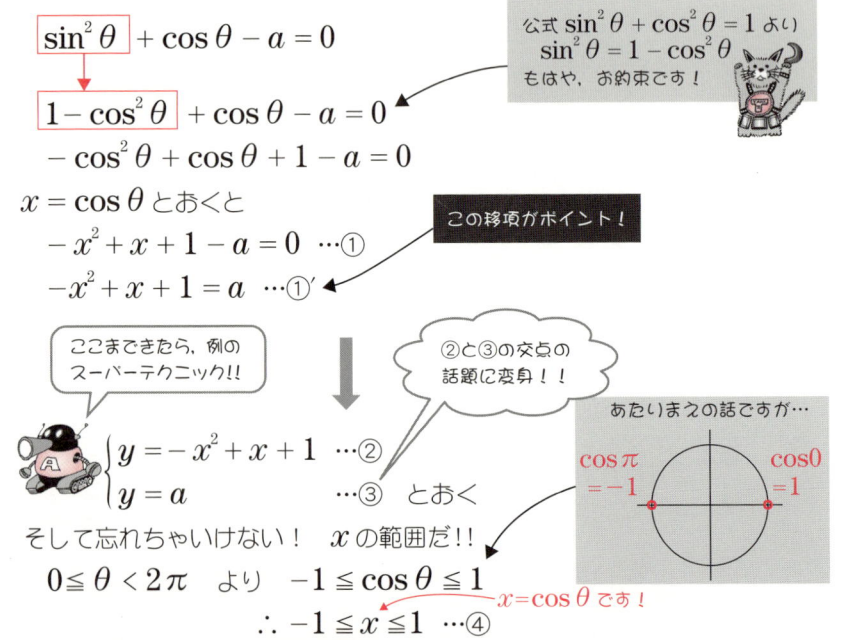

$$\boxed{\sin^2\theta} + \cos\theta - a = 0$$

$$\boxed{1-\cos^2\theta} + \cos\theta - a = 0$$

$$-\cos^2\theta + \cos\theta + 1 - a = 0$$

公式 $\sin^2\theta + \cos^2\theta = 1$ より
$\sin^2\theta = 1 - \cos^2\theta$
もはや，お約束です！

$x = \cos\theta$ とおくと

$$-x^2 + x + 1 - a = 0 \quad \cdots ①$$

$$-x^2 + x + 1 = a \quad \cdots ①'$$

この移項がポイント！

ここまできたら，例のスーパーテクニック!!

②と③の交点の話題に変身！！

$$\begin{cases} y = -x^2 + x + 1 & \cdots ② \\ y = a & \cdots ③ \end{cases} \text{とおく}$$

あたりまえの話ですが…
$\cos\pi = -1$　$\cos 0 = 1$

そして忘れちゃいけない！ x の範囲だ!!

$0 \leq \theta < 2\pi$ より $-1 \leq \cos\theta \leq 1$

$x = \cos\theta$ です！

$$\therefore -1 \leq x \leq 1 \quad \cdots ④$$

このままでは，問題 9-2 と全く同じ流れです！

Theme 9　2次関数との夢の競演　131

問題 9-2 では，θ が存在すりゃあよかったから，④の範囲内で②と③が共有点をもてばよかった！ 〈前問の 問題 9-2 参照〉

ところが… → **本問では…**

存在する θ **の個数が問題**となっているワケだ！　そこでいろいろ考えてみよう！

例1　もしも，$a = 1$ だったら…

$$\begin{cases} y = -x^2 + x + 1 & \cdots ② \\ y = 1 & \cdots ③' \end{cases}$$

③より $y = a$

イメージは…

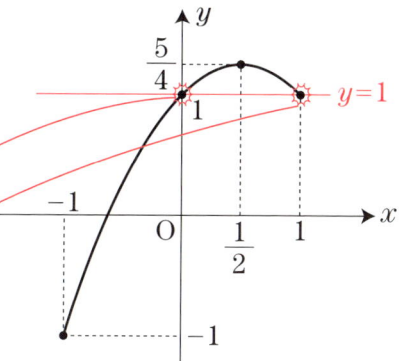

②③'より y を消去して，
$$-x^2 + x + 1 = 1$$
$$x^2 - x = 0$$
$$x(x-1) = 0$$
$$\therefore x = 0, \; 1$$

$0 \leq \theta < 2\pi$ に注意して，

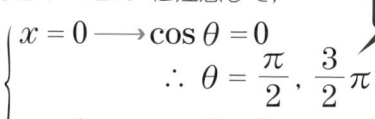

$$\begin{cases} x = 0 \longrightarrow \cos\theta = 0 \\ \qquad \therefore \theta = \dfrac{\pi}{2}, \; \dfrac{3}{2}\pi \quad \text{2個} \\ x = 1 \longrightarrow \cos\theta = 1 \\ \qquad \therefore \theta = 0 \quad \text{1個} \end{cases}$$

x の個数と θ の個数が一致しない!!

以上より，条件をみたす θ の個数は **3個**

例2　もしも，$a = -1$ だったら…

$$\begin{cases} y = -x^2 + x + 1 & \cdots ② \\ y = -1 & \cdots ③'' \end{cases}$$

③より $y = a$

②③''より y を消去して，
$$-x^2 + x + 1 = -1$$
$$x^2 - x - 2 = 0$$
$$(x+1)(x-2) = 0$$

②より
$$y = -(x^2 - x) + 1$$
$$y = -\left(x^2 - x + \dfrac{1}{4} - \dfrac{1}{4}\right) + 1$$
$$y = -\left(x - \dfrac{1}{2}\right)^2 + \dfrac{5}{4}$$
頂点 $\left(\dfrac{1}{2}, \; \dfrac{5}{4}\right)$

また
$x = 1$ のとき $y = -1^2 + 1 + 1 = 1$
$x = -1$ のとき $y = -(-1)^2 - 1 + 1 = -1$

∴ $x = -1, 2$ 〔オレはどこ？？〕

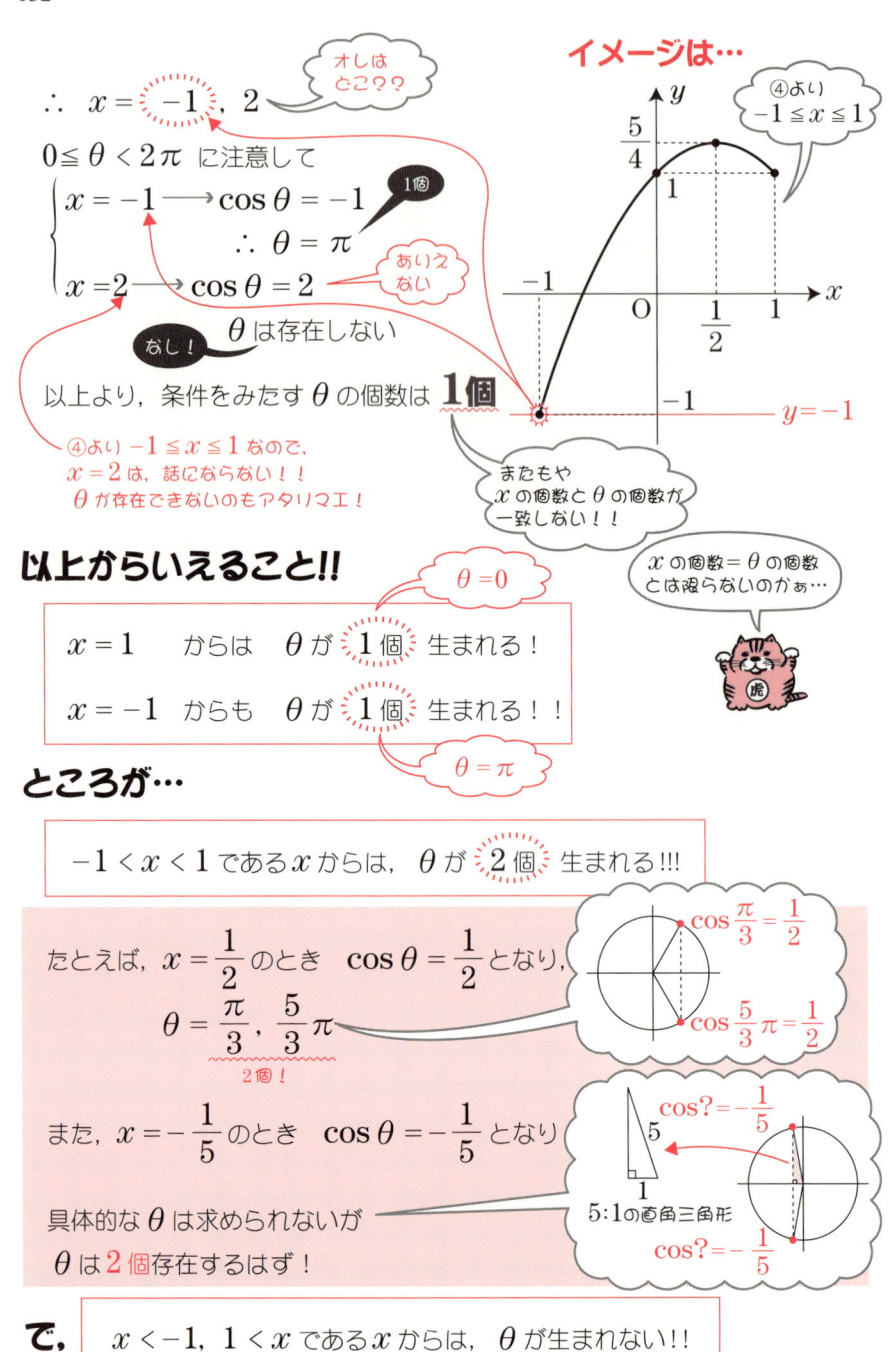

$0 \leqq \theta < 2\pi$ に注意して

$\begin{cases} x = -1 \longrightarrow \cos\theta = -1 \quad 〔1個〕\\ \qquad\qquad\qquad ∴ \theta = \pi \\ x = 2 \longrightarrow \cos\theta = 2 \quad 〔ありえない〕\\ \quad 〔なし！〕\quad \theta \text{ は存在しない} \end{cases}$

以上より，条件をみたす θ の個数は **1個**

④より $-1 \leqq x \leqq 1$ なので，
$x = 2$ は，話にならない！！
θ が存在できないのもアタリマエ！

イメージは…

〔④より $-1 \leqq x \leqq 1$〕

（グラフ：y軸に $\frac{5}{4}$, 1, -1；x軸に -1, O, $\frac{1}{2}$, 1；$y = -1$）

〔またもや x の個数と θ の個数が一致しない！！〕

以上からいえること!!

$x = 1$ からは θ が **1個** 生まれる！ 〔$\theta = 0$〕

$x = -1$ からも θ が **1個** 生まれる！！ 〔$\theta = \pi$〕

〔x の個数 $= \theta$ の個数 とは限らないのかぁ…〕

ところが…

$-1 < x < 1$ である x からは，θ が **2個** 生まれる!!!

たとえば，$x = \dfrac{1}{2}$ のとき $\cos\theta = \dfrac{1}{2}$ となり，

$\theta = \dfrac{\pi}{3}, \dfrac{5}{3}\pi$ 〔2個！〕

〔$\cos\dfrac{\pi}{3} = \dfrac{1}{2}$〕
〔$\cos\dfrac{5}{3}\pi = \dfrac{1}{2}$〕

また，$x = -\dfrac{1}{5}$ のとき $\cos\theta = -\dfrac{1}{5}$ となり

具体的な θ は求められないが
θ は **2個** 存在するはず！

〔$\cos? = -\dfrac{1}{5}$　5:1の直角三角形〕
〔$\cos? = -\dfrac{1}{5}$〕

で， $x < -1, 1 < x$ である x からは，θ が生まれない!!

以上のことをふまえると，次のことがいえる！
④の範囲での②と③の共有点に注目して，

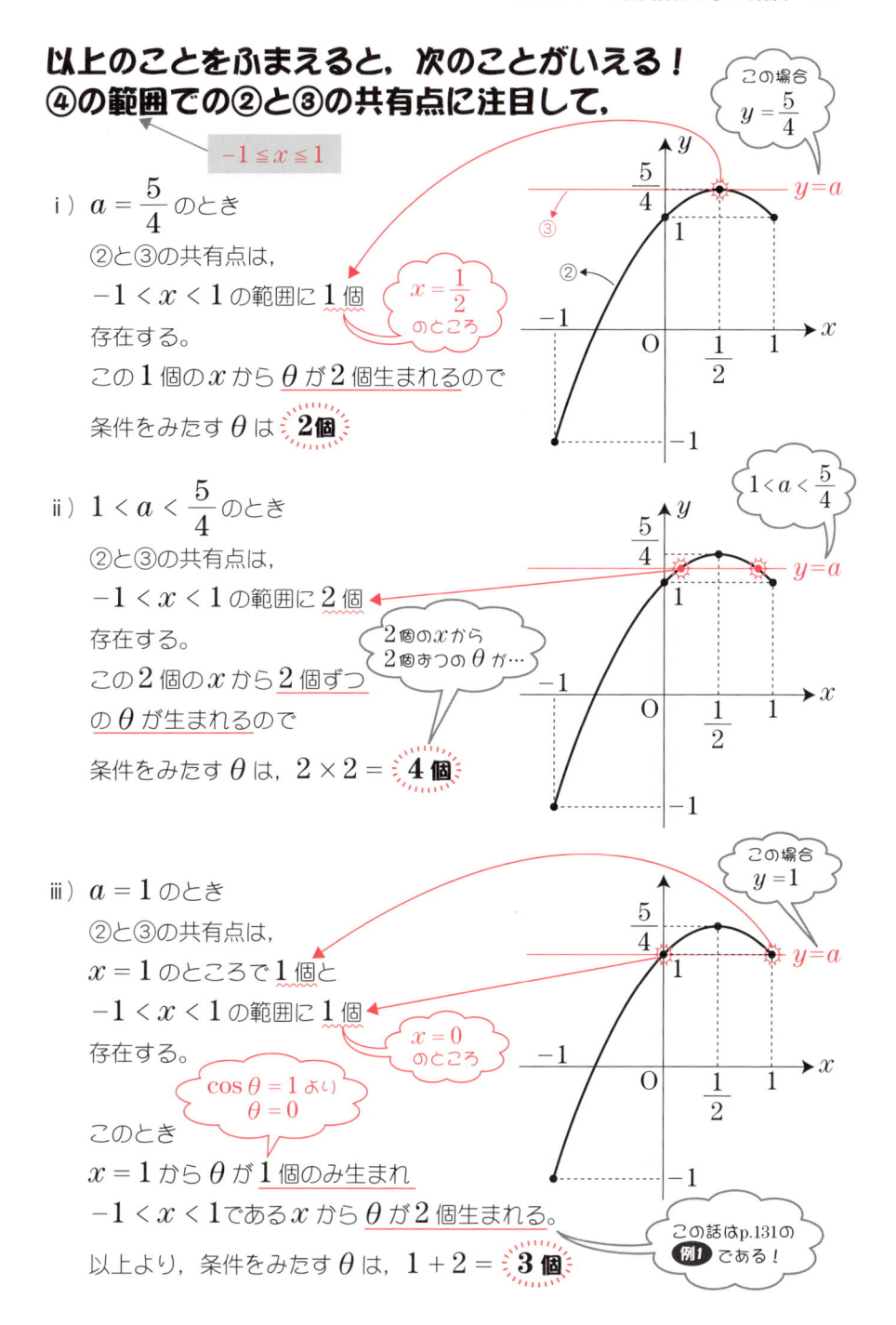

$-1 \leqq x \leqq 1$

i) $a = \dfrac{5}{4}$ のとき

②と③の共有点は，
$-1 < x < 1$ の範囲に 1 個
存在する。
この 1 個の x から θ が 2 個生まれるので
条件をみたす θ は **2個**

（ふきだし）$x = \dfrac{1}{2}$ のところ

（ふきだし）この場合 $y = \dfrac{5}{4}$

ii) $1 < a < \dfrac{5}{4}$ のとき

②と③の共有点は，
$-1 < x < 1$ の範囲に 2 個
存在する。
この 2 個の x から 2 個ずつ
の θ が生まれるので
条件をみたす θ は，$2 \times 2 =$ **4個**

（ふきだし）2個の x から 2個ずつの θ が…

（ふきだし）$1 < a < \dfrac{5}{4}$

iii) $a = 1$ のとき

②と③の共有点は，
$x = 1$ のところで 1 個と
$-1 < x < 1$ の範囲に 1 個
存在する。
このとき
$x = 1$ から θ が 1 個のみ生まれ
$-1 < x < 1$ である x から θ が 2 個生まれる。
以上より，条件をみたす θ は，$1 + 2 =$ **3個**

（ふきだし）$x = 0$ のところ

（ふきだし）$\cos\theta = 1$ より $\theta = 0$

（ふきだし）この場合 $y = 1$

（ふきだし）この話はp.131の **例1** である！

iv) $-1 < a < 1$ のとき

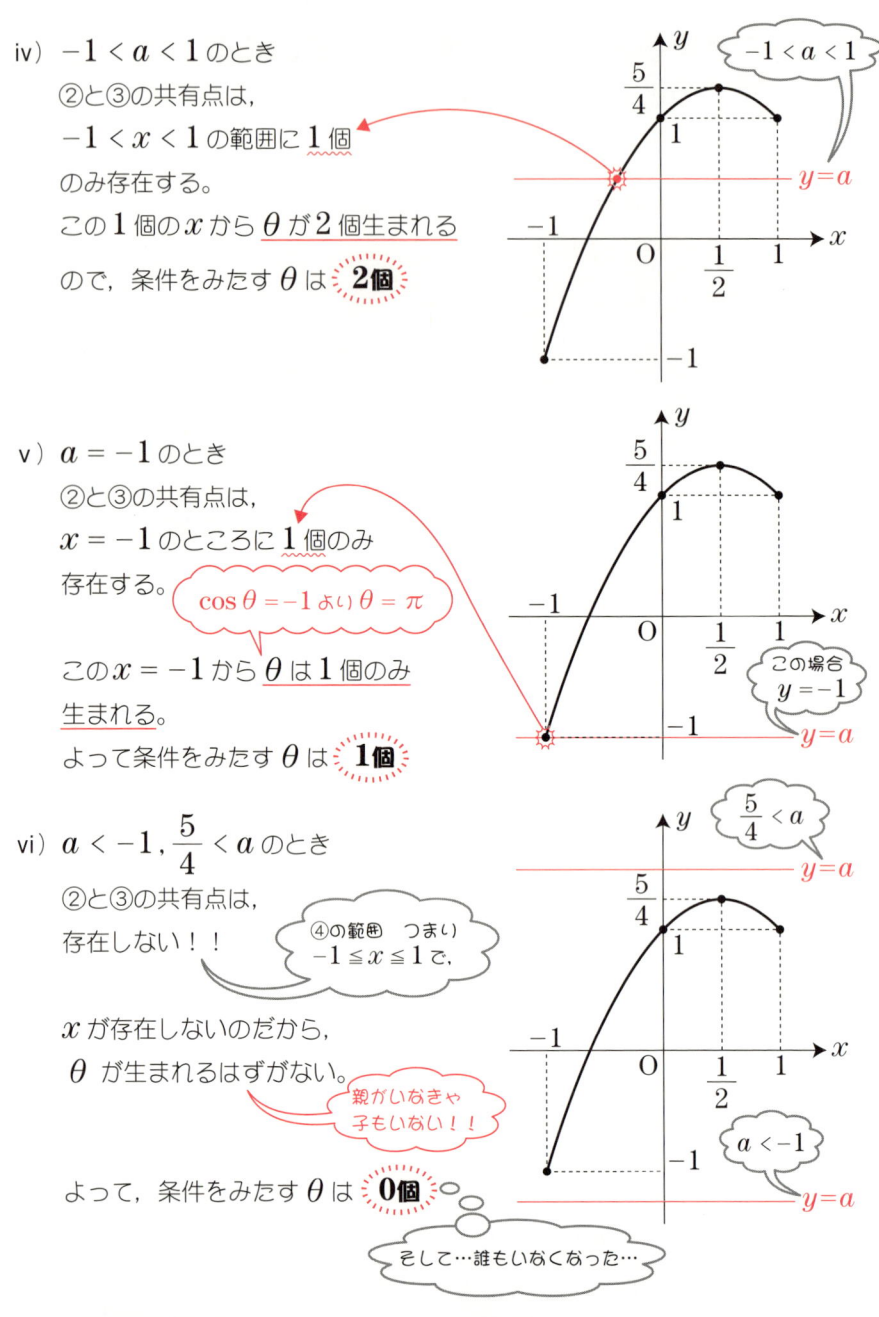

②と③の共有点は，$-1 < x < 1$ の範囲に1個のみ存在する。

この1個の x から θ が2個生まれるので，条件をみたす θ は **2個**

（吹き出し：$-1 < a < 1$ / $y = a$）

v) $a = -1$ のとき

②と③の共有点は，$x = -1$ のところに1個のみ存在する。

$\cos\theta = -1$ より $\theta = \pi$

この $x = -1$ から θ は1個のみ生まれる。

よって条件をみたす θ は **1個**

（吹き出し：この場合 $y = -1$ / $y = a$）

vi) $a < -1, \dfrac{5}{4} < a$ のとき

②と③の共有点は，存在しない！！

x が存在しないのだから，θ が生まれるはずがない。

よって，条件をみたす θ は **0個**

（吹き出し：④の範囲 つまり $-1 \leqq x \leqq 1$ で，/ 親がいなきゃ子もいない！！ / そして…誰もいなくなった… / $\dfrac{5}{4} < a$ / $a < -1$ / $y = a$）

以上を簡潔にまとめりゃあ，解答のできあがり♥

解答でござる

$$\boxed{\sin^2\theta} + \cos\theta - a = 0 \quad \cdots ⓐ$$

$$\boxed{1-\cos^2\theta} + \cos\theta - a = 0$$

$$-\cos^2\theta + \cos\theta + 1 - a = 0 \quad \cdots ⓑ$$

> もはやお約束
> $\sin^2\theta + \cos^2\theta = 1$ より
> $\sin^2\theta = 1 - \cos^2\theta$

> $\cos\theta$ だけの式に！

ⓑで $x = \cos\theta$ とおく。

$$-x^2 + x + 1 - a = 0 \quad \cdots ①$$

$$-x^2 + x + 1 = a \quad \cdots ①'$$

> 見やすくしました！！

ここで，
$$\begin{cases} y = -x^2 + x + 1 & \cdots ② \\ y = a & \cdots ③ \end{cases}$$

> おーっと！！
> 問題 9-2 で特訓した
> スーパーテクニックだ！

一方，$0 \leqq \theta < 2\pi$ より $-1 \leqq \cos\theta \leqq 1$

つまり，$-1 \leqq x \leqq 1 \quad \cdots ④$

> これも，もはやアタリマエ！！
> $\cos\pi = -1$ （最小）
> $\cos 0 = 1$ （最大）

このとき，④の範囲における，②と③の共有点のx 座標に注目して，

> $x = \cos\theta$ です！

$$\begin{cases} \boxed{-1 < x < 1 \text{ である}x \text{ に対しては} \\ \quad ⓐをみたす\theta は，2個存在する。} & \cdots ㋑ \\ \\ \boxed{x = -1, x = 1 \text{ に対しては，それぞれ} \\ \quad ⓐをみたす\theta は，1個存在する。} & \cdots ㋺ \end{cases}$$

> この㋑と㋺は
> ナイスな導入!! を参照！！

$$\left(②より \quad y = -\left(x - \frac{1}{2}\right)^2 + \frac{5}{4}\right.$$

$$\left. ②の頂点は\left(\frac{1}{2}, \frac{5}{4}\right)\right)$$

> 平方完成です！
> ナイスな導入!! にて
> 途中計算をのせてあるヨ

> ②より
> $x = 1$ のとき
> $y = -1^2 + 1 + 1 = 1$
> $x = -1$ のとき
> $y = -(-1)^2 - 1 + 1 = -1$

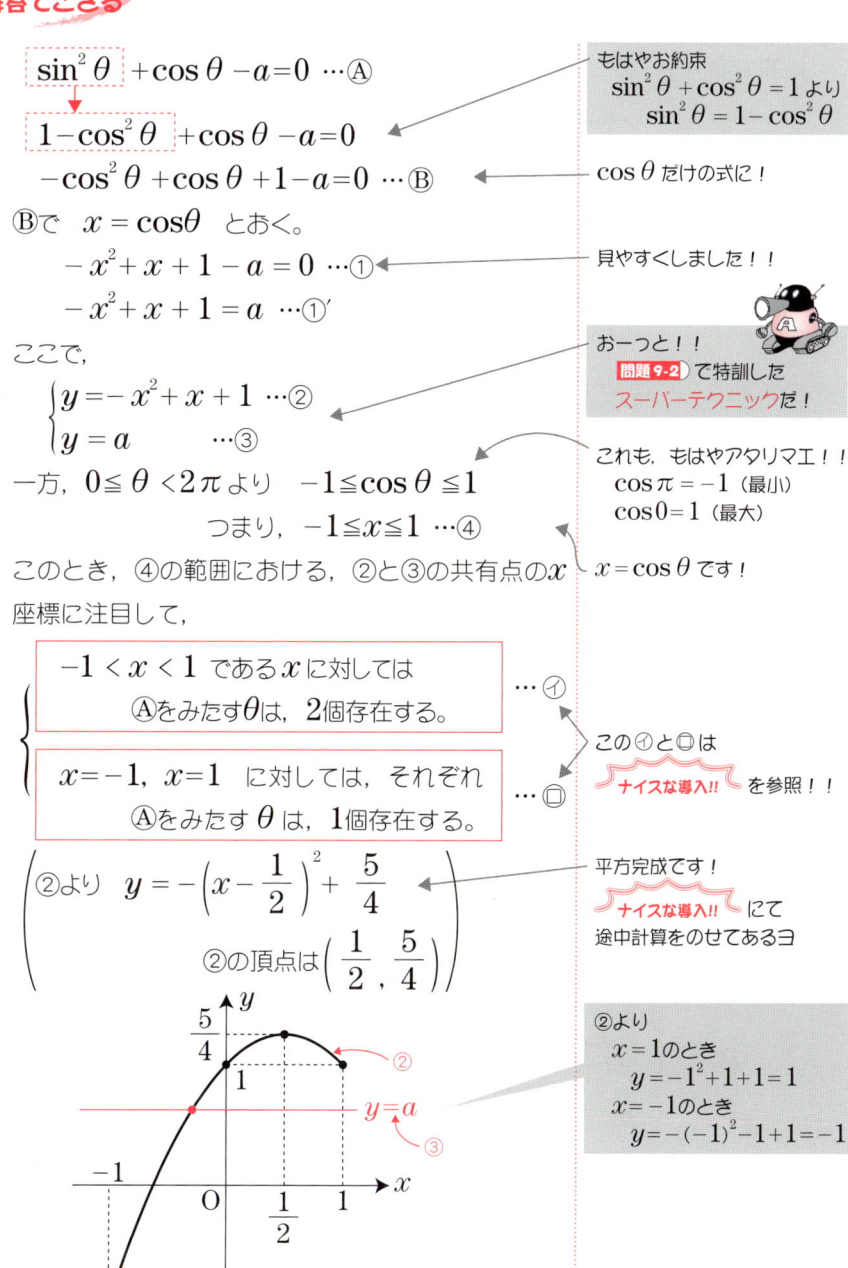

◎ $a < -1, \dfrac{5}{4} < a$ のとき，④の範囲で②と③は，共有点をもたない。よって，Ⓐをみたす θ は存在しない。

Ⓐとは，最初の式です！
Ⓐが，もともとの主役です！

ナイスな導入!! p.134のvi)

ナイスな導入!! p.134のv)

◎ $a = -1$ のとき，$x = -1$ で，②と③は，1つの共有点をもつ。よって，Ⓐをみたす θ は1個存在する（◎より）。

ナイスな導入!! p.133のi)とp.134のiv)

◎ $-1 < a < 1, \ a = \dfrac{5}{4}$ のとき，$-1 < x < 1$ の範囲に②と③は，1つの共有点をもつ。よって，Ⓐをみたす θ は2個存在する（㋑より）。

ナイスな導入!! p.133のiii)

◎ $a = 1$ のとき，$x = 1$ と，$-1 < x < 1$ の範囲で②と③は，2つの共有点をもつ。よって，Ⓐをみたす θ は3個存在する（㋑，◎ より）。

$x = 1$ から θ は1個
$1 + 2 = 3$ 個
$-1 < x < 1$ ある x から θ は2個

◎ $1 < a < \dfrac{5}{4}$ のとき，$-1 < x < 1$ の範囲で②と③は，2つの共有点をもつ。よって，Ⓐをみたす θ は4個存在する（㋑より）。

ナイスな導入!! p.133のii)

$2 \times 2 = 4$ 個
$-1 < x < 1$ なる x から θ は2個ずつ生まれる！

以上より，$0 \leq \theta < 2\pi$ のとき，Ⓐをみたす θ の個数は，

$a < -1, \ \dfrac{5}{4} < a$	のとき0個
$a = -1$	のとき1個
$-1 < a < 1, \ a = \dfrac{5}{4}$	のとき2個
$a = 1$	のとき3個
$1 < a < \dfrac{5}{4}$	のとき4個

（答）

以上をまとめてできあがり!!

Theme 10 2直線のなす角

直線 $y = mx + n$ が、x 軸の正の方向となす角を α として、

$$m = \tan\alpha$$

傾き!!

理由はアタリマエ!

$y = mx + n$

x 軸の正の方向 ($\longrightarrow$) となす角を α

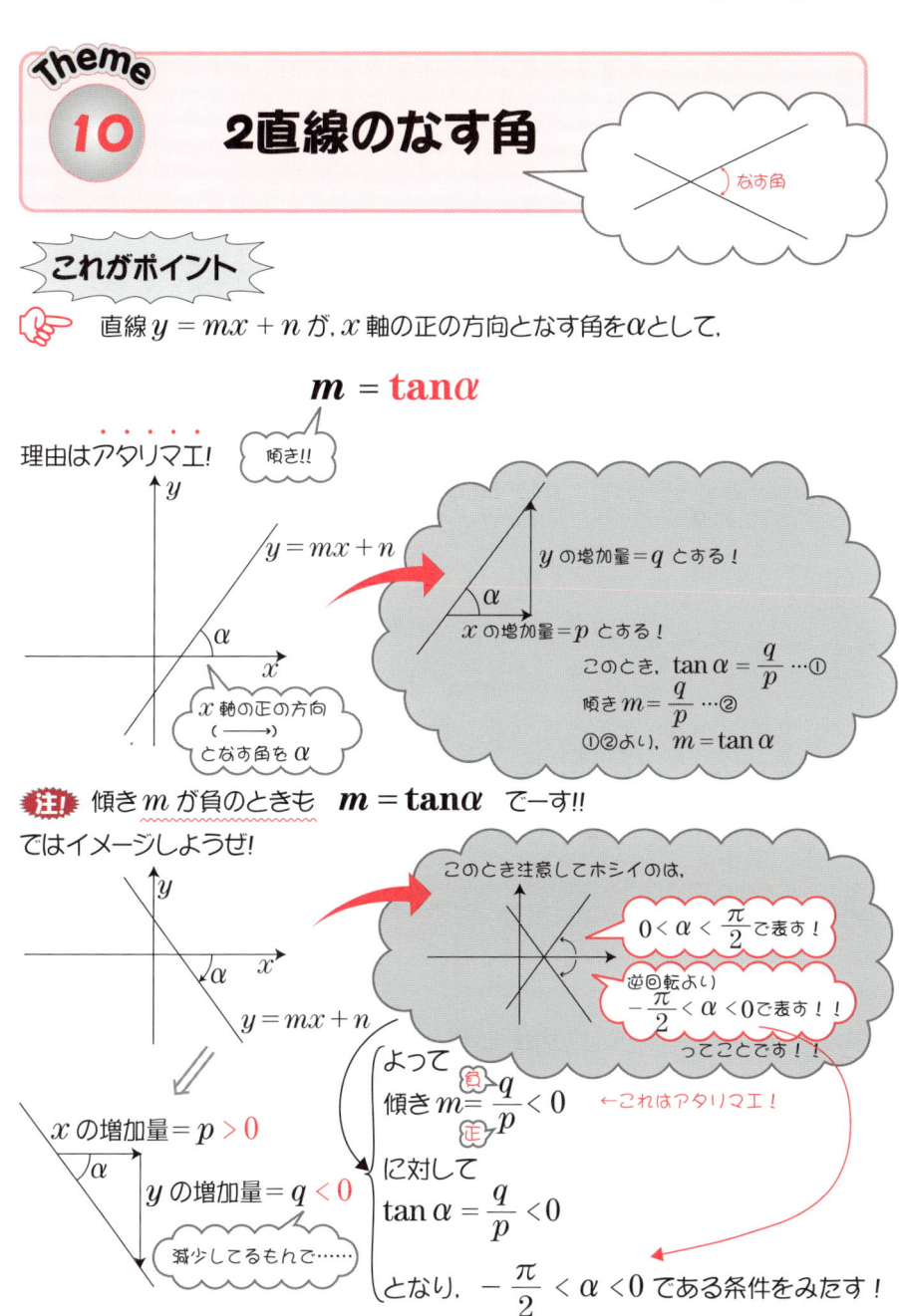

y の増加量 $= q$ とする!
x の増加量 $= p$ とする!

このとき、$\tan\alpha = \dfrac{q}{p}$ …①

傾き $m = \dfrac{q}{p}$ …②

①②より、$m = \tan\alpha$

注 傾き m が負のときも $m = \tan\alpha$ でーす!!

ではイメージしようぜ!

$y = mx + n$

このとき注意してホシイのは、

$0 < \alpha < \dfrac{\pi}{2}$ で表す!

逆回転より
$-\dfrac{\pi}{2} < \alpha < 0$ で表す!!

ってことです!!

x の増加量 $= p > 0$
y の増加量 $= q < 0$

減少してるもんで……

よって
傾き $m = \dfrac{負}{正} < 0$ ←これはアタリマエ!

に対して
$\tan\alpha = \dfrac{q}{p} < 0$

となり、$-\dfrac{\pi}{2} < \alpha < 0$ である条件をみたす!

つまり、いつでも $m = \tan\alpha$ は使える!!

そこで, 景気づけの一発を!

問題 10-1 　　　　　　　　　　　　　　　　　　　　　　**標準**

(1) 2直線 $y = 2x$ と $y = \dfrac{1}{3}x$ のなす角 θ を求めよ。
　　ただし, $0 < \theta < \dfrac{\pi}{2}$ とする。

(2) 2直線 $y = \dfrac{1}{2}x + 3$ と $y = -\dfrac{1}{3}x + 1$ のなす角 θ を求めよ。
　　ただし, $0 < \theta < \dfrac{\pi}{2}$ とする。

ナイスな導入!!

テーマは, さっきいった, $m = \tan\alpha$ でござる!!

（直線 $y = mx + n$ の傾き）　　（直線 $y = mx + n$ がx軸の正の方向となす角を α）

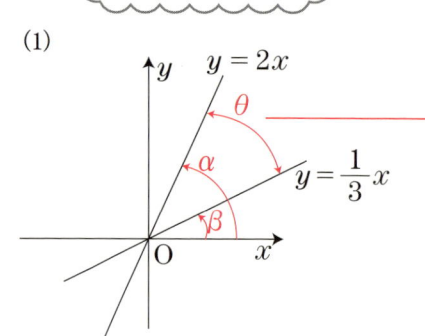

(1)

$\begin{cases} y = 2x \cdots ① \\ y = \dfrac{1}{3}x \cdots ② \end{cases}$

左図のように
①とx軸の正の方向となす角 $= \alpha$
②とx軸の正の方向となす角 $= \beta$
とする。
このとき $\theta = \alpha - \beta$

ほら! ここまでくれば……

①より, $\tan\alpha = 2$　（①の傾き）
②より, $\tan\beta = \dfrac{1}{3}$　……③　（②の傾き）
となーる!!

仕上げは……

　　$\theta = \alpha - \beta$ でした!!

$\tan\theta = \tan(\alpha - \beta) = \dfrac{\tan\alpha - \tan\beta}{1 + \tan\alpha\tan\beta}$

加法定理でーす!! p.75!

に③をハメれば $\tan\theta$ が求まる! そーすりゃあ, θ も求まる!!

Theme 10　2直線のなす角　139

では，やってみましょう♥

$\tan\theta = \tan(\alpha - \beta)$

$= \dfrac{\tan\alpha - \tan\beta}{1 + \tan\alpha\tan\beta}$

加法定理です!!

知ってるよ!!

$= \dfrac{2 - \dfrac{1}{3}}{1 + 2 \times \dfrac{1}{3}}$

③より，
$\tan\alpha = 2$
$\tan\beta = \dfrac{1}{3}$

$= \dfrac{\dfrac{5}{3}}{\dfrac{5}{3}}$

あら!!
分母＝分子だ!!

$\tan\dfrac{\pi}{4} = 1$

$= 1$

$0 < \theta < \dfrac{\pi}{2}$ より　$\theta = \dfrac{\pi}{4}$　できあがり！

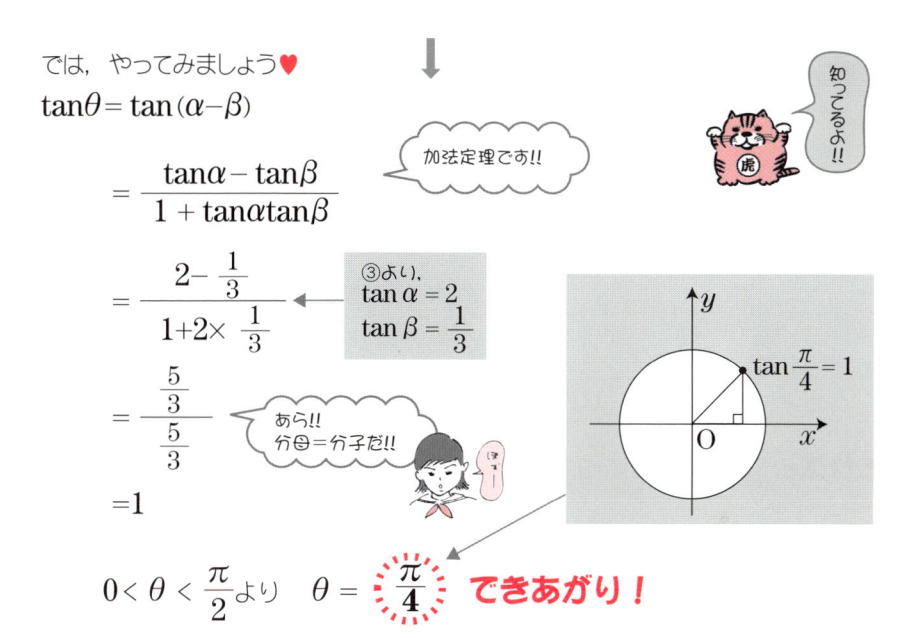

(2)　(1)と全く同じ方針!!

君たちがつまずきそうなところはお見通しだよ♥

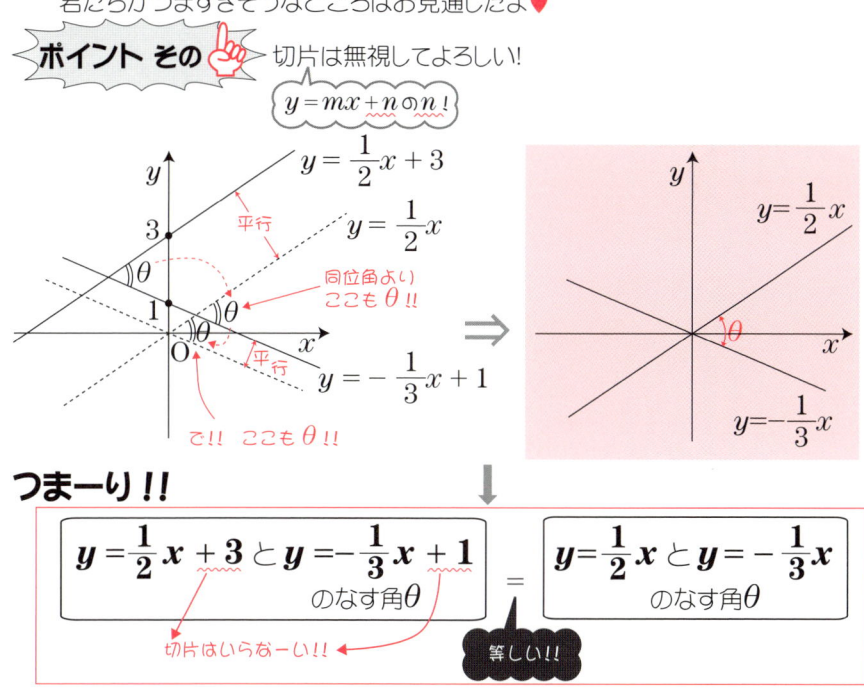

ポイント その☞　切片は無視してよろしい!

$y = mx + n$ の n !

$y = \dfrac{1}{2}x + 3$　平行
$y = \dfrac{1}{2}x$
同位角より
ここも θ !!
$y = -\dfrac{1}{3}x + 1$
平行
で!! ここも θ !!

$\Rightarrow$

$y = \dfrac{1}{2}x$
$y = -\dfrac{1}{3}x$

つまーり!!

$y = \dfrac{1}{2}x + 3$ と $y = -\dfrac{1}{3}x + 1$ のなす角 θ ＝ $y = \dfrac{1}{2}x$ と $y = -\dfrac{1}{3}x$ のなす角 θ

切片はいらなーい!!
等しい!!

ポイント その 2 (1)と同様 $\theta = \alpha - \beta$ となる!

おバカさんは, この図を見て $\theta = \alpha + \beta$ としてしまう!!

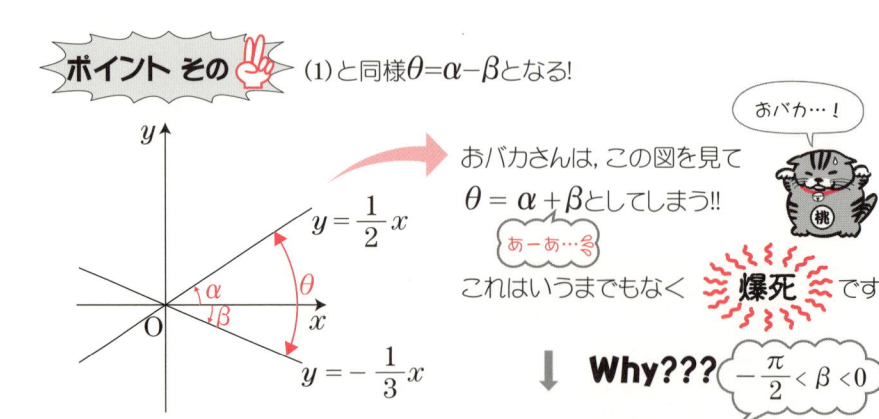

これはいうまでもなく **爆死** です!

おバカ…!

あーあ…

Why??? $-\dfrac{\pi}{2} < \beta < 0$

それは…p.137でも述べたように, ここでは $-\dfrac{\pi}{2} < \beta < 0$ であるということです!

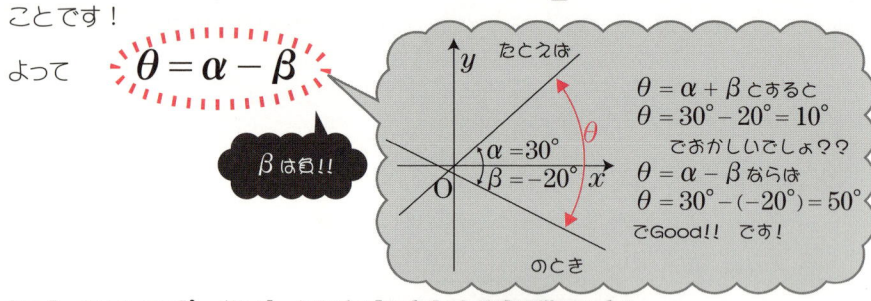

よって $\theta = \alpha - \beta$

βは負!!

たとえば
$\alpha = 30°$
$\beta = -20°$
のとき

$\theta = \alpha + \beta$ とすると
$\theta = 30° - 20° = 10°$
でおかしいでしょ??
$\theta = \alpha - \beta$ ならば
$\theta = 30° - (-20°) = 50°$
でGood!! です!

以上のこのポイントに注意すれば楽勝です!

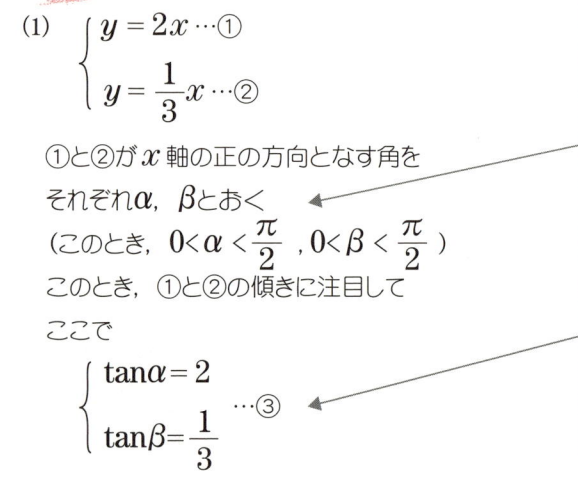

解答でござる

(1) $\begin{cases} y = 2x \cdots ① \\ y = \dfrac{1}{3}x \cdots ② \end{cases}$

①と②が x 軸の正の方向となす角を
それぞれ α, β とおく
(このとき, $0 < \alpha < \dfrac{\pi}{2}$, $0 < \beta < \dfrac{\pi}{2}$)
このとき, ①と②の傾きに注目して
ここで

$\begin{cases} \tan\alpha = 2 \\ \tan\beta = \dfrac{1}{3} \end{cases} \cdots ③$

直線 $y = mx + n$ が x 軸の正の方向となす角を α とすると

$m = \tan\alpha$

覚えよう!!

Theme 10 2直線のなす角 141

一方，$\theta = \alpha - \beta$ より

$\tan\theta = \tan(\alpha - \beta)$

$= \dfrac{\tan\alpha - \tan\beta}{1 + \tan\alpha \tan\beta}$

$= \dfrac{2 - \dfrac{1}{3}}{1 + 2\times\dfrac{1}{3}}$　（③より）

$= \dfrac{\dfrac{5}{3}}{\dfrac{5}{3}}$

$= 1$

$0 < \theta < \dfrac{\pi}{2}$ より，　$\theta = \dfrac{\pi}{4}$ …（答）

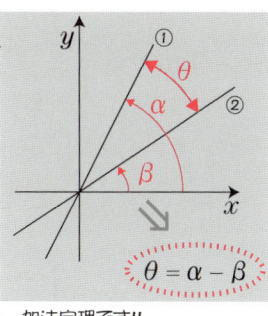

加法定理です!!

③より
$\tan\alpha = 2$, $\tan\beta = \dfrac{1}{3}$

こんなウマくいく人生ってあり!?　ありだせぇ〜!!

(2) $\begin{cases} y = \dfrac{1}{2}x + 3 \cdots ① \\ y = -\dfrac{1}{3}x + 1 \cdots ② \end{cases}$

①と②が x 軸の正の方向となす角を
それぞれ α, β とおく
（このとき，$0 < \alpha < \dfrac{\pi}{2}$, $-\dfrac{\pi}{2} < \beta < 0$）
ここで，①と②の傾きに注目して

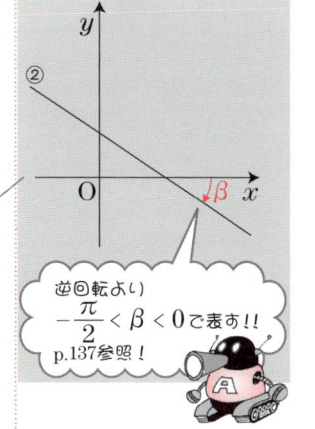

$\begin{cases} \tan\alpha = \dfrac{1}{2} \\ \tan\beta = -\dfrac{1}{3} \end{cases}$ …③

逆回転より
$-\dfrac{\pi}{2} < \beta < 0$ で表す!!
p.137参照！

p.139の ポイント その
切片は無視!!
$y = \dfrac{1}{2}x$ と $y = -\dfrac{1}{3}x$
で考えてOK!

一方，$\theta = \alpha - \beta$ より

$\tan\theta = \dfrac{\tan\alpha - \tan\beta}{1 + \tan\alpha \tan\beta}$

p.140の ポイント その 参照!

$$\tan\theta = \frac{\frac{1}{2}-\left(-\frac{1}{3}\right)}{1+\frac{1}{2}\times\left(-\frac{1}{3}\right)}$$

③より
$\tan\alpha = \frac{1}{2}$
$\tan\beta = -\frac{1}{3}$

$$= \frac{\frac{1}{2}+\frac{1}{3}}{1-\frac{1}{6}}$$

分母&分子通分して
$$\frac{\frac{3}{6}+\frac{2}{6}}{\frac{6}{6}-\frac{1}{6}} = \frac{\frac{5}{6}}{\frac{5}{6}}$$

$$= \frac{\frac{5}{6}}{\frac{5}{6}}$$

$$= 1$$ ← トントン拍子の人生だぁーっ！

$0 < \theta < \frac{\pi}{2}$ より $\theta = \frac{\pi}{4}$ …（答）

ちょっとレベルを上げてみようよ♥

問題 10-2 （ちょいムズ）

2直線 $y = mx - 2$ と $y = \frac{2}{3}x + 5$ のなす角が $\frac{\pi}{6}$ であるとき，m の値を求めよ。

ナイスな導入!!

これは，先ほどの 問題10-1 の応用でございます！
では，あらすじをまとめておきます。

$y = mx - 2$ と $y = \frac{2}{3}x + 5$ のなす角が $\frac{\pi}{6}$
　　　　↑無視　　　　　　　↑無視
　　　　　　　等しい!!
$y = mx$ と $y = \frac{2}{3}x$ のなす角が $\frac{\pi}{6}$

心の中でこっそりと置きかえれば
OK！ 答案でいう必要はない!!

そこで，例の技を…
　$y = mx$ と x 軸の正の方向のなす角 $= \alpha$
　$y = \frac{2}{3}x$ と x 軸の正の方向のなす角 $= \beta$ とする!!

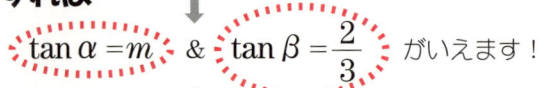

そーすれば…
　$\tan\alpha = m$ ＆ $\tan\beta = \frac{2}{3}$ がいえます！

仕上げだ!!

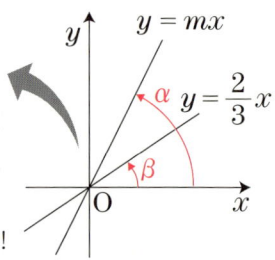

Theme 10　2直線のなす角

2つの場合があることを忘れちゃあかんで!

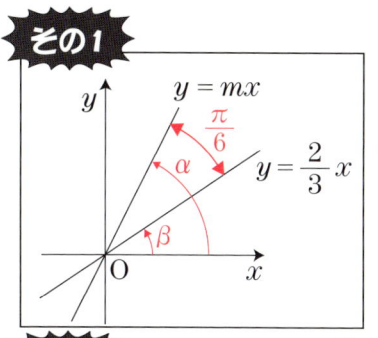

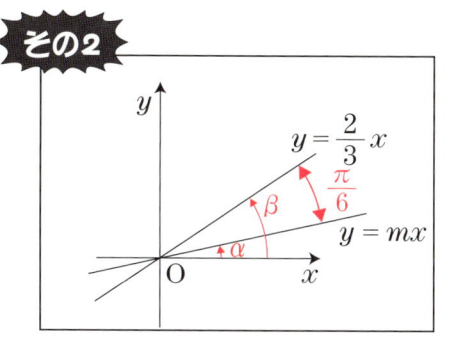

その1

（図：$y = mx$ と $y = \frac{2}{3}x$ のなす角 $\frac{\pi}{6}$、α、β）

or

その2

（図：$y = \frac{2}{3}x$ と $y = mx$ のなす角 $\frac{\pi}{6}$、α、β）

その1 では　$\alpha - \beta = \dfrac{\pi}{6}$

その2 では　$\beta - \alpha = \dfrac{\pi}{6}$

2タイプあるのか…

あとは，加法定理でシメ!!

解答でござる

$y = mx - 2 \quad \cdots ①$

$y = \dfrac{2}{3}x + 5 \quad \cdots ②$

切片を無視して
$\begin{cases} y = mx \\ y = \dfrac{2}{3}x \end{cases}$
と心の中で考えてOK!

①と②が x 軸の正の方向となす角を
それぞれ α, β とおく
　（このとき，$-\dfrac{\pi}{2} < \alpha < \dfrac{\pi}{2}, \ 0 < \beta < \dfrac{\pi}{2}$）

ひょっとしたら①の傾き m は負かもしれない！

だから範囲は広めに $-\dfrac{\pi}{2} < \alpha < \dfrac{\pi}{2}$ としておく！

ここで，①と②の傾きに注目して
$\begin{cases} \tan \alpha = m \\ \tan \beta = \dfrac{2}{3} \end{cases} \cdots ③$

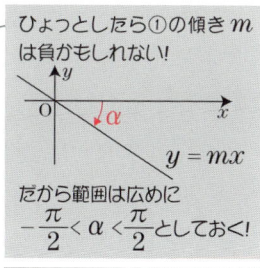

ここがポイント!!
$y = mx + n$ と x 軸の正の方向とのなす角を α とおくと

$m = \tan \alpha$

①と②のなす角が $\dfrac{\pi}{6}$ より,

i) $\alpha - \beta = \dfrac{\pi}{6}$ のとき

$$\tan\dfrac{\pi}{6} = \tan(\alpha - \beta)$$

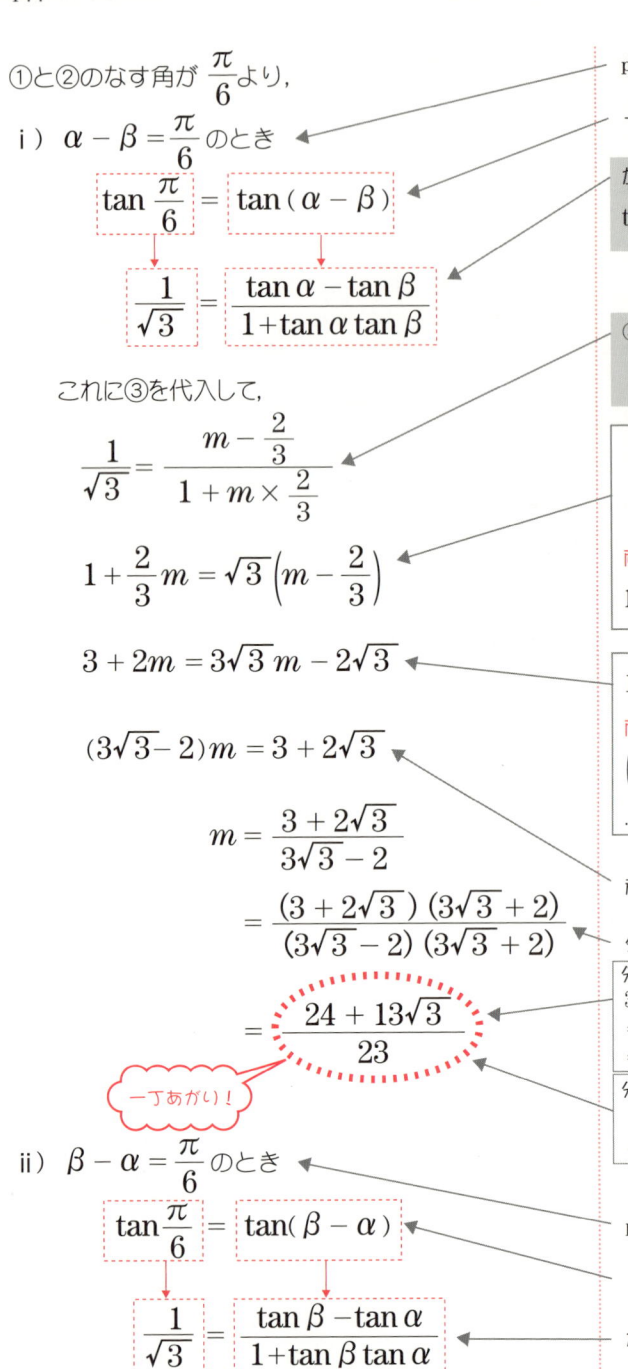

$$\dfrac{1}{\sqrt{3}} = \dfrac{\tan\alpha - \tan\beta}{1 + \tan\alpha\tan\beta}$$

p.143の その1 です!

$\dfrac{\pi}{6} = \alpha - \beta$ でしょ?

加法定理より
$\tan(\alpha - \beta) = \dfrac{\tan\alpha - \tan\beta}{1 + \tan\alpha\tan\beta}$

これに③を代入して,

$$\dfrac{1}{\sqrt{3}} = \dfrac{m - \dfrac{2}{3}}{1 + m \times \dfrac{2}{3}}$$

$$1 + \dfrac{2}{3}m = \sqrt{3}\left(m - \dfrac{2}{3}\right)$$

$$3 + 2m = 3\sqrt{3}\,m - 2\sqrt{3}$$

$$(3\sqrt{3} - 2)m = 3 + 2\sqrt{3}$$

$$m = \dfrac{3 + 2\sqrt{3}}{3\sqrt{3} - 2}$$

$$= \dfrac{(3 + 2\sqrt{3})(3\sqrt{3} + 2)}{(3\sqrt{3} - 2)(3\sqrt{3} + 2)}$$

$$= \dfrac{24 + 13\sqrt{3}}{23}$$

一丁あがり!

③より, $\tan\alpha = m$
$\tan\beta = \dfrac{2}{3}$

$\dfrac{1}{\sqrt{3}} = \dfrac{m - \dfrac{2}{3}}{1 + m \times \dfrac{2}{3}}$

両辺の分母を払う!!
$1 \times \left(1 + \dfrac{2}{3}m\right) = \sqrt{3} \times \left(m - \dfrac{2}{3}\right)$

$1 + \dfrac{2}{3}m = \sqrt{3}\left(m - \dfrac{2}{3}\right)$

両辺を3倍する!!
$\left(1 + \dfrac{2}{3}m\right) \times 3 = \sqrt{3}\left(m - \dfrac{2}{3}\right) \times 3$
∴ $3 + 2m = 3\sqrt{3}\,m - 2\sqrt{3}$

移項して m でくくる!

分母を有理化する!

分子の計算です!!
$3 \times 3\sqrt{3} + 3 \times 2 + 2\sqrt{3} \times 3\sqrt{3} + 2\sqrt{3} \times 2$
$= 9\sqrt{3} + 6 + 18 + 4\sqrt{3}$
$= 24 + 13\sqrt{3}$

分母の計算です!!
$(3\sqrt{3})^2 - 2^2$
$= 27 - 4 = 23$

ii) $\beta - \alpha = \dfrac{\pi}{6}$ のとき

$$\tan\dfrac{\pi}{6} = \tan(\beta - \alpha)$$

$$\dfrac{1}{\sqrt{3}} = \dfrac{\tan\beta - \tan\alpha}{1 + \tan\beta\tan\alpha}$$

p.143の その2 です!

$\dfrac{\pi}{6} = \beta - \alpha$ でしょ?

加法定理です!

これに③を代入して,

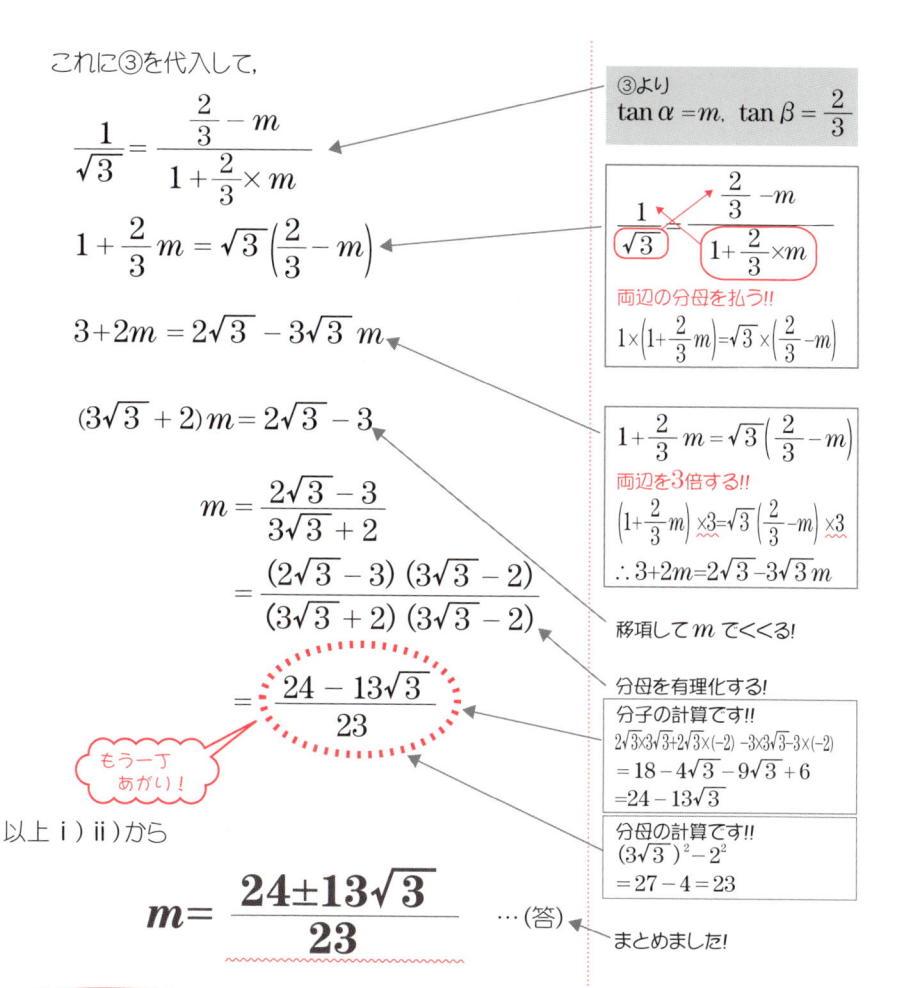

$$\frac{1}{\sqrt{3}} = \frac{\frac{2}{3} - m}{1 + \frac{2}{3} \times m}$$

$$1 + \frac{2}{3}m = \sqrt{3}\left(\frac{2}{3} - m\right)$$

$$3 + 2m = 2\sqrt{3} - 3\sqrt{3}\,m$$

$$(3\sqrt{3} + 2)m = 2\sqrt{3} - 3$$

$$m = \frac{2\sqrt{3} - 3}{3\sqrt{3} + 2}$$

$$= \frac{(2\sqrt{3} - 3)(3\sqrt{3} - 2)}{(3\sqrt{3} + 2)(3\sqrt{3} - 2)}$$

$$= \frac{24 - 13\sqrt{3}}{23}$$

もう一丁 あがり！

③より
$\tan\alpha = m$, $\tan\beta = \dfrac{2}{3}$

$\dfrac{1}{\sqrt{3}} = \dfrac{\frac{2}{3} - m}{1 + \frac{2}{3} \times m}$

両辺の分母を払う!!
$1 \times \left(1 + \dfrac{2}{3}m\right) = \sqrt{3} \times \left(\dfrac{2}{3} - m\right)$

$1 + \dfrac{2}{3}m = \sqrt{3}\left(\dfrac{2}{3} - m\right)$

両辺を3倍する!!
$\left(1 + \dfrac{2}{3}m\right) \times 3 = \sqrt{3}\left(\dfrac{2}{3} - m\right) \times 3$
∴ $3 + 2m = 2\sqrt{3} - 3\sqrt{3}\,m$

移項して m でくくる!

分母を有理化する!

分子の計算です!!
$2\sqrt{3} \times 3\sqrt{3} + 2\sqrt{3} \times (-2) - 3 \times 3\sqrt{3} - 3 \times (-2)$
$= 18 - 4\sqrt{3} - 9\sqrt{3} + 6$
$= 24 - 13\sqrt{3}$

分母の計算です!!
$(3\sqrt{3})^2 - 2^2$
$= 27 - 4 = 23$

以上 i) ii) から

$$m = \frac{24 \pm 13\sqrt{3}}{23} \quad \cdots \text{(答)}$$

まとめました!

ちょっと言わせて

ii) で $\beta - \alpha = \dfrac{\pi}{6}$ より, $\alpha - \beta = -\dfrac{\pi}{6}$ となるから

両辺×（−1）

これと i) の $\alpha - \beta = \dfrac{\pi}{6}$ をあわせて, $\alpha - \beta = \pm\dfrac{\pi}{6}$

で!! $\tan\left(\pm\dfrac{\pi}{6}\right) = \tan(\alpha - \beta)$

$\pm\dfrac{1}{\sqrt{3}} = \dfrac{\tan\alpha - \tan\beta}{1 + \tan\alpha \tan\beta}$

として, 一気に解いてもOKです!!

ウマイ!!

Theme 11 天下の嫌われ者！三角関数の合成でございます♥

意外に簡単ですヨ！

とりあえず公式として

$$a\sin\theta + b\cos\theta = \sqrt{a^2+b^2}\sin(\theta+\alpha)$$

このとき

$$\sin\alpha = \frac{b}{\sqrt{a^2+b^2}} \qquad \cos\alpha = \frac{a}{\sqrt{a^2+b^2}}$$

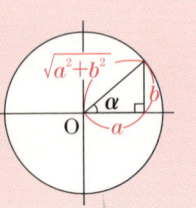

一見ムズカシそうですが，**加法定理**と同じなんですがねえ…
てなワケで…

α は $-\dfrac{\pi}{2} \leqq \alpha \leqq \dfrac{\pi}{2}$ で設定する！
その方が計算が楽になるヨ！

証明コーナー

左辺 $= a\sin\theta + b\cos\theta$

$= \sqrt{a^2+b^2}\left(\dfrac{a}{\sqrt{a^2+b^2}}\sin\theta + \dfrac{b}{\sqrt{a^2+b^2}}\cos\theta\right)$

強引に右辺を $\sqrt{a^2+b^2}$ でくくる！！

このとき，$\cos\alpha = \dfrac{a}{\sqrt{a^2+b^2}} \quad \sin\alpha = \dfrac{b}{\sqrt{a^2+b^2}}$ と考えてよいから

ヒューン!!

左辺 $= \sqrt{a^2+b^2}\,(\cos\alpha\sin\theta + \sin\alpha\cos\theta)$

これがポイント！
$\sqrt{a^2+b^2}$ は a, b を2辺とする直角三角形の斜辺と考えられる。だって，三平方の定理じゃん！

$= \sqrt{a^2+b^2}\,(\sin\theta\cos\alpha + \cos\theta\sin\alpha)$

並べかえただけ！

$= \sqrt{a^2+b^2}\,\sin(\theta+\alpha)$

ホラ!! これって加法定理でしょ？
$\sin(\theta+\alpha) = \sin\theta\cos\alpha + \cos\theta\sin\alpha$
Theme 6 参照!!

できあがり！

$=$ 右辺!!

Theme 11　天下の嫌われ者！　三角関数の合成でございます♥

文字だらけだとパッとしないんで，具体的に…

例1

とにかく $a\sin\theta + b\cos\theta$ のとき，$\sqrt{a^2+b^2}$ を考える！

$$\sin\theta + \sqrt{3}\cos\theta$$

$$= 2\left(\frac{1}{2}\sin\theta + \frac{\sqrt{3}}{2}\cos\theta\right)$$

$\sqrt{1^2+(\sqrt{3})^2} = \sqrt{4} = 2$

2でくくる！

$$= 2\left(\cos\frac{\pi}{3}\sin\theta + \sin\frac{\pi}{3}\cos\theta\right)$$

$$= 2\left(\sin\theta\cos\frac{\pi}{3} + \cos\theta\sin\frac{\pi}{3}\right)$$

並べかえました

$$= 2\sin\left(\theta + \frac{\pi}{3}\right)$$

合成完了！

手作り感覚です！

加法定理より
$\sin(\theta + \alpha) = \sin\theta\cos\alpha + \cos\theta\sin\alpha$
この場合 $\alpha = \frac{\pi}{3}$ です！

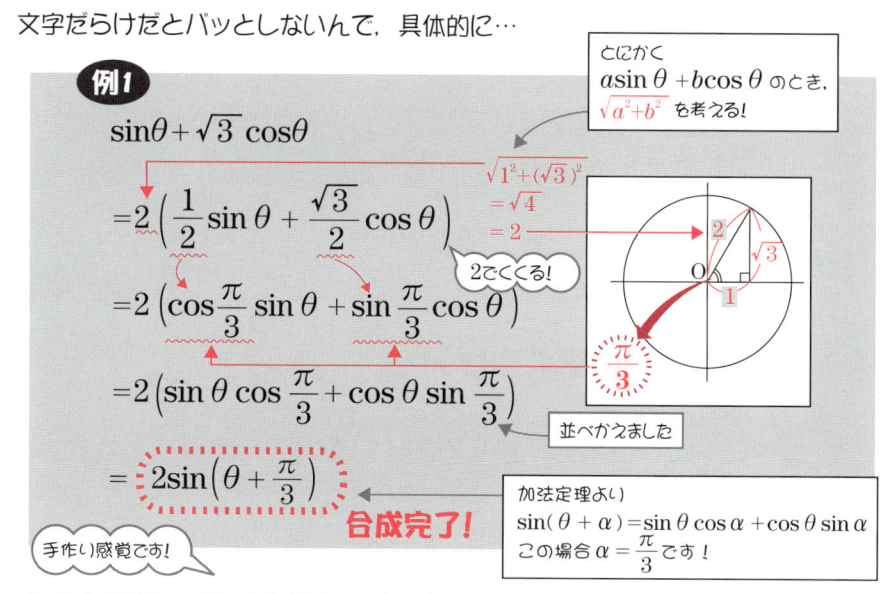

このように，導くようなスタイルで三角関数の合成を行った方が実力がつきます！だからそうしなさい！！
えっ!?　暗記すりゃあいいじゃんってか!?
ふーん…。じゃあ，これは？

嫌がらせコーナー

えーっ!!　コサイン!!

$$\sin\theta + \sqrt{3}\cos\theta = r\cos(\theta - \alpha)$$

のとき，r と α の値を求めよ。ただし，$r > 0$，$0 < \alpha < \frac{\pi}{2}$ とする。

もうダメ…

ホラッ！　実力のない奴はこの程度でビビる!!

では，暗記に頼らない，導くようなスタイルでやってみましょう♥

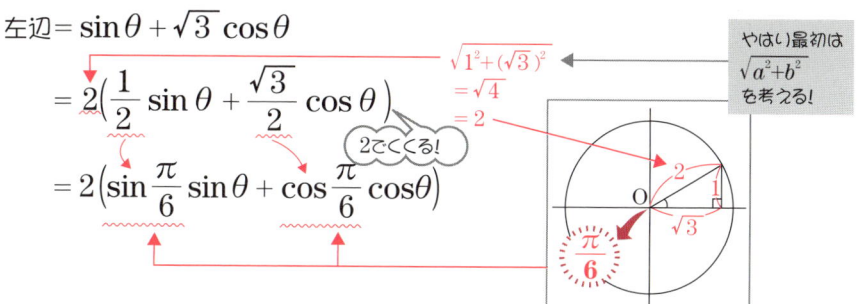

左辺 $= \sin\theta + \sqrt{3}\cos\theta$

$$= 2\left(\frac{1}{2}\sin\theta + \frac{\sqrt{3}}{2}\cos\theta\right)$$

やはり最初は $\sqrt{a^2+b^2}$ を考える！

$\sqrt{1^2+(\sqrt{3})^2} = \sqrt{4} = 2$

2でくくる！

$$= 2\left(\sin\frac{\pi}{6}\sin\theta + \cos\frac{\pi}{6}\cos\theta\right)$$

$$=2\left(\cos\theta\cos\frac{\pi}{6}+\sin\theta\sin\frac{\pi}{6}\right)$$ ← 並べかえました

$$=\underbrace{2\cos\left(\theta-\frac{\pi}{6}\right)}_{r\ \text{これも合成なり！}\ \alpha}$$

加法定理より
$\cos(\theta-\alpha)=\cos\theta\cos\alpha+\sin\theta\sin\alpha$
この場合 $\alpha=\dfrac{\pi}{6}$

よって，右辺と比較して $r=2$, $\alpha=\dfrac{\pi}{6}$ …（答）

$r\cos(\theta-\alpha)$ で $r=2, \alpha=\dfrac{\pi}{6}$ に対応!!

$0<\alpha<\dfrac{\pi}{2}$ より

よーし!! 実力をつけまくるぜっ!

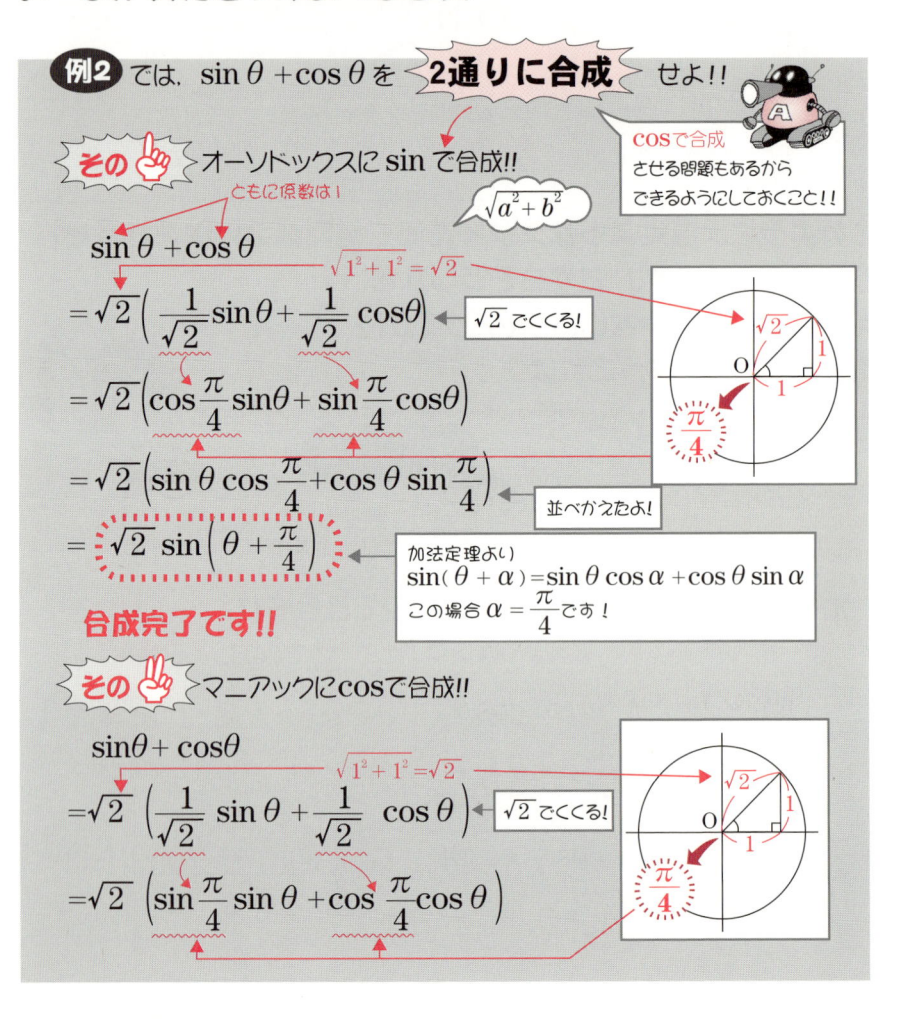

例2 では，$\sin\theta+\cos\theta$ を **2通りに合成** せよ!!

cosで合成させる問題もあるからできるようにしておくこと!!

その① オーソドックスにsinで合成!!
（ともに係数は1） $\sqrt{a^2+b^2}$

$\sin\theta+\cos\theta$

$=\sqrt{2}\left(\dfrac{1}{\sqrt{2}}\sin\theta+\dfrac{1}{\sqrt{2}}\cos\theta\right)$ $\sqrt{1^2+1^2}=\sqrt{2}$ ／ $\sqrt{2}$ でくくる!

$=\sqrt{2}\left(\cos\dfrac{\pi}{4}\sin\theta+\sin\dfrac{\pi}{4}\cos\theta\right)$

$=\sqrt{2}\left(\sin\theta\cos\dfrac{\pi}{4}+\cos\theta\sin\dfrac{\pi}{4}\right)$ ← 並べかえたよ!

$=\sqrt{2}\sin\left(\theta+\dfrac{\pi}{4}\right)$

加法定理より
$\sin(\theta+\alpha)=\sin\theta\cos\alpha+\cos\theta\sin\alpha$
この場合 $\alpha=\dfrac{\pi}{4}$ です!

合成完了です!!

その② マニアックにcosで合成!!

$\sin\theta+\cos\theta$

$=\sqrt{2}\left(\dfrac{1}{\sqrt{2}}\sin\theta+\dfrac{1}{\sqrt{2}}\cos\theta\right)$ $\sqrt{1^2+1^2}=\sqrt{2}$ ／ $\sqrt{2}$ でくくる!

$=\sqrt{2}\left(\sin\dfrac{\pi}{4}\sin\theta+\cos\dfrac{\pi}{4}\cos\theta\right)$

Theme 11 　天下の嫌われ者！　三角関数の合成でございます♥　149

$$= \sqrt{2}\left(\cos\theta \cos\frac{\pi}{4} + \sin\theta \sin\frac{\pi}{4}\right)$$ ← 並べかえました！

$$= \boxed{\sqrt{2}\cos\left(\theta - \frac{\pi}{4}\right)}$$ ← 加法定理より
$\cos(\theta - \alpha) = \cos\theta\cos\alpha + \sin\theta\sin\alpha$
この場合 $\alpha = \dfrac{\pi}{4}$

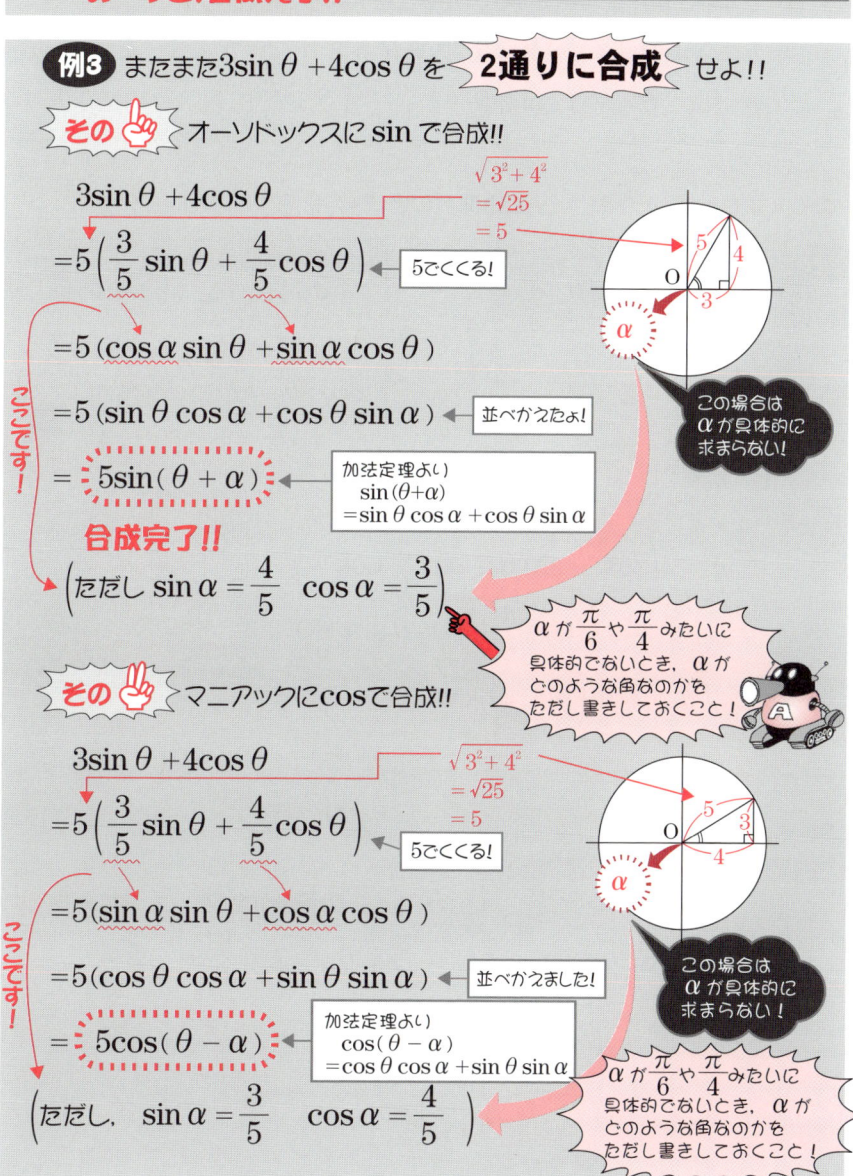

おーっと！合成完了!!

例3 またまた $3\sin\theta + 4\cos\theta$ を **2通りに合成** せよ!!

その☝　オーソドックスに sin で合成!!

$3\sin\theta + 4\cos\theta$　　$\sqrt{3^2 + 4^2} = \sqrt{25} = 5$

$$= 5\left(\frac{3}{5}\sin\theta + \frac{4}{5}\cos\theta\right)$$ ← 5でくくる！

$$= 5(\cos\alpha\sin\theta + \sin\alpha\cos\theta)$$

$$= 5(\sin\theta\cos\alpha + \cos\theta\sin\alpha)$$ ← 並べかえたよ！

$$= \boxed{5\sin(\theta + \alpha)}$$ ← 加法定理より
$\sin(\theta + \alpha) = \sin\theta\cos\alpha + \cos\theta\sin\alpha$

合成完了!!

$\left(\text{ただし } \sin\alpha = \dfrac{4}{5}\quad \cos\alpha = \dfrac{3}{5}\right)$

この場合は α が具体的に求まらない！

α が $\dfrac{\pi}{6}$ や $\dfrac{\pi}{4}$ みたいに具体的でないとき，α がどのような角なのかをただし書きしておくこと！

その✌　マニアックに cos で合成!!

$3\sin\theta + 4\cos\theta$　　$\sqrt{3^2 + 4^2} = \sqrt{25} = 5$

$$= 5\left(\frac{3}{5}\sin\theta + \frac{4}{5}\cos\theta\right)$$ ← 5でくくる！

$$= 5(\sin\alpha\sin\theta + \cos\alpha\cos\theta)$$

$$= 5(\cos\theta\cos\alpha + \sin\theta\sin\alpha)$$ ← 並べかえました！

$$= \boxed{5\cos(\theta - \alpha)}$$ ← 加法定理より
$\cos(\theta - \alpha) = \cos\theta\cos\alpha + \sin\theta\sin\alpha$

$\left(\text{ただし, } \sin\alpha = \dfrac{3}{5}\quad \cos\alpha = \dfrac{4}{5}\right)$

この場合は α が具体的に求まらない！

α が $\dfrac{\pi}{6}$ や $\dfrac{\pi}{4}$ みたいに具体的でないとき，α がどのような角なのかをただし書きしておくこと！

では，とりあえずこの問題で肩ならし！

問題11-1 　標準

次の関数の最大値，最小値を求めよ。また，そのときのθの値を求めよ。

(1) $y = \sqrt{3}\sin\theta + \cos\theta \ (0 \leq \theta \leq 2\pi)$

(2) $y = 2\sin\theta + 2\cos\theta + 3 \ (0 \leq \theta \leq \pi)$

(3) $y = \sin 2\theta - \sqrt{3}\cos 2\theta + 1 \ \left(\dfrac{\pi}{4} \leq \theta \leq \dfrac{\pi}{2}\right)$

ナイスな導入!! 本問こそ **三角関数の合成** を活用する代表的なタイプ！

(1) では，あらすじを…

$$y = \sqrt{3}\sin\theta + \cos\theta$$

そこで!!

右辺を合成するべし!!

$\sin\theta$と$\cos\theta$が別に動くと訳がわらなくなる!! よって**三角関数の合成**により1つにまとめる!! ただし，Theme 9 の 問題9-1 のように$\sin^{②}\theta$や$\cos^{②}\theta$の項がないことに注意し，区別すること!!

$\sqrt{(\sqrt{3})^2 + 1^2} = \sqrt{4} = 2$

$$y = 2\left(\dfrac{\sqrt{3}}{2}\sin\theta + \dfrac{1}{2}\cos\theta\right)$$

2でくくる!

$$y = 2\left(\cos\dfrac{\pi}{6}\sin\theta + \sin\dfrac{\pi}{6}\cos\theta\right)$$

$$y = 2\left(\sin\theta\cos\dfrac{\pi}{6} + \cos\theta\sin\dfrac{\pi}{6}\right)$$

$$\therefore y = 2\sin\left(\theta + \dfrac{\pi}{6}\right) \cdots ①$$

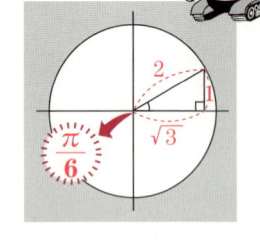

加法定理より
$\sin(\theta + \alpha) = \sin\theta\cos\alpha + \cos\theta\sin\alpha$
この場合$\alpha = \dfrac{\pi}{6}$です！

これで合成完了！1つにまとまった!!

$\theta + \dfrac{\pi}{6}$ の範囲は？　　$2\pi + \dfrac{\pi}{6}$

本問では $0 \leq \theta \leq 2\pi$　より　$\dfrac{\pi}{6} \leq \theta + \dfrac{\pi}{6} \leq \dfrac{13}{6}\pi \cdots ②$

全体に $+\dfrac{\pi}{6}$

範囲としての制限は全く同じ!!

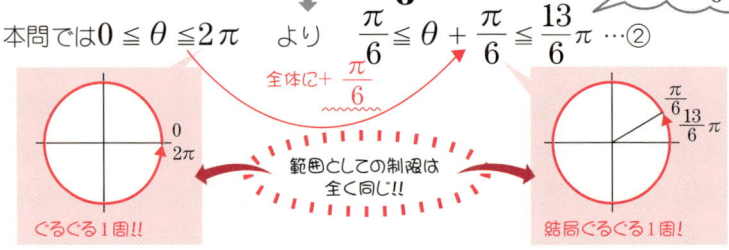

ぐるぐる1周!!　　　結局ぐるぐる1周！

Theme 11 天下の嫌われ者！ 三角関数の合成でございます♥ 151

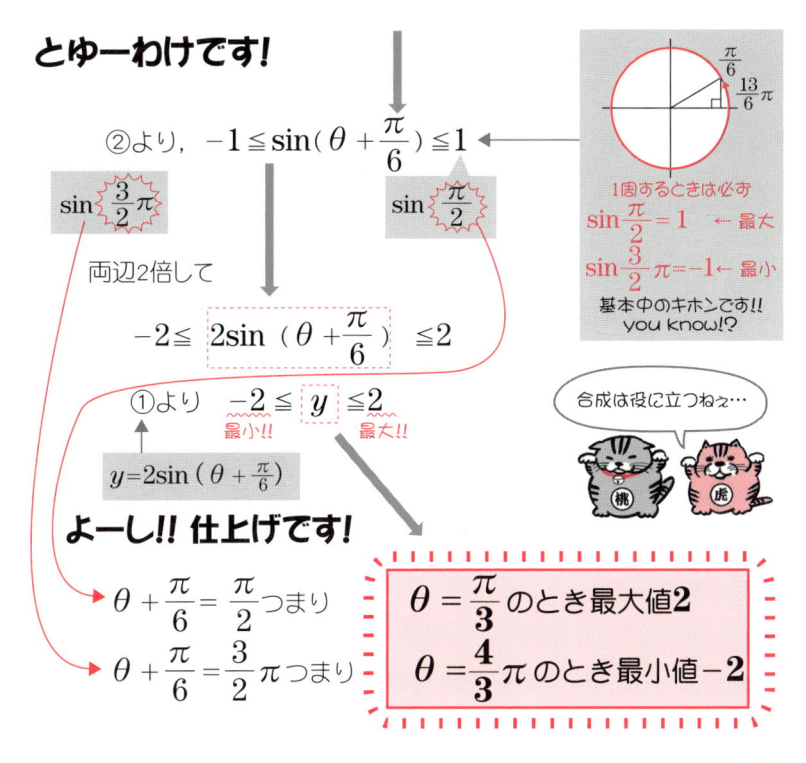

とゆーわけです！

②より，$-1 \leq \sin(\theta + \frac{\pi}{6}) \leq 1$

$\sin\frac{3}{2}\pi$ 　　$\sin\frac{\pi}{2}$

1周するときは必ず
$\sin\frac{\pi}{2} = 1$ ← 最大
$\sin\frac{3}{2}\pi = -1$ ← 最小
基本中のキホンです!! you know!?

両辺2倍して

$-2 \leq 2\sin(\theta + \frac{\pi}{6}) \leq 2$

①より　$-2 \leq y \leq 2$
　　　　　　最小!!　最大!!

$y = 2\sin(\theta + \frac{\pi}{6})$

合成は役に立つねぇ…

よーし!! 仕上げです！

→ $\theta + \frac{\pi}{6} = \frac{\pi}{2}$ つまり
→ $\theta + \frac{\pi}{6} = \frac{3}{2}\pi$ つまり

$\theta = \frac{\pi}{3}$ のとき最大値 **2**
$\theta = \frac{4}{3}\pi$ のとき最小値 **-2**

答でーす!!

(2), (3)も同じでございます！ そう！ **三角関数の合成**がカギ!!

(2)では　$y = 2\sin\theta + 2\cos\theta + 3$
　　　　$y = 2(\underline{\sin\theta + \cos\theta}) + 3$

ここを合成すれば楽勝っす!!
仕上げは解答にて…。

(3)では　$y = \underline{\sin 2\theta - \sqrt{3}\cos 2\theta} + 1$

ここを合成!! しかし 2θ に注意!
まあ, 解答参照!! ってことで…。

解答でござる

(1) $y = \sqrt{3}\sin\theta + \cos\theta$

$= 2\left(\dfrac{\sqrt{3}}{2}\sin\theta + \dfrac{1}{2}\cos\theta\right)$

$= 2\left(\sin\theta\cos\dfrac{\pi}{6} + \cos\theta\sin\dfrac{\pi}{6}\right)$

$= 2\sin\left(\theta + \dfrac{\pi}{6}\right)$ …①

$0 \leq \theta \leq 2\pi$ より

$\dfrac{\pi}{6} \leq \theta + \dfrac{\pi}{6} \leq \dfrac{13}{6}\pi$ …②

②より、

$-1 \leq \sin\left(\theta + \dfrac{\pi}{6}\right) \leq 1$

全体を×2

$-2 \leq 2\sin\left(\theta + \dfrac{\pi}{6}\right) \leq 2$

このとき、①から、$-2 \leq y \leq 2$

よって、

$\theta + \dfrac{\pi}{6} = \dfrac{\pi}{2}$ つまり、

$\theta = \dfrac{\pi}{3}$ のとき最大値 **2**

$\theta + \dfrac{\pi}{6} = \dfrac{3}{2}\pi$ つまり、

$\theta = \dfrac{4}{3}\pi$ のとき最小値 **−2**

(答)

(2) $y = 2\sin\theta + 2\cos\theta + 3$

$= 2(\sin\theta + \cos\theta) + 3$

$= 2\sqrt{2}\left(\dfrac{1}{\sqrt{2}}\sin\theta + \dfrac{1}{\sqrt{2}}\cos\theta\right) + 3$

$= 2\sqrt{2}\left(\sin\theta\cos\dfrac{\pi}{4} + \cos\theta\sin\dfrac{\pi}{4}\right) + 3$

$= 2\sqrt{2}\sin\left(\theta + \dfrac{\pi}{4}\right) + 3$ …①

$a\sin\theta + b\cos\theta$ のタイプ ときたら、まず合成!!
$\sqrt{a^2 + b^2}$ つまり
$\sqrt{(\sqrt{3})^2 + 1^2} = \sqrt{4} = 2$
で右辺をくくる!

加法定理より
$\sin(\theta + \alpha)$
$= \sin\theta\cos\alpha + \cos\theta\sin\alpha$
(この場合 $\alpha = \dfrac{\pi}{6}$)

$0 \leq \theta \leq 2\pi$
全体に $+\dfrac{\pi}{6}$
$\dfrac{\pi}{6} \leq \theta + \dfrac{\pi}{6} \leq 2\pi + \dfrac{\pi}{6}$
∴ $\dfrac{\pi}{6} \leq \theta + \dfrac{\pi}{6} \leq \dfrac{13}{6}\pi$

結局1周する!

$\sin\dfrac{\pi}{2} = 1$ が最大!
$\sin\dfrac{3}{2}\pi = -1$ が最小!!

y の最大値は2
y の最小値は−2 となる!

$\theta + \dfrac{\pi}{6} = \dfrac{\pi}{2}$ のときが
$\sin\dfrac{\pi}{2}$ で最大のとき

$\theta + \dfrac{\pi}{6} = \dfrac{3}{2}\pi$ のときが
$\sin\dfrac{3}{2}\pi$ で最小のとき

( )の中味が
$a\sin\theta + b\cos\theta$ のタイプ
$\sqrt{1^2 + 1^2} = \sqrt{2}$

加法定理より
$\sin(\theta + \alpha)$
$= \sin\theta\cos\alpha + \cos\theta\sin\alpha$
(この場合 $\alpha = \dfrac{\pi}{4}$)

Theme 11　天下の嫌われ者！　三角関数の合成でございます♥　153

$0 \leq \theta \leq \pi$ より、

全体に $+\dfrac{\pi}{4}$ → $\dfrac{\pi}{4} \leq \theta + \dfrac{\pi}{4} \leq \dfrac{5}{4}\pi$ …②

②より,

$$\sin\dfrac{5}{4}\pi \leq \sin\left(\theta + \dfrac{\pi}{4}\right) \leq \sin\dfrac{\pi}{2}$$

$$-\dfrac{1}{\sqrt{2}} \leq \sin\left(\theta + \dfrac{\pi}{4}\right) \leq 1$$

全体を ×$2\sqrt{2}$

$$-2 \leq 2\sqrt{2}\sin\left(\theta + \dfrac{\pi}{4}\right) \leq 2\sqrt{2}$$

全体に +3

$$-2+3 \leq 2\sqrt{2}\sin\left(\theta + \dfrac{\pi}{4}\right) + 3 \leq 2\sqrt{2} + 3$$

このとき，①から $1 \leq y \leq 2\sqrt{2} + 3$

よって,

$\theta + \dfrac{\pi}{4} = \dfrac{\pi}{2}$ つまり,

$$\theta = \dfrac{\pi}{4}\text{ のとき最大値 }2\sqrt{2} + 3$$

$\theta + \dfrac{\pi}{4} = \dfrac{5}{4}\pi$ つまり,

$$\theta = \pi \text{ のとき最小値 }1$$　　（答）

(3) $y = \sin 2\theta - \sqrt{3}\cos 2\theta + 1$

$= 2\left(\dfrac{1}{2}\sin 2\theta - \dfrac{\sqrt{3}}{2}\cos 2\theta\right) + 1$

$= 2\left(\sin 2\theta \cos\dfrac{\pi}{3} - \cos 2\theta \sin\dfrac{\pi}{3}\right) + 1$

$= 2\sin\left(2\theta - \dfrac{\pi}{3}\right) + 1$　…①

---

②より

$\sin\dfrac{\pi}{2} = 1$ が最大！

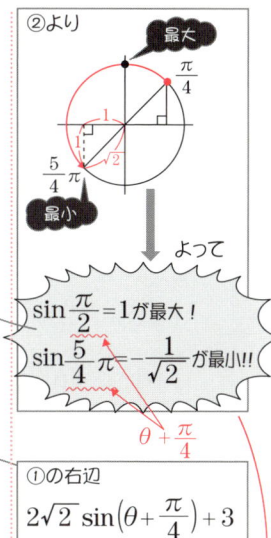

$\sin\dfrac{5}{4}\pi = -\dfrac{1}{\sqrt{2}}$ が最小!!

①の右辺
$2\sqrt{2}\sin\left(\theta + \dfrac{\pi}{4}\right) + 3$
を作る!

y の最大値は $2\sqrt{2} + 3$
y の最小値は 1 となる!

$\theta + \dfrac{\pi}{4} = \dfrac{\pi}{2}$
のときでしたネ!

$\theta + \dfrac{\pi}{4} = \dfrac{5}{4}\pi$
のときでしたネ!

$\sin 2\theta - \sqrt{3}\cos 2\theta$
そろってる!! つまり合成可能!

$\sqrt{1^2 + (-\sqrt{3})^2} = \sqrt{4} = 2$
このマイナスは無視しても変わらないヨ!

2θ でも大丈夫!!
加法定理より
$\sin(2\theta - \alpha)$
$= \sin 2\theta \cos\alpha - \cos 2\theta \sin\alpha$
(この場合 $\alpha = \dfrac{\pi}{3}$)

$\dfrac{\pi}{4} \leq \theta \leq \dfrac{\pi}{2}$ より, $\dfrac{\pi}{2} \leq 2\theta \leq \pi$ ← 全体を×2

$\therefore \dfrac{\pi}{6} \leq 2\theta - \dfrac{\pi}{3} \leq \dfrac{2}{3}\pi$ …② ← 全体に $-\dfrac{\pi}{3}$

②より, $\quad \dfrac{\pi}{2} - \dfrac{\pi}{3} \quad\quad \pi - \dfrac{\pi}{3}$

$$\sin\dfrac{\pi}{6} \leq \sin\left(2\theta - \dfrac{\pi}{3}\right) \leq \sin\dfrac{\pi}{2}$$

全体を ×2
全体に +1

$\dfrac{1}{2} \leq \sin\left(2\theta - \dfrac{\pi}{3}\right) \leq 1$

$1 \leq 2\sin\left(2\theta - \dfrac{\pi}{3}\right) \leq 2$

$1+1 \leq 2\sin\left(2\theta - \dfrac{\pi}{3}\right) + 1 \leq 2+1$

このとき, ①から,

$2 \leq \boxed{y} \leq 3$

よって,

$2\theta - \dfrac{\pi}{3} = \dfrac{\pi}{2}$ つまり, （解いただけ!）

$\theta = \dfrac{5}{12}\pi$ のとき最大値 **3**

$2\theta - \dfrac{\pi}{3} = \dfrac{\pi}{6}$ つまり, （解いただけ!）

$\theta = \dfrac{\pi}{4}$ のとき最小値 **2**

（答）

②より　最大　$\dfrac{2}{3}\pi$　$\dfrac{\pi}{6}$　最小

よって

$\sin\dfrac{\pi}{2} = 1$ が最大!
$\sin\dfrac{\pi}{6} = \dfrac{1}{2}$ が最小!!
$2\theta - \dfrac{\pi}{3}$

①の右辺
$2\sin\left(2\theta - \dfrac{\pi}{3}\right) + 1$
を作る!

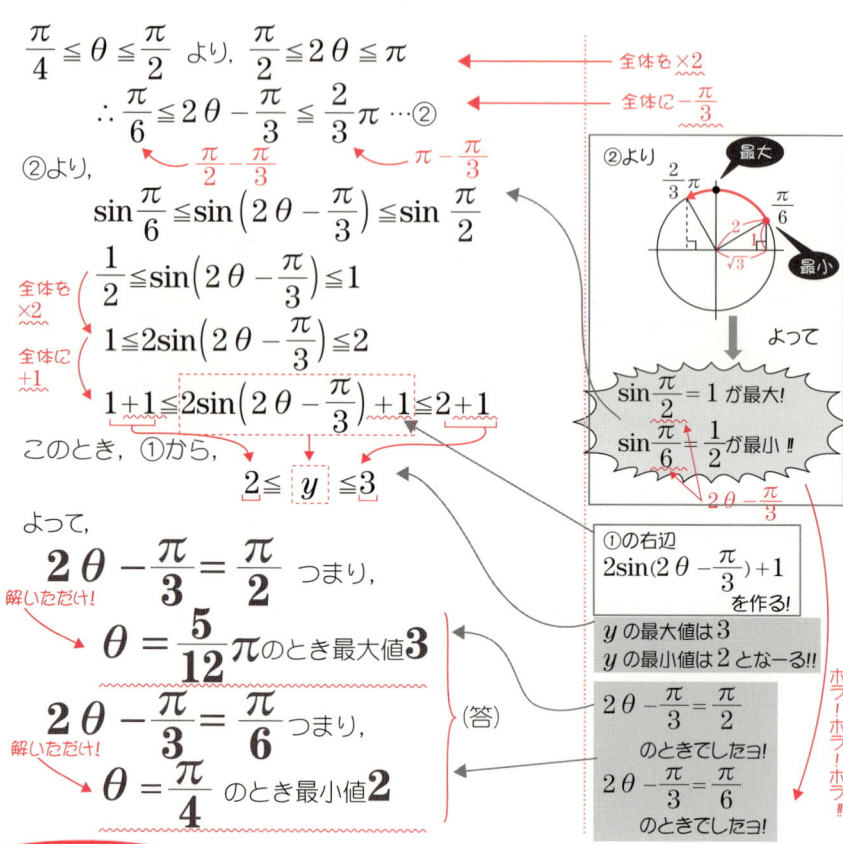

y の最大値は3
y の最小値は2 となーる!!

$2\theta - \dfrac{\pi}{3} = \dfrac{\pi}{2}$
のときでしたヨ!
$2\theta - \dfrac{\pi}{3} = \dfrac{\pi}{6}$
のときでしたヨ!

ホラ・ホラ・ホラ!!

（ちょっと言わせて）

(3)で $\sin 2\theta - \sqrt{3}\cos 2\theta$ を合成する部分で,

$\sin 2\theta - \sqrt{3}\cos 2\theta$

$= 2\left(\dfrac{1}{2}\sin 2\theta - \dfrac{\sqrt{3}}{2}\cos 2\theta\right)$

$= 2\left\{\dfrac{1}{2}\sin 2\theta + \left(-\dfrac{\sqrt{3}}{2}\right)\cos 2\theta\right\}$

$= 2\left\{\cos\left(-\dfrac{\pi}{3}\right)\sin 2\theta + \sin\left(-\dfrac{\pi}{3}\right)\cos 2\theta\right\}$

$= 2\left\{\sin 2\theta \cos\left(-\dfrac{\pi}{3}\right) + \cos 2\theta \sin\left(-\dfrac{\pi}{3}\right)\right\}$

$= 2\sin\left(2\theta - \dfrac{\pi}{3}\right)$

と考えても大丈夫ですヨ!!

$\sin\alpha = -\dfrac{\sqrt{3}}{2} \quad \cos\alpha = \dfrac{1}{2}$

といえば…

$\dfrac{5}{3}\pi$ でもOKだけど
$-\dfrac{\pi}{3}$ とするべし!!
この方がお得ですヨ!

加法定理より
$\sin(A+B) = \sin A \cos B + \cos A \sin B$
この場合 $A = 2\theta \quad B = -\dfrac{\pi}{3}$ です!

Theme 11 天下の嫌われ者！ 三角関数の合成でございます♥

まだまだ続くぜ!!!

問題11-2 ちょいムズ

次の関数の最大値，最小値を求めよ。また，そのときの $\sin\theta$ と $\cos\theta$ の値を求めよ。

(1) $y = 4\sin\theta + 3\cos\theta$ $(0 \leq \theta < 2\pi)$
(2) $y = 5\sin\theta - 12\cos\theta$ $(0 \leq \theta \leq \pi)$

ナイスな導入!!

さっきの **問題11-1** よりちょーっとムズカシイぞぉー！
まぁ，基本的には同じなんですがね…。

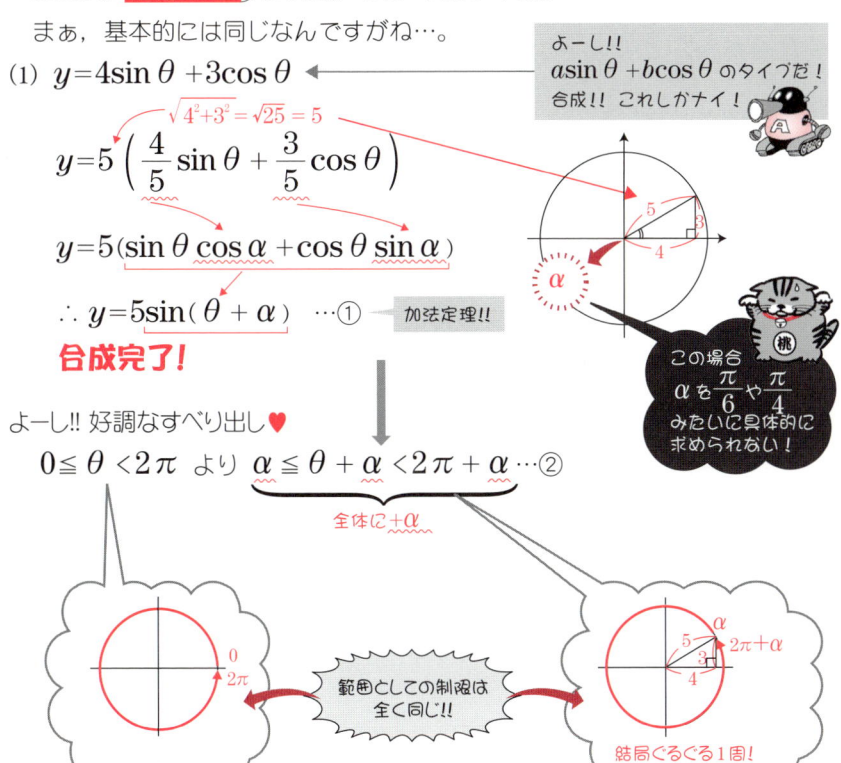

(1) $y = 4\sin\theta + 3\cos\theta$

$\sqrt{4^2 + 3^2} = \sqrt{25} = 5$

$y = 5\left(\dfrac{4}{5}\sin\theta + \dfrac{3}{5}\cos\theta\right)$

$y = 5(\sin\theta\cos\alpha + \cos\theta\sin\alpha)$

$\therefore y = 5\sin(\theta + \alpha)$ …①

加法定理!!

合成完了！

よーし！！ $a\sin\theta + b\cos\theta$ のタイプだ！合成!! これしかナイ！

この場合 α を $\dfrac{\pi}{6}$ や $\dfrac{\pi}{4}$ みたいに具体的に求められない！

よーし!! 好調なすべり出し♥

$0 \leq \theta < 2\pi$ より $\alpha \leq \theta + \alpha < 2\pi + \alpha$ …②

全体に $+\alpha$

範囲としての制限は全く同じ!!

結局ぐるぐる1周！

つまーり!!
②より結局1周するんだから…

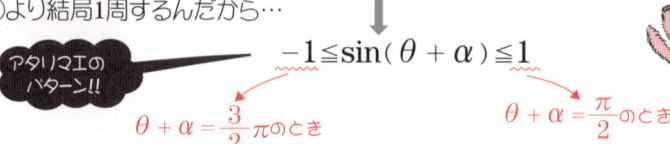

アタリマエの
パターン!!

$$-1 \leqq \sin(\theta + \alpha) \leqq 1$$

$\theta + \alpha = \dfrac{3}{2}\pi$ のとき $\theta + \alpha = \dfrac{\pi}{2}$ のとき

なるほどねー

両辺5倍して $-5 \leqq \boxed{5\sin(\theta + \alpha)} \leqq 5$

①より, $\qquad -5 \leqq \boxed{y} \leqq 5$

$y = 5\sin(\theta + \alpha)$ でしたヨ！

最小!! 最大!!

よって…

- $\theta + \alpha = \dfrac{\pi}{2}$ のとき
- $\theta + \alpha = \dfrac{3}{2}\pi$ のとき

最大値5
最小値−5

とりあえず
できあがり!

しかし…
新たなる敵が…

そーです。最大や最小となるときの **$\sin\theta$ と $\cos\theta$ の値** も求めんといけません

で!!

$\theta + \alpha = \dfrac{\pi}{2}$ のとき $\theta = \dfrac{\pi}{2} - \alpha$

よって
$\begin{cases} \sin\theta = \sin\left(\dfrac{\pi}{2} - \alpha\right) = \cos\alpha = \boxed{\dfrac{4}{5}} \\ \cos\theta = \cos\left(\dfrac{\pi}{2} - \alpha\right) = \sin\alpha = \boxed{\dfrac{3}{5}} \end{cases}$

でしたよ!!

このあたりはp.83の公式です!!
しかし，加法定理で

$\sin\left(\dfrac{\pi}{2} - \alpha\right)$
$= \sin\dfrac{\pi}{2}\cos\alpha - \cos\dfrac{\pi}{2}\sin\alpha$
$= 1 \times \cos\alpha - 0 \times \sin\alpha$
$= \cos\alpha$

$\cos\left(\dfrac{\pi}{2} - \alpha\right)$
$= \cos\dfrac{\pi}{2}\cos\alpha + \sin\dfrac{\pi}{2}\sin\alpha$
$= 0 \times \cos\alpha + 1 \times \sin\alpha$
$= \sin\alpha$

などと導くもよし!

Theme 11　天下の嫌われ者！　三角関数の合成でございます♥　157

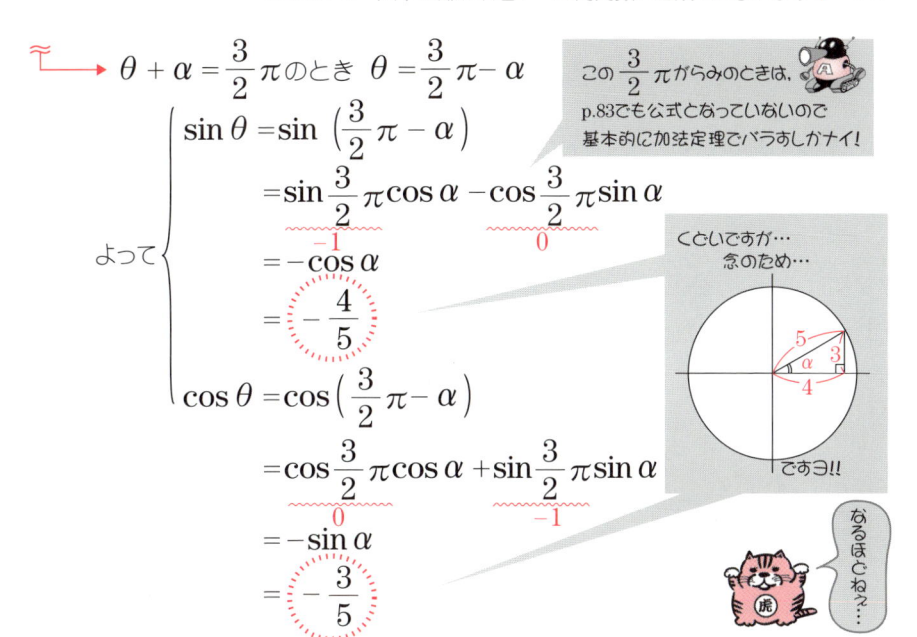

$\theta + \alpha = \dfrac{3}{2}\pi$ のとき $\theta = \dfrac{3}{2}\pi - \alpha$

この $\dfrac{3}{2}\pi$ がらみのときは，p.83でも公式となっていないので基本的に加法定理でバラすしかナイ！

よって
$$\begin{cases} \sin\theta = \sin\left(\dfrac{3}{2}\pi - \alpha\right) \\ \qquad = \sin\dfrac{3}{2}\pi\cos\alpha - \cos\dfrac{3}{2}\pi\sin\alpha \\ \qquad\qquad\quad\underbrace{}_{-1}\qquad\qquad\underbrace{}_{0} \\ \qquad = -\cos\alpha \\ \qquad = -\dfrac{4}{5} \\ \cos\theta = \cos\left(\dfrac{3}{2}\pi - \alpha\right) \\ \qquad = \cos\dfrac{3}{2}\pi\cos\alpha + \sin\dfrac{3}{2}\pi\sin\alpha \\ \qquad\qquad\quad\underbrace{}_{0}\qquad\qquad\underbrace{}_{-1} \\ \qquad = -\sin\alpha \\ \qquad = -\dfrac{3}{5} \end{cases}$$

くどいですが…念のため…ですヨ!!

そうです！ α は具体的な角としてカッコよく表すことができないだけで，情報がナイわけではない!!　ちゃんと $\sin\alpha = \dfrac{3}{5}$, $\cos\alpha = \dfrac{4}{5}$ という情報があるのです!!　(2)も同じ感じなんで，とりあえず解答作りといきますかぁ!?

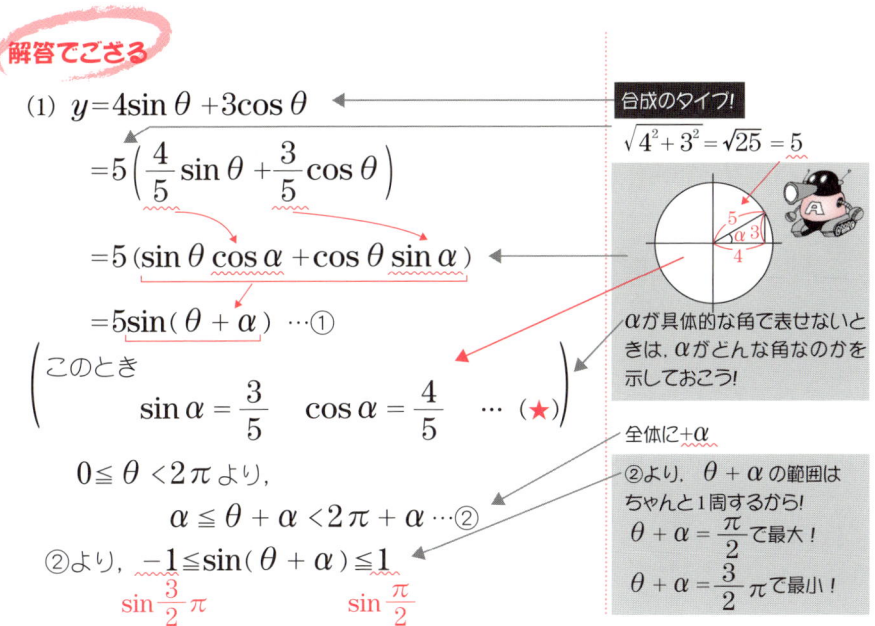

なるほどぉねぇ…

解答でござる

(1) $y = 4\sin\theta + 3\cos\theta$

$\quad = 5\left(\dfrac{4}{5}\sin\theta + \dfrac{3}{5}\cos\theta\right)$

$\quad = 5(\sin\theta\cos\alpha + \cos\theta\sin\alpha)$

$\quad = 5\sin(\theta + \alpha)$ …①

$\left(\text{このとき}\quad \sin\alpha = \dfrac{3}{5}\quad \cos\alpha = \dfrac{4}{5}\quad \cdots (\bigstar)\right)$

$0 \leqq \theta < 2\pi$ より，

$\qquad \alpha \leqq \theta + \alpha < 2\pi + \alpha$ …②

②より，$-1 \leqq \sin(\theta + \alpha) \leqq 1$

$\qquad\underbrace{}_{\sin\frac{3}{2}\pi} \qquad\qquad \underbrace{}_{\sin\frac{\pi}{2}}$

合成のタイプ！
$\sqrt{4^2 + 3^2} = \sqrt{25} = 5$

α が具体的な角で表せないときは，α がどんな角なのかを示しておこう！

全体に+α

②より，$\theta + \alpha$ の範囲はちゃんと1周するから！
$\theta + \alpha = \dfrac{\pi}{2}$ で最大！
$\theta + \alpha = \dfrac{3}{2}\pi$ で最小！

$$-5 \leqq \boxed{5\sin(\theta+\alpha)} \leqq 5$$

①より, $-5 \leqq \boxed{y} \leqq 5$

全体を×5

①で $y = 5\sin(\theta+\alpha)$ でしたヨ!

よって,

$\begin{cases} \text{i)} \ \theta+\alpha = \dfrac{\pi}{2} \ \text{のとき 最大値} \ 5 \\ \text{ii)} \ \theta+\alpha = \dfrac{3}{2}\pi \ \text{のとき 最小値} -5 \end{cases}$

$\sin\left(\dfrac{\pi}{2}-\alpha\right) = \cos\alpha$
$\cos\left(\dfrac{\pi}{2}-\alpha\right) = \sin\alpha$

一応公式ですが, 加法定理から導いてもすぐできます!

α にもちゃんと情報があーる!!

i)のとき, $\theta = \dfrac{\pi}{2} - \alpha$ より,

$\begin{cases} \sin\theta = \sin\left(\dfrac{\pi}{2}-\alpha\right) = \cos\alpha = \dfrac{4}{5} \\ \cos\theta = \cos\left(\dfrac{\pi}{2}-\alpha\right) = \sin\alpha = \dfrac{3}{5} \end{cases}$

(★より)

$\sin\alpha = \dfrac{3}{5}$
$\cos\alpha = \dfrac{4}{5}$ …(★)
でしたヨ!

ii)のとき, $\theta = \dfrac{3}{2}\pi - \alpha$ より,

$\begin{cases} \sin\theta = \sin\left(\dfrac{3}{2}\pi - \alpha\right) \\ \qquad = \sin\dfrac{3}{2}\pi \cos\alpha - \cos\dfrac{3}{2}\pi \sin\alpha \\ \qquad \quad \underset{-1}{} \qquad\qquad \underset{0}{} \\ \qquad = -\cos\alpha = -\dfrac{4}{5} \\ \cos\theta = \cos\left(\dfrac{3}{2}\pi - \alpha\right) \\ \qquad = \cos\dfrac{3}{2}\pi \cos\alpha + \sin\dfrac{3}{2}\pi \sin\alpha \\ \qquad \quad \underset{0}{} \qquad\qquad \underset{-1}{} \\ \qquad = -\sin\alpha = -\dfrac{3}{5} \end{cases}$

加法定理の活用!!

(★より)

設問で聞かれていることをしっかり見やすくまとめよう!

以上をまとめて,

$\sin\theta = \dfrac{4}{5}, \ \cos\theta = \dfrac{3}{5}$ のとき最大値 $\mathbf{5}$

$\sin\theta = -\dfrac{4}{5}, \ \cos\theta = -\dfrac{3}{5}$ のとき最小値 $\mathbf{-5}$

(答)

Theme 11 天下の嫌われ者！三角関数の合成でございます♥

(2) $y = 5\sin\theta - 12\cos\theta$ ← 合成のタイプ

$\sqrt{5^2+(-12)^2} = \sqrt{169} = 13$

$= 13\left(\dfrac{5}{13}\sin\theta - \dfrac{12}{13}\cos\theta\right)$

$= 13(\sin\theta\cos\alpha - \cos\theta\sin\alpha)$

加法定理です！

$= 13\sin(\theta - \alpha)$ …①

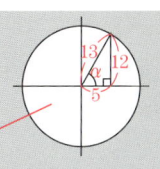

このとき，
$\sin\alpha = \dfrac{12}{13} \quad \cos\alpha = \dfrac{5}{13}$ …(★)

α が具体的な角で表せないときは α がどんな角なのかを示しておこう！

$0 \leqq \theta \leqq \pi$ より，
$-\alpha \leqq \theta - \alpha \leqq \pi - \alpha$ …② ← 全体に $-\alpha$

②を図示すると，

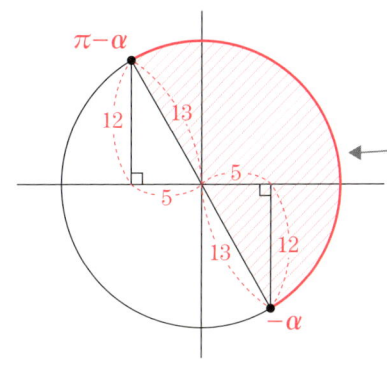

本問ではちょうど半周になります！

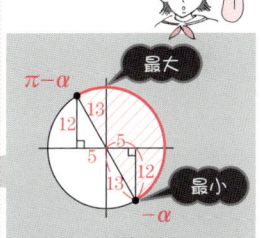

②より，$-\dfrac{12}{13} \leqq \sin(\theta - \alpha) \leqq 1$

$\underbrace{\phantom{-\dfrac{12}{13}}}_{\sin(-\alpha)} \qquad \underbrace{}_{\sin\frac{\pi}{2}}$

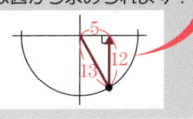

全体を13倍して，
$-12 \leqq \boxed{13\sin(\theta - \alpha)} \leqq 13$

①より，$-12 \leqq \boxed{y} \leqq 13$

よって，
$\begin{cases} \text{i})\ \theta - \alpha = \dfrac{\pi}{2} \text{ のとき 最大値} 13 \\ \text{ii})\ \theta - \alpha = -\alpha \text{ のとき 最小値} -12 \end{cases}$

$\theta - \alpha = \dfrac{\pi}{2}$ で最大！
$\theta - \alpha = -\alpha$ で最小!!
ちなみに
$\sin(-\alpha) = -\dfrac{12}{13}$
は図から求められます！

ⅰ) のとき　$\theta = \dfrac{\pi}{2} + \alpha$ より

$$\begin{cases} \sin\theta = \sin\left(\dfrac{\pi}{2}+\alpha\right) = \cos\alpha = \dfrac{5}{13} \\ \cos\theta = \cos\left(\dfrac{\pi}{2}+\alpha\right) = -\sin\alpha = -\dfrac{12}{13} \end{cases}$$

(★より)

$\begin{cases} \sin\left(\dfrac{\pi}{2}+\alpha\right)=\cos\alpha \\ \cos\left(\dfrac{\pi}{2}+\alpha\right)=-\sin\alpha \end{cases}$

一応公式ですが，加法定理から導いてもOK！

α にもちゃんと情報があーる!!

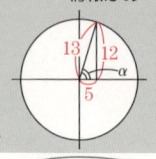

ⅱ) のとき　$\theta = 0$ より

$$\begin{cases} \sin\theta = \sin 0 = 0 \\ \cos\theta = \cos 0 = 1 \end{cases}$$

なるほどねぇ…

$\theta - \alpha = -\alpha$
∴ $\theta = 0$

こいつらはアタリマエだね！

以上まとめて

$\sin\theta = \dfrac{5}{13},\ \cos\theta = -\dfrac{12}{13}$ のとき最大値 **13**

$\sin\theta = 0,\ \cos\theta = 1$ のとき最小値 $-$**12**

(答)

設問で聞かれることをしっかり見やすくまとめておきましょう！

Theme 11 天下の嫌われ者！ 三角関数の合成でございます♥ 161

こんな問題もあるぜっ！

問題11-3　ちょいムズ

$0 \leq x < 2\pi$ のとき，次の不等式を解け。
(1) $\sin 2x - \cos 2x \geq 1$
(2) $2\cos x - 2\sin\left(\dfrac{\pi}{6} - x\right) < \sqrt{3}$

ファイト!!

ナイスな導入!!

(1) 左辺を見るかぎり，合成の登場やネ！ではやりますかぁ

係数は1　　係数は-1

$\sin 2x - \cos 2x \geq 1$ 　　$\sqrt{1^2 + (-1)^2} = \sqrt{2}$　いつもの $\sqrt{a^2+b^2}$ ！

$\sqrt{2}\left(\dfrac{1}{\sqrt{2}}\sin 2x - \dfrac{1}{\sqrt{2}}\cos 2x\right) \geq 1$

$\sqrt{2}\left(\sin 2x \cos\dfrac{\pi}{4} - \cos 2x \sin\dfrac{\pi}{4}\right) \geq 1$

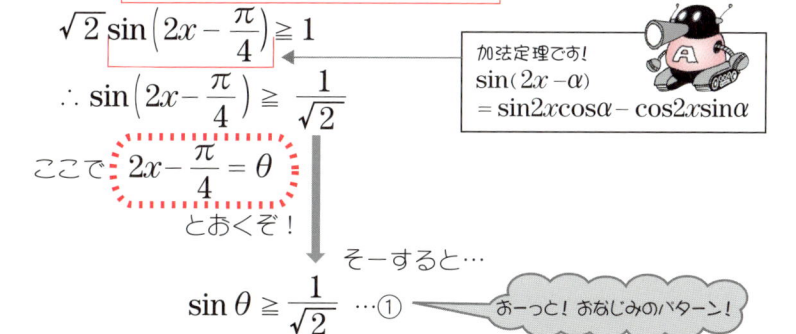

$\sqrt{2}\sin\left(2x - \dfrac{\pi}{4}\right) \geq 1$

加法定理です！
$\sin(2x - \alpha)$
$= \sin 2x \cos\alpha - \cos 2x \sin\alpha$

∴ $\sin\left(2x - \dfrac{\pi}{4}\right) \geq \dfrac{1}{\sqrt{2}}$

ここで　$2x - \dfrac{\pi}{4} = \theta$　とおくぞ！

そーすると…

$\sin\theta \geq \dfrac{1}{\sqrt{2}}$ 　…①　おーっと！おなじみのパターン！

このとき肝心なのは θ の範囲だ!!

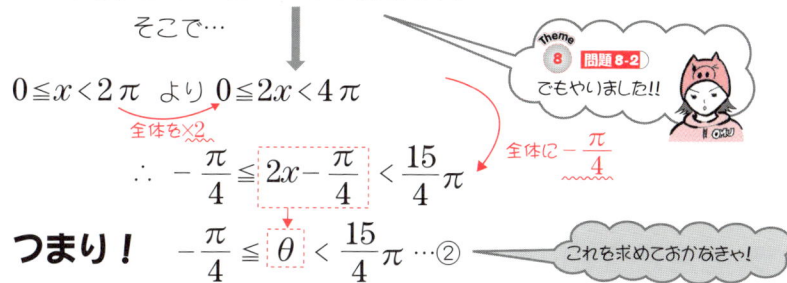

そこで…

$0 \leq x < 2\pi$ より $0 \leq 2x < 4\pi$
全体を×2

Theme 8 問題8-2 でもやりました!!

∴ $-\dfrac{\pi}{4} \leq 2x - \dfrac{\pi}{4} < \dfrac{15}{4}\pi$
全体に $-\dfrac{\pi}{4}$

つまり！　$-\dfrac{\pi}{4} \leq \theta < \dfrac{15}{4}\pi$ …②　これを求めておかなきゃ！

狙いは定まった!!

②の範囲は… $-\frac{\pi}{4} \leqq \theta < \frac{15}{4}\pi$ ②の範囲で①を解く!! $\sin\theta \geqq \frac{1}{\sqrt{2}}$

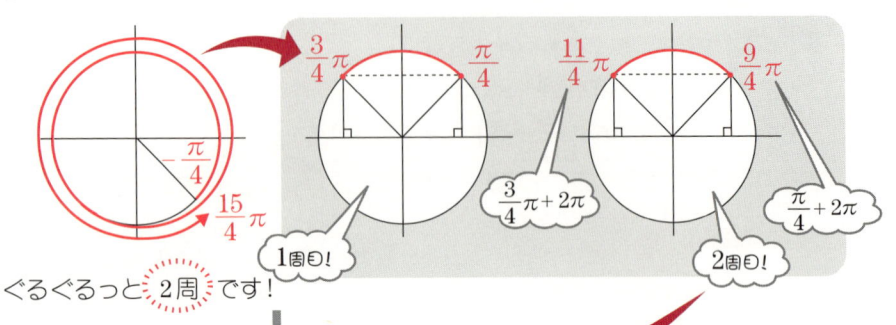

ぐるぐるっと 2周 です！

1周目！ $\frac{3}{4}\pi$, $\frac{\pi}{4}$

2周目！ $\frac{11}{4}\pi$ ($\frac{3}{4}\pi+2\pi$) , $\frac{9}{4}\pi$ ($\frac{\pi}{4}+2\pi$)

仕上げや!!

$\frac{\pi}{4} \leqq \theta \leqq \frac{3}{4}\pi$ と $\frac{9}{4}\pi \leqq \theta \leqq \frac{11}{4}\pi$

$2x - \frac{\pi}{4} = \theta$ だったから…

全体に $+\frac{\pi}{4}$

$\frac{\pi}{4} \leqq 2x - \frac{\pi}{4} \leqq \frac{3}{4}\pi$ と $\frac{9}{4}\pi \leqq 2x - \frac{\pi}{4} \leqq \frac{11}{4}\pi$

全体に ÷2

$\frac{\pi}{2} \leqq 2x \leqq \pi$ と $\frac{5}{2}\pi \leqq 2x \leqq 3\pi$

$$\frac{\pi}{4} \leqq x \leqq \frac{\pi}{2} \ \& \ \frac{5}{4}\pi \leqq x \leqq \frac{3}{2}\pi$$

答でーす!!

(2) は，左辺がややこしいねぇ!? **じゃあ左辺は??**

左辺 $= 2\cos x - 2\sin\left(\frac{\pi}{6} - x\right)$ オエーッ!!

加法定理でバラす！

$= 2\cos x - 2\left(\sin\frac{\pi}{6}\cos x - \cos\frac{\pi}{6}\sin x\right)$

$\frac{1}{2}$, $\frac{\sqrt{3}}{2}$

$= 2\cos x - \cos x + \sqrt{3}\sin x$

$= \sqrt{3}\sin x + \cos x$ ← なーんだ!! $a\sin x + b\cos x$！ つまり，**合成**のタイプじゃん!!

ホラ，できそうでしょ!?

Theme 11 天下の嫌われ者！ 三角関数の合成でございます♥

解答でござる

(1) $\sin 2x - \cos 2x \geq 1$ ← 左辺が合成のタイプ！

$\sqrt{1^2 + (-1)^2} = \sqrt{2}$

$\sqrt{2}\left(\dfrac{1}{\sqrt{2}}\sin 2x - \dfrac{1}{\sqrt{2}}\cos 2x\right) \geq 1$ ← いつもの変形！

$\sqrt{2}\left(\sin 2x \cos\dfrac{\pi}{4} - \cos 2x \sin\dfrac{\pi}{4}\right) \geq 1$

加法定理です！
$\sin\left(2x - \dfrac{\pi}{4}\right)$
$= \sin 2x \cos\dfrac{\pi}{4} - \cos 2x \sin\dfrac{\pi}{4}$

$\sqrt{2}\sin\left(2x - \dfrac{\pi}{4}\right) \geq 1$

$\therefore \sin\left(2x - \dfrac{\pi}{4}\right) \geq \dfrac{1}{\sqrt{2}}$ ← 左辺がスッキリ!!

ここで, $\theta = 2x - \dfrac{\pi}{4}$ とおくと,

$\sin\theta \geq \dfrac{1}{\sqrt{2}}$ …①

$\theta = 2x - \dfrac{\pi}{4}$ とおいて見やすくすれば, おなじみのタイプ！

一方, $0 \leq x < 2\pi$ より,

$-\dfrac{\pi}{4} \leq 2x - \dfrac{\pi}{4} < \dfrac{15}{4}\pi$

$0 \leq x < 2\pi$
×2 → $0 \leq 2x < 4\pi$
$-\dfrac{\pi}{4}$ → $-\dfrac{\pi}{4} \leq 2x - \dfrac{\pi}{4} < \dfrac{15}{4}\pi$
$\therefore -\dfrac{\pi}{4} \leq \theta < \dfrac{15}{4}\pi$

つまり, $-\dfrac{\pi}{4} \leq \theta < \dfrac{15}{4}\pi$ …②

②の範囲で①を解くと,

$\dfrac{\pi}{4} \leq \theta \leq \dfrac{3}{4}\pi$ または $\dfrac{9}{4}\pi \leq \theta \leq \dfrac{11}{4}\pi$

このあたりは ナイスな導入!! 参照！

すなわち,

$\dfrac{\pi}{4} \leq 2x - \dfrac{\pi}{4} \leq \dfrac{3}{4}\pi$ または $\dfrac{9}{4}\pi \leq 2x - \dfrac{\pi}{4} \leq \dfrac{11}{4}\pi$

解いただけです
全体に $+\dfrac{\pi}{4}$ してそのあと
全体を $\div 2$

$\therefore \dfrac{\pi}{4} \leq x \leq \dfrac{\pi}{2},\ \dfrac{5}{4}\pi \leq x \leq \dfrac{3}{2}\pi$ …(答)

(2) $2\cos x - 2\sin\left(\dfrac{\pi}{6} - x\right) < \sqrt{3}$

左辺が嫌な感じなんで加法定理でバラバラに…
$\sin(\alpha - \beta)$
$= \sin\alpha\cos\beta - \cos\alpha\sin\beta$
を使ったヨ！

$2\cos x - 2\left(\sin\dfrac{\pi}{6}\cos x - \cos\dfrac{\pi}{6}\sin x\right) < \sqrt{3}$

$\sin\dfrac{\pi}{6} = \dfrac{1}{2}$　　$\cos\dfrac{\pi}{6} = \dfrac{\sqrt{3}}{2}$

163

$$2\cos x - 2\left(\frac{1}{2}\cos x - \frac{\sqrt{3}}{2}\sin x\right) < \sqrt{3}$$

$$\sqrt{3}\sin x + \cos x < \sqrt{3}$$

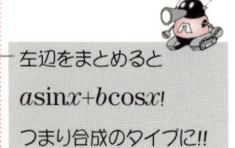

左辺をまとめると $a\sin x + b\cos x$! つまり合成のタイプに!!

$$2\left(\frac{\sqrt{3}}{2}\sin x + \frac{1}{2}\cos x\right) < \sqrt{3}$$

$\sqrt{(\sqrt{3})^2 + 1^2} = \sqrt{4} = 2$

$$2\left(\sin x \cos \frac{\pi}{6} + \cos x \sin \frac{\pi}{6}\right) < \sqrt{3}$$

加法定理より
$\sin(x + \alpha)$
$= \sin x \cos \alpha + \cos x \sin \alpha$
（この場合 $\alpha = \frac{\pi}{6}$）

$$2\sin\left(x + \frac{\pi}{6}\right) < \sqrt{3}$$

$$\therefore \sin\left(x + \frac{\pi}{6}\right) < \frac{\sqrt{3}}{2}$$

ここで $\theta = x + \frac{\pi}{6}$ とおくと,

$$\sin \theta < \frac{\sqrt{3}}{2} \cdots ①$$

またもやおなじみの形に!

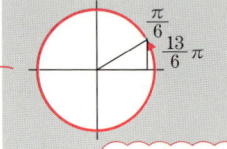

一方, $0 \leqq x < 2\pi$ より,

$$\frac{\pi}{6} \leqq x + \frac{\pi}{6} < \frac{13}{6}\pi$$

全体に $+\frac{\pi}{6}$

つまり, $\frac{\pi}{6} \leqq \theta < \frac{13}{6}\pi \cdots ②$

このビミョウな境目に注目!!

②の範囲で①を解くと,

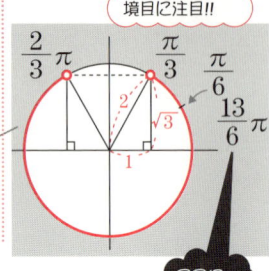

$$\frac{\pi}{6} \leqq \theta < \frac{\pi}{3}, \quad \frac{2}{3}\pi < \theta < \frac{13}{6}\pi$$

ここに境目が!

すなわち,

$$\frac{\pi}{6} \leqq x + \frac{\pi}{6} < \frac{\pi}{3}, \quad \frac{2}{3}\pi < x + \frac{\pi}{6} < \frac{13}{6}\pi$$

全体に $-\frac{\pi}{6}$

$$\therefore \ 0 \leqq x < \frac{\pi}{6}, \quad \frac{\pi}{2} < x < 2\pi \quad \cdots (答)$$

ここのイコールを忘れるな!!
②をよーく見る!!

Theme 12　吐き気がするぜ！　和⇄積の公式

Theme 12　吐き気がするぜ！ 和⇄積の公式

オエーッ！

ドーン と全公式を並べておきまーす!!

Ⓐ 積 ➡ 和の公式

① $\sin\alpha\cos\beta = \dfrac{1}{2}\{\sin(\alpha+\beta)+\sin(\alpha-\beta)\}$

② $\cos\alpha\sin\beta = \dfrac{1}{2}\{\sin(\alpha+\beta)-\sin(\alpha-\beta)\}$

③ $\cos\alpha\cos\beta = \dfrac{1}{2}\{\cos(\alpha+\beta)+\cos(\alpha-\beta)\}$

④ $\sin\alpha\sin\beta = -\dfrac{1}{2}\{\cos(\alpha+\beta)-\cos(\alpha-\beta)\}$

Ⓑ 和 ➡ 積の公式

① $\sin A + \sin B = 2\sin\dfrac{A+B}{2}\cos\dfrac{A-B}{2}$

② $\sin A - \sin B = 2\cos\dfrac{A+B}{2}\sin\dfrac{A-B}{2}$

③ $\cos A + \cos B = 2\cos\dfrac{A+B}{2}\cos\dfrac{A-B}{2}$

④ $\cos A - \cos B = -2\sin\dfrac{A+B}{2}\sin\dfrac{A-B}{2}$

ちょっと多すぎですか？

しかし!! 丸暗記は NG ですゾ!!

NG…!?

コイツら全て，**加法定理**から，すぐ導き出せるんですョ♥

またお前か!?

では材料をまとめておきます！

Theme 6 の**加法定理**でございます！

$$\sin(\alpha+\beta) = \sin\alpha\cos\beta + \cos\alpha\sin\beta \cdots ㋑$$
$$\sin(\alpha-\beta) = \sin\alpha\cos\beta - \cos\alpha\sin\beta \cdots ㋺$$
$$\cos(\alpha+\beta) = \cos\alpha\cos\beta - \sin\alpha\sin\beta \cdots ㋩$$
$$\cos(\alpha-\beta) = \cos\alpha\cos\beta + \sin\alpha\sin\beta \cdots ㋥$$

全ては，ここから始まりまーす！

㋑＋㋺より

$$\sin(\alpha+\beta) = \sin\alpha\cos\beta + \cos\alpha\sin\beta \cdots ㋑$$
$$+\underline{)\sin(\alpha-\beta) = \sin\alpha\cos\beta - \cos\alpha\sin\beta \cdots ㋺}$$
$$\sin(\alpha+\beta) + \sin(\alpha-\beta) = 2\sin\alpha\cos\beta$$

∴ $\sin\alpha\cos\beta = \dfrac{1}{2}\{\sin(\alpha+\beta)+\sin(\alpha-\beta)\}$ → **A**の①です！

一丁あがり！

㋑－㋺より

$$\sin(\alpha+\beta) = \sin\alpha\cos\beta + \cos\alpha\sin\beta \cdots ㋑$$
$$-\underline{)\sin(\alpha-\beta) = \sin\alpha\cos\beta - \cos\alpha\sin\beta \cdots ㋺}$$
$$\sin(\alpha+\beta) - \sin(\alpha-\beta) = 2\cos\alpha\sin\beta$$

∴ $\cos\alpha\sin\beta = \dfrac{1}{2}\{\sin(\alpha+\beta)-\sin(\alpha-\beta)\}$ → **A**の②です！

一丁あがり！

Theme 12　吐き気がするぜ！　和⇄積の公式

㋑＋㋺より

$$\cos(\alpha+\beta)=\cos\alpha\cos\beta-\sin\alpha\sin\beta \cdots ㋑$$
$$+\ )\ \cos(\alpha-\beta)=\cos\alpha\cos\beta+\sin\alpha\sin\beta \cdots ㋺$$
$$\overline{\cos(\alpha+\beta)+\cos(\alpha-\beta)=2\cos\alpha\cos\beta}$$

$$\therefore \cos\alpha\cos\beta=\frac{1}{2}\{\cos(\alpha+\beta)+\cos(\alpha-\beta)\}$$

→ Ⓐの❸です！

一丁あがり!

㋑－㋺より

$$\cos(\alpha+\beta)=\cos\alpha\cos\beta-\sin\alpha\sin\beta \cdots ㋑$$
$$-\ )\ \cos(\alpha-\beta)=\cos\alpha\cos\beta+\sin\alpha\sin\beta \cdots ㋺$$
$$\overline{\cos(\alpha+\beta)-\cos(\alpha-\beta)=-2\sin\alpha\sin\beta}$$

このマイナスに注意せよ!!

$$\therefore \sin\alpha\sin\beta=-\frac{1}{2}\{\cos(\alpha+\beta)-\cos(\alpha-\beta)\}$$

→ Ⓐの❹です！

一丁あがり!

これでp.165の Ⓐ **積→和の公式**が全て導けましたネ!!

是非自分でもできるようにしてください!

ここで!! $\begin{cases}\alpha+\beta=A \cdots ㋭\\ \alpha-\beta=B \cdots ㋬\end{cases}$ とおくと… おーっと!!

㋭＋㋬より

$$2\alpha=A+B$$
$$\therefore \alpha=\frac{A+B}{2} \cdots ㋣$$

㋭－㋬より

$$2\beta=A-B$$
$$\therefore \beta=\frac{A-B}{2} \cdots ㋠$$

㋣と㋠を Ⓐ の①に代入して

Ⓐの①→ $\sin\alpha\cos\beta=\frac{1}{2}\{\sin(\alpha+\beta)+\sin(\alpha-\beta)\}$

$\frac{A+B}{2}$　$\frac{A-B}{2}$　　A　　　B

$$\sin\frac{A+B}{2}\cos\frac{A-B}{2}=\frac{1}{2}(\sin A+\sin B)$$

両辺×2

$$\therefore \sin A+\sin B=2\sin\frac{A+B}{2}\cos\frac{A-B}{2}$$

→ Ⓑの①です！

一丁あがり!

ト と チ を Ⓐ の❷に代入して

Ⓐ の❷ → $\cos\alpha \sin\beta = \dfrac{1}{2}\{\sin(\alpha+\beta) - \sin(\alpha-\beta)\}$

$\qquad\qquad\quad\downarrow\qquad\ \downarrow\qquad\qquad\ \downarrow\qquad\qquad\ \downarrow$
$\qquad\qquad \frac{A+B}{2}\ \ \frac{A-B}{2}\qquad\quad A\qquad\qquad\ B$

$$\cos\dfrac{A+B}{2}\sin\dfrac{A-B}{2} = \dfrac{1}{2}(\sin A - \sin B)$$

両辺×2

∴ $\boxed{\sin A - \sin B = 2\cos\dfrac{A+B}{2}\sin\dfrac{A-B}{2}}$ → Ⓑ の❷

一丁あがり!

ト と チ を Ⓐ の❸に代入して

Ⓐ の❸ → $\cos\alpha\cos\beta = \dfrac{1}{2}\{\cos(\alpha+\beta) + \cos(\alpha-\beta)\}$

$\qquad\qquad \frac{A+B}{2}\ \ \frac{A-B}{2}\qquad\quad A\qquad\qquad\ B$

$$\cos\dfrac{A+B}{2}\cos\dfrac{A-B}{2} = \dfrac{1}{2}(\cos A + \cos B)$$

両辺×2

∴ $\boxed{\cos A + \cos B = 2\cos\dfrac{A+B}{2}\cos\dfrac{A-B}{2}}$ → Ⓑ の❸

一丁あがり!

ト と チ を Ⓐ の❹に代入して

Ⓐ の❹ → $\sin\alpha\sin\beta = -\dfrac{1}{2}\{\cos(\alpha+\beta) - \cos(\alpha-\beta)\}$

$\qquad\qquad \frac{A+B}{2}\ \ \frac{A-B}{2}\qquad\quad A\qquad\qquad\ B$

$$\sin\dfrac{A+B}{2}\sin\dfrac{A-B}{2} = -\dfrac{1}{2}(\cos A - \cos B)$$

マイナスに注意!

両辺×(-2)

∴ $\boxed{\cos A - \cos B = -2\sin\dfrac{A+B}{2}\sin\dfrac{A-B}{2}}$ → Ⓑ の❹

一丁あがり!

ホラ!!　全て簡単に導けますョ!

くどいかもしれませんが、もう一度いいます!　自分で導けるようにしておいてくださいませ♥

問題12-1　　　　　　　　　　　　　　　　　　　　　標準

次の式の値を求めよ。

(1) $\sin\dfrac{4}{9}\pi \sin\dfrac{2}{9}\pi \sin\dfrac{\pi}{9}$

(2) $\cos\dfrac{8}{9}\pi \cos\dfrac{4}{9}\pi \cos\dfrac{2}{9}\pi$

(3) $\cos\dfrac{\pi}{18}+\cos\dfrac{11}{18}\pi+\cos\dfrac{13}{18}\pi$

(4) $\sin\dfrac{\pi}{18}+\sin\dfrac{5}{18}\pi-\cos\dfrac{\pi}{9}$

ナイスな導入!!

まず，登場する三角関数が全て，$\sin\dfrac{\pi}{6}=\dfrac{1}{2}$ や $\cos\dfrac{2}{3}\pi=-\dfrac{1}{2}$　pretty!　pretty!

などのようにpretty！　ではなく，$\sin\dfrac{\pi}{9}=?$ や $\cos\dfrac{4}{9}\pi=?$ のような

ブサイク なものばかりです！　オェー！　オェー！

と，ゆーことは…　　　　まず思い出されるのが，**問題6-3** です！

p.83の公式を活用して全て $\dfrac{\pi}{4}$ **以内** の三角関数で表すんでしたネ!?

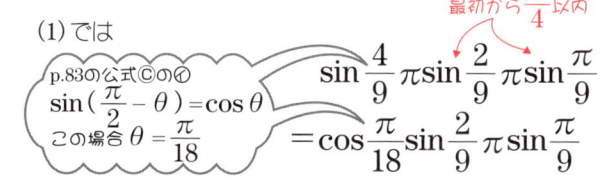

(1)では　　　　　　　　　最初から $\dfrac{\pi}{4}$ 以内

p.83の公式©の⓵
$\sin(\dfrac{\pi}{2}-\theta)=\cos\theta$
この場合 $\theta=\dfrac{\pi}{18}$

$\sin\dfrac{4}{9}\pi \sin\dfrac{2}{9}\pi \sin\dfrac{\pi}{9}$

$=\cos\dfrac{\pi}{18}\sin\dfrac{2}{9}\pi \sin\dfrac{\pi}{9}$

ここで **STOP** してしまいますね!?　つまり，この方針は **ダメ**！！

(2)〜(4)も同様です。

では，仕切り直し!!

全て積で表されてるョ！

(1)をよ——く見てごらん！

$\sin\dfrac{4}{9}\pi \sin\dfrac{2}{9}\pi \sin\dfrac{\pi}{9}$

p.165の **Ⓐ 積→和の公式**
ⓐ $\sin\alpha\sin\beta=-\dfrac{1}{2}\{\cos(\alpha+\beta)-\cos(\alpha-\beta)\}$
で，$\alpha=\dfrac{4}{9}\pi$，$\beta=\dfrac{2}{9}\pi$ としてごらん！

$=-\dfrac{1}{2}\left\{\cos(\dfrac{4}{9}\pi+\dfrac{2}{9}\pi)-\cos(\dfrac{4}{9}\pi-\dfrac{2}{9}\pi)\right\}\sin\dfrac{\pi}{9}$

$$= -\frac{1}{2}\left(\cos\frac{2}{3}\pi - \cos\frac{2}{9}\pi\right)\sin\frac{\pi}{9}$$

> おーっと！pretty!

> ブサイクな角 $\frac{4}{9}\pi$ と $\frac{2}{9}\pi$ を加えることによりprettyな角 $\frac{2}{3}\pi$ が発生する!!

$$= -\frac{1}{2} \times \left(-\frac{1}{2} - \cos\frac{2}{9}\pi\right) \times \sin\frac{\pi}{9}$$

$$= \frac{1}{4}\sin\frac{\pi}{9} + \frac{1}{2}\cos\frac{2}{9}\pi\sin\frac{\pi}{9}$$

> 展開しただけですヨ♥

> p.165の **A 積→和の公式**
> ② $\cos\alpha\sin\beta = \frac{1}{2}\{\sin(\alpha+\beta) - \sin(\alpha-\beta)\}$
> で, $\alpha = \frac{2}{9}\pi$, $\beta = \frac{\pi}{9}$ としてごらん！

$$= \frac{1}{4}\sin\frac{\pi}{9} + \frac{1}{2} \times \frac{1}{2}\left\{\sin\left(\frac{2}{9}\pi + \frac{\pi}{9}\right) - \sin\left(\frac{2}{9}\pi - \frac{\pi}{9}\right)\right\}$$

$$= \frac{1}{4}\sin\frac{\pi}{9} + \frac{1}{4}\left(\sin\frac{\pi}{3} - \sin\frac{\pi}{9}\right)$$

> おーっと！またまたpretty！

> ブサイクな角 $\frac{2}{9}\pi$ と $\frac{\pi}{9}$ を加えることによりprettyな角 $\frac{\pi}{3}$ が発生する!!

$$= \frac{1}{4}\sin\frac{\pi}{9} + \frac{1}{4}\left(\frac{\sqrt{3}}{2} - \sin\frac{\pi}{9}\right)$$

$$= \frac{1}{4}\sin\frac{\pi}{9} + \frac{\sqrt{3}}{8} - \frac{1}{4}\sin\frac{\pi}{9}$$

> 展開しましたぁ♥

$$= \frac{\sqrt{3}}{8}$$ **できあがり!!**

同様に…

(2)では, $\cos\frac{8}{9}\pi\cos\frac{4}{9}\pi\cos\frac{2}{9}\pi$ と **積** の形となっているからp.165の **A 積→和の公式** の登場が予想されます！

これに対して

(3)(4)では, $\cos\frac{\pi}{18} + \cos\frac{11}{18}\pi + \cos\frac{13}{18}\pi$ などと **和** の形となっているから, p.165の **B 和→積の公式** の登場が予想されまーす!!

てなワケで，解答作りといきましょう!!

Theme 12 吐き気がするぜ！ 和⇄積の公式　171

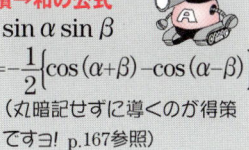

解答でござる

(1) $\sin\dfrac{4}{9}\pi \sin\dfrac{2}{9}\pi \sin\dfrac{\pi}{9}$

$= -\dfrac{1}{2}\left\{\cos\left(\dfrac{4}{9}\pi+\dfrac{2}{9}\pi\right) - \cos\left(\dfrac{4}{9}\pi-\dfrac{2}{9}\pi\right)\right\} \times \sin\dfrac{\pi}{9}$

$= -\dfrac{1}{2}\left(\cos\dfrac{2}{3}\pi - \cos\dfrac{2}{9}\pi\right) \times \sin\dfrac{\pi}{9}$

$= -\dfrac{1}{2}\left(-\dfrac{1}{2} - \cos\dfrac{2}{9}\pi\right) \times \sin\dfrac{\pi}{9}$

$= \dfrac{1}{4}\sin\dfrac{\pi}{9} + \dfrac{1}{2}\cos\dfrac{2}{9}\pi \sin\dfrac{\pi}{9}$

$= \dfrac{1}{4}\sin\dfrac{\pi}{9} + \dfrac{1}{2} \times \dfrac{1}{2}\left\{\sin\left(\dfrac{2}{9}\pi+\dfrac{\pi}{9}\right) - \sin\left(\dfrac{2}{9}\pi-\dfrac{\pi}{9}\right)\right\}$

$= \dfrac{1}{4}\sin\dfrac{\pi}{9} + \dfrac{1}{4} \times \left(\sin\dfrac{\pi}{3} - \sin\dfrac{\pi}{9}\right)$

$= \dfrac{1}{4}\sin\dfrac{\pi}{9} + \dfrac{1}{4} \times \dfrac{\sqrt{3}}{2} - \dfrac{1}{4}\sin\dfrac{\pi}{9}$

$= \dfrac{\sqrt{3}}{8}$ …（答）

(2) $\cos\dfrac{8}{9}\pi \cos\dfrac{4}{9}\pi \cos\dfrac{2}{9}\pi$

$= \dfrac{1}{2}\left\{\cos\left(\dfrac{8}{9}\pi+\dfrac{4}{9}\pi\right) + \cos\left(\dfrac{8}{9}\pi-\dfrac{4}{9}\pi\right)\right\} \times \cos\dfrac{2}{9}\pi$

$= \dfrac{1}{2}\left(\cos\dfrac{4}{3}\pi + \cos\dfrac{4}{9}\pi\right) \times \cos\dfrac{2}{9}\pi$

$= \dfrac{1}{2}\left(-\dfrac{1}{2} + \cos\dfrac{4}{9}\pi\right) \times \cos\dfrac{2}{9}\pi$

$= -\dfrac{1}{4}\cos\dfrac{2}{9}\pi + \dfrac{1}{2}\cos\dfrac{4}{9}\pi \cos\dfrac{2}{9}\pi$

$= -\dfrac{1}{4}\cos\dfrac{2}{9}\pi + \dfrac{1}{2} \times \dfrac{1}{2}\left\{\cos\left(\dfrac{4}{9}\pi+\dfrac{2}{9}\pi\right) + \cos\left(\dfrac{4}{9}\pi-\dfrac{2}{9}\pi\right)\right\}$

積ばかりで構成!!
よって、p.165 A 積→和の公式がどうもクサイ！

積→和の公式
$\sin\alpha\sin\beta$
$= -\dfrac{1}{2}\{\cos(\alpha+\beta) - \cos(\alpha-\beta)\}$
（丸暗記せずに導くのが得策ですョ！ p.167参照）

展開しました！

積→和の公式
$\cos\alpha\sin\beta$
$= \dfrac{1}{2}\{\sin(\alpha+\beta) - \sin(\alpha-\beta)\}$
（丸暗記せずに導きなさい!! p.166参照ですョ!）

展開しました！

$\dfrac{1}{4}\sin\dfrac{\pi}{9}$ がうまく消えてます!!

積ばかりで構成!!
よって、p.165 A 積→和の公式がどうもクサイ！

積→和の公式
$\cos\alpha\cos\beta$
$= \dfrac{1}{2}\{\cos(\alpha+\beta) + \cos(\alpha-\beta)\}$
（丸暗記無用!! p.167参照!）

展開しただけ!!

積→和の公式
$\cos\alpha\cos\beta$
$= \dfrac{1}{2}\{\cos(\alpha+\beta) + \cos(\alpha-\beta)\}$
（丸暗記無用!! p.167参照!）

$$= -\frac{1}{4}\cos\frac{2}{9}\pi + \frac{1}{4}\times\left(\cos\frac{2}{3}\pi + \cos\frac{2}{9}\pi\right)$$

$$= -\frac{1}{4}\cos\frac{2}{9}\pi + \frac{1}{4}\times\left(-\frac{1}{2}\right) + \frac{1}{4}\cos\frac{2}{9}\pi$$

$$= -\frac{1}{8} \quad \cdots \text{（答）}$$

展開しました！

$\frac{1}{4}\cos\frac{2}{9}\pi$ がうまく消えてます！！

ちょっと言わせて

まぁ…別解のようなものですがねぇ…

もしも(2)が…

$\cos\dfrac{2}{9}\pi\cos\dfrac{4}{9}\pi\cos\dfrac{8}{9}\pi$ と出題されていたら…

(2)では $\cos\dfrac{8}{9}\pi\cos\dfrac{4}{9}\pi\cos\dfrac{2}{9}\pi$ でした…もちろん積の形ですから，全く同じ問題です！！

この順番のままやってみましょうか！

$$\cos\frac{2}{9}\pi\cos\frac{4}{9}\pi\cos\frac{8}{9}\pi$$

$$= \frac{1}{2}\left\{\cos\left(\frac{2}{9}\pi + \frac{4}{9}\pi\right) + \cos\left(\frac{2}{9}\pi - \frac{4}{9}\pi\right)\right\}\times\cos\frac{8}{9}\pi$$

積→和の公式
$\cos\alpha\cos\beta = \dfrac{1}{2}\{\cos(\alpha+\beta)+\cos(\alpha-\beta)\}$
ですヨ！

$$= \frac{1}{2}\left\{\cos\frac{2}{3}\pi + \cos\left(-\frac{2}{9}\pi\right)\right\}\times\cos\frac{8}{9}\pi$$

悲劇その1
p.83の公式
$\cos(-\theta) = \cos\theta$ の活用！！

やることが増える

$$= \frac{1}{2}\left(-\frac{1}{2} + \cos\frac{2}{9}\pi\right)\times\cos\frac{8}{9}\pi$$

$$= -\frac{1}{4}\cos\frac{8}{9}\pi + \frac{1}{2}\cos\frac{2}{9}\pi\cos\frac{8}{9}\pi$$

展開しました！

$$= -\frac{1}{4}\cos\frac{8}{9}\pi + \frac{1}{2}\times\frac{1}{2}\left\{\cos\left(\frac{2}{9}\pi + \frac{8}{9}\pi\right) + \cos\left(\frac{2}{9}\pi - \frac{8}{9}\pi\right)\right\}$$

積→和の公式
$\cos\alpha\cos\beta = \dfrac{1}{2}\{\cos(\alpha+\beta)+\cos(\alpha-\beta)\}$
です

$$= -\frac{1}{4}\cos\frac{8}{9}\pi + \frac{1}{4}\times\left\{\cos\frac{10}{9}\pi + \cos\left(-\frac{2}{3}\pi\right)\right\}$$

$$= -\frac{1}{4}\cos\frac{8}{9}\pi + \frac{1}{4}\cos\frac{10}{9}\pi + \frac{1}{4}\times\left(-\frac{1}{2}\right)$$

$$= -\frac{1}{4}\cos\left(\pi - \frac{\pi}{9}\right) + \frac{1}{4}\cos\left(\pi + \frac{\pi}{9}\right) - \frac{1}{8}$$

悲劇その2
p.83の公式
$\cos(\pi+\theta) = -\cos\theta$
&
$\cos(\pi-\theta) = -\cos\theta$

やることが増える

$$= -\frac{1}{4}\times\left(-\cos\frac{\pi}{9}\right) + \frac{1}{4}\times\left(-\cos\frac{\pi}{9}\right) - \frac{1}{8}$$

$$= \frac{1}{4}\cos\frac{\pi}{9} - \frac{1}{4}\cos\frac{\pi}{9} - \frac{1}{8}$$

$\frac{1}{4}\cos\frac{\pi}{9}$ が消えます

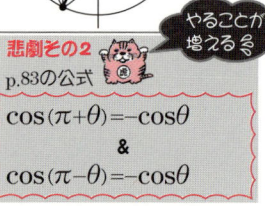

$$= -\frac{1}{8} \quad \cdots \text{（答）}$$

Theme 12　吐き気がするぜ！　和⇄積の公式　173

悲劇その1 & **悲劇その2** を見ていただければおわかりのとおり，ちょっとした手順の違いで，大幅に計算の手数が増えまくります！

$\cos\dfrac{2}{9}\pi\cos\dfrac{4}{9}\pi\cos\dfrac{8}{9}\pi$ 　→　**そこで！**　**結論**　ヒューヒュー！　$\cos\dfrac{8}{9}\pi\cos\dfrac{4}{9}\pi\cos\dfrac{2}{9}\pi$

角度が小さい順に並んでる！　　並べかえる！　　角度が大きい順に並んでる！

そして，前側から 和⇄積の公式 にハメること！

$\cos\dfrac{8}{9}\pi\cos\dfrac{4}{9}\pi\cos\dfrac{2}{9}\pi$
こっち側！

順序を並びかえるのか…。
角度が 大 → 小 の順に

(3)　$\cos\dfrac{\pi}{18}+\cos\dfrac{11}{18}\pi+\cos\dfrac{13}{18}\pi$

$=\cos\dfrac{13}{18}\pi+\cos\dfrac{11}{18}\pi+\cos\dfrac{\pi}{18}$

$=2\cos\dfrac{\frac{13}{18}\pi+\frac{11}{18}\pi}{2}\cos\dfrac{\frac{13}{18}\pi-\frac{11}{18}\pi}{2}+\cos\dfrac{\pi}{18}$

$=2\cos\dfrac{2}{3}\pi\cos\dfrac{\pi}{18}+\cos\dfrac{\pi}{18}$

$=2\times\left(-\dfrac{1}{2}\right)\times\cos\dfrac{\pi}{18}+\cos\dfrac{\pi}{18}$

$=-\cos\dfrac{\pi}{18}+\cos\dfrac{\pi}{18}$

$=\mathbf{0}$　…(答)

上でも述べたように
角度が 大 → 小 の順に
並べかえるのが得策なり♥

和→積の公式
$\cos A+\cos B$
$=2\cos\dfrac{A+B}{2}\cos\dfrac{A-B}{2}$
(丸暗記無用! p.168参照!!)

そして誰もいなくなった…

(4)　$\sin\dfrac{\pi}{18}+\sin\dfrac{5}{18}\pi-\cos\dfrac{\pi}{9}$

$=\sin\dfrac{5}{18}\pi+\sin\dfrac{\pi}{18}-\cos\dfrac{\pi}{9}$

$=2\sin\dfrac{\frac{5}{18}\pi+\frac{\pi}{18}}{2}\cos\dfrac{\frac{5}{18}\pi-\frac{\pi}{18}}{2}-\cos\dfrac{\pi}{9}$

$=2\sin\dfrac{\pi}{6}\cos\dfrac{\pi}{9}-\cos\dfrac{\pi}{9}$

$=2\times\dfrac{1}{2}\times\cos\dfrac{\pi}{9}-\cos\dfrac{\pi}{9}$

$=\cos\dfrac{\pi}{9}-\cos\dfrac{\pi}{9}$

$=\mathbf{0}$　…(答)

和→積の公式に
$\sin A-\cos B=$?
てな形はないので，
$\cos\dfrac{\pi}{9}$ はとりあえず仲間外れ！
角度を 大 → 小 の順に並べる作戦より，前の2項のみを入れかえる！

和→積の公式
$\sin A+\sin B$
$=2\sin\dfrac{A+B}{2}\cos\dfrac{A-B}{2}$
(丸暗記はブタ!! p.167参照!)

そして誰もいなくなった…

ちょっとレベルを上げますかぁ!?

問題12-2 　　　　　　　　　　　　　　　　　ちょいムズ

$0 \leqq x < 2\pi$ のとき，次の方程式を解け。
(1) $\sin x - \sin 2x + \sin 3x = 0$
(2) $\sin 6x + \sin 5x + \sin 4x + \cos x = -\dfrac{1}{2}$

ナイスな導入!!

一般論として $(x-2)(y-3)=0$ のように，**積＝0** の形になっていれば，直ちに結論が出ます。

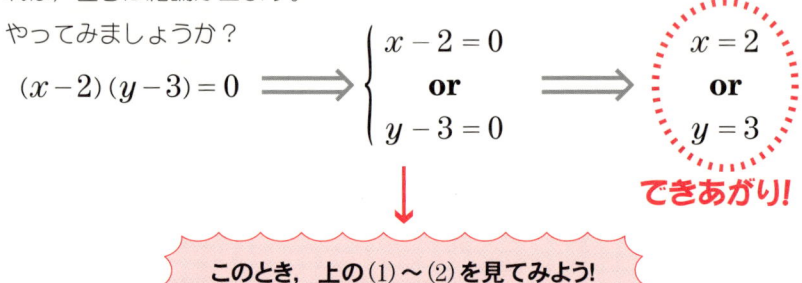

やってみましょうか？

$(x-2)(y-3)=0 \implies \begin{cases} x-2=0 \\ \text{or} \\ y-3=0 \end{cases} \implies \begin{matrix} x=2 \\ \text{or} \\ y=3 \end{matrix}$

できあがり!

このとき，上の(1)〜(2)を見てみよう!

(1)〜(2)全て，**和** のみで構成されてますネ？

と，ゆーことは…

p.165の **和→積の公式** があるんだから，**積** の形へと変形すりゃぁ，何とかなりそうじゃありませんか？

では，では，やってみようじゃないの!!

(1)では，$\sin x - \sin 2x + \sin 3x = 0 \cdots$(★)

ここで考えられるのは，p.165の**和→積の公式**

$$\begin{cases} \sin A + \sin B = 2\sin\dfrac{A+B}{2}\cos\dfrac{A-B}{2} \\ \sin A - \sin B = 2\cos\dfrac{A+B}{2}\sin\dfrac{A-B}{2} \end{cases}$$

の活用であーる!!

そこで!! どの2項を組み合わせるか??が問題となります!

公式を見ると，$\dfrac{A+B}{2}$ や $\dfrac{A-B}{2}$ が登場してるよネ!?

ここで，考えてみよう!! (★)で登場しているのは **x** と **$2x$** と **$3x$** です。

$\dfrac{x+3x}{2}=2x$ となることに気づけば…

(★)を並べかえて…

$$\sin 3x + \sin x - \boxed{\sin 2x} = 0$$

この名コンビから…　　　**一致する!!**

和→積の公式
$\sin A+\sin B$
$=2\sin\dfrac{A+B}{2}\cos\dfrac{A-B}{2}$

$$2\sin\dfrac{3x+x}{2}\cos\dfrac{3x-x}{2}$$
$$=$$
$$2\,\boxed{\sin 2x}\cos x \cdots (※)$$

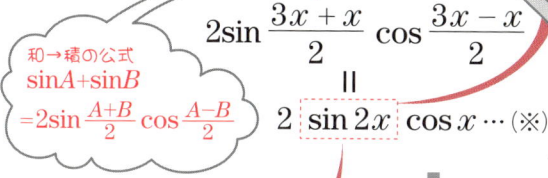

ここで $\sin x + \sin 3x$ の順に並べてもよいが **なるべく大→小の順** にした方がよかったよネ! p.173参照!!

ここまでくりゃぁ…

(※)より，$\underline{2\sin 2x \cos x} - \sin 2x = 0$

$\sin 2x (2\cos x - 1) = 0$ ← $\sin 2x$でくくれば **積=0** の形です!!

よって，$\underline{\sin 2x = 0}$ または $\underline{2\cos x - 1 = 0}$

仕上げは解答にて…

(2)もポイントは同じです!

解答でござる

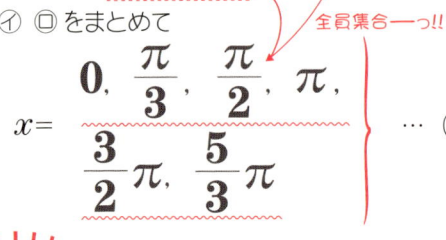

(1) $\sin x - \sin 2x + \sin 3x = 0$

$\boxed{\sin 3x + \sin x} - \sin 2x = 0$

$\boxed{2\sin\dfrac{3x+x}{2}\cos\dfrac{3x-x}{2}} - \sin 2x = 0$

$2\sin 2x \cos x - \sin 2x = 0$

$\sin 2x(2\cos x - 1) = 0$

よって $\sin 2x = 0 \cdots$ ① または $2\cos x - 1 = 0 \cdots$ ②

①で $0 \leq x < 2\pi$ から, $0 \leq 2x < 4\pi$ より

$2x = 0,\ \pi,\ 2\pi,\ 3\pi$

$\therefore x = \boxed{0,\ \dfrac{\pi}{2},\ \pi,\ \dfrac{3}{2}\pi} \cdots$ ㋑

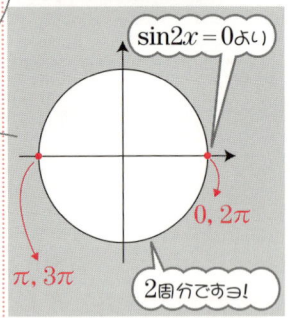

②より $\cos x = \dfrac{1}{2}$

$0 \leq x < 2\pi$ から

$x = \boxed{\dfrac{\pi}{3},\ \dfrac{5}{3}\pi} \cdots$ ㋺

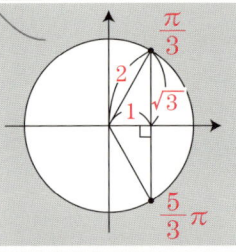

㋑ ㋺ をまとめて

$x = \underline{0,\ \dfrac{\pi}{3},\ \dfrac{\pi}{2},\ \pi,\ \dfrac{3}{2}\pi,\ \dfrac{5}{3}\pi}$ …(答)

別解でーす

$\sin x - \boxed{\sin 2x} + \boxed{\sin 3x} = 0$

$\sin x - \boxed{2\sin x \cos x} + \boxed{3\sin x - 4\sin^3 x} = 0$

$4\sin x - 2\sin x \cos x - 4\sin^3 x = 0$

$2\sin x - \sin x \cos x - 2\sin^3 x = 0$

この順に並べかえる理由はナイスな導入!!を参照!

和→積の公式
$\sin A + \sin B = 2\sin\dfrac{A+B}{2}\cos\dfrac{A-B}{2}$

$\sin 2x$ でくくる!!

積 = 0 の形へ!!

×2 $0 \leq x < 2\pi$ $0 \leq 2x < 4\pi$

$\sin 2x = 0$ より
$0, 2\pi$
$\pi, 3\pi$
2周分ですぞ!

②より, $2\cos x - 1 = 0$
$2\cos x = 1$
$\cos x = \dfrac{1}{2}$

p.88の2倍角の公式
$\sin 2x = 2\sin x \cos x$

p.97の3倍角の公式
$\sin 3x = 3\sin x - 4\sin^3 x$

全体を2で割ったよ!

Theme 12　吐き気がするぜ！　和⇄積の公式　177

$$\sin x(2-\cos x-2\boxed{\sin^2 x})=0$$ ← sinx でくくりました！

$\sin^2 x + \cos^2 x = 1$ より
$\sin^2 x = 1 - \cos^2 x$

$$\sin x\{2-\cos x-2(\boxed{1-\cos^2 x})\}=0$$

$$\sin x(2-\cos x-2+2\cos^2 x)=0$$

さらに cosx でくくる！

$$\sin x(2\cos^2 x-\cos x)=0$$

$$\sin x\cos x(2\cos x-1)=0$$

イメージは
$p\times q\times r=0$ のとき
$p=0$ or $q=0$ or $r=0$

よって，$\sin x=0\ \cdots①$ または $\cos x=0\ \cdots②$

または $2\cos x-1=0\cdots③$

$0\leqq x<2\pi$ に注意して

①より　$x=\boxed{0,\ \pi}\ \cdots㋑$

②より　$x=\boxed{\dfrac{\pi}{2},\ \dfrac{3}{2}\pi}\ \cdots㋺$

③より　$\cos x=\dfrac{1}{2}$ から

$\quad x=\boxed{\dfrac{\pi}{3},\ \dfrac{5}{3}\pi}\ \cdots㋩$

㋑㋺㋩をまとめて

全員集合!!

$$x=\mathbf{0,\ \dfrac{\pi}{3},\ \dfrac{\pi}{2},\ \pi,\ \dfrac{3}{2}\pi,\ \dfrac{5}{3}\pi}$$　…（答）

$\sin A + \cos B$ のタイプの
和→積の公式はナイので，
ここで cosx はとりあえず
仲間外れ！

(2) $\sin 6x+\sin 5x+\sin 4x+\cos x=-\dfrac{1}{2}$

$\boxed{\sin 6x+\sin 4x}+\sin 5x+\cos x=-\dfrac{1}{2}$

$\boxed{2\sin\dfrac{6x+4x}{2}\cos\dfrac{6x-4x}{2}}+\sin 5x+\cos x=-\dfrac{1}{2}$

$\underwave{2\sin 5x\cos x}+\underwave{\sin 5x}+\underwave{\cos x}=-\dfrac{1}{2}$

和→積の公式
$\sin A+\sin B$
$=2\sin\dfrac{A+B}{2}\cos\dfrac{A-B}{2}$
より
　$\sin 6x+\sin 4x$
$=2\sin\dfrac{6x+4x}{2}\cos\dfrac{6x-4x}{2}$
$=2\sin 5x\cos x$
sin5x が登場!!

$$\sin 5x(2\cos x+1)+\cos x+\frac{1}{2}=0$$

> sin5xで最初の2項をくくりました！
> そして，$-\frac{1}{2}$ を左辺へ…

両辺を2倍して

$$2\sin 5x(2\cos x+1)+2\cos x+1=0$$

> $\cos x+\frac{1}{2}$ を2倍すると $2\cos x+1$ となるヨ！
> これに気づけばOK!!

$$(2\cos x+1)(2\sin 5x+1)=0$$

> $2\cos x+1=A$ とおくと
> $(2\sin 5x)\times A+A=0$
> $A(2\sin 5x+1)=0$
> $(2\cos x+1)(2\sin 5x+1)=0$

よって，$2\cos x+1=0$ …①

または $2\sin 5x+1=0$ …②

①より，$\cos x=-\dfrac{1}{2}$

$0\leqq x<2\pi$ から

$$x=\frac{2}{3}\pi,\ \frac{4}{3}\pi\ \cdots ㋐$$

②より，$\sin 5x=-\dfrac{1}{2}$　　$2\pi\times 5$

$0\leqq x<2\pi$ から，$0\leqq 5x<10\pi$ より

$$5x=\frac{7}{6}\pi,\ \frac{11}{6}\pi,\ \frac{19}{6}\pi,\ \frac{23}{6}\pi,\ \frac{31}{6}\pi,$$
$$\frac{35}{6}\pi,\ \frac{43}{6}\pi,\ \frac{47}{6}\pi,\ \frac{55}{6}\pi,\ \frac{59}{6}\pi$$

$$\therefore x=\frac{7}{30}\pi,\ \frac{11}{30}\pi,\ \frac{19}{30}\pi,\ \frac{23}{30}\pi,\ \frac{31}{30}\pi,$$
$$\frac{7}{6}\pi,\ \frac{43}{30}\pi,\ \frac{47}{30}\pi,\ \frac{11}{6}\pi,\ \frac{59}{30}\pi\ \cdots ㋑$$

5周分です!!

全員集合やーっ!!

㋐ ㋑ をまとめて，

$$x=\frac{7}{30}\pi,\ \frac{11}{30}\pi,\ \frac{19}{30}\pi,\ \frac{2}{3}\pi,$$
$$\frac{23}{30}\pi,\ \frac{31}{30}\pi,\ \frac{7}{6}\pi,\ \frac{4}{3}\pi,$$
$$\frac{43}{30}\pi,\ \frac{47}{30}\pi,\ \frac{11}{6}\pi,\ \frac{59}{30}\pi\ \cdots (答)$$

> 角度の小さい順に並べておきました！
> その方がキレイですヨ♥
> Beautiful!!

Theme 13 盛りあわせいろいろ♥

> 頻出タイプの融合問題

では，いきなりまいります！

問題 13-1 （ちょいムズ）

$y = \sin x + \cos x + \sin 2x$ について

(1) $\sin x + \cos x = t$ とおいて，y を t の式で表せ。

(2) y のとり得る値の範囲を求めよ。

ナイスな導入!! こいつは **超有名人** だぁーっ!!

では，あらすじを…

(1) $\sin x + \cos x = t$ の両辺を 2 乗してみよう！ ← これがポイント!! （Theme 5 の虎 問題5-2 参照）

2乗！
$(\sin x + \cos x)^2 = t^2$

$\underbrace{\sin^2 x}_{} + \boxed{2\sin x \cos x} + \underbrace{\cos^2 x}_{1} = t^2$ ← 公式 $\sin^2 x + \cos^2 x = 1$

$1 + \boxed{\sin 2x} = t^2$ ← 2倍角の公式より $\sin 2x = 2\sin x \cos x$

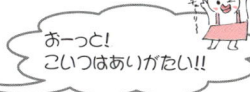

ヒューヒュー！ ∴ $\sin 2x = t^2 - 1$ おーっと！こいつはありがたい!!

これで，全て t で表せそうですネ♥

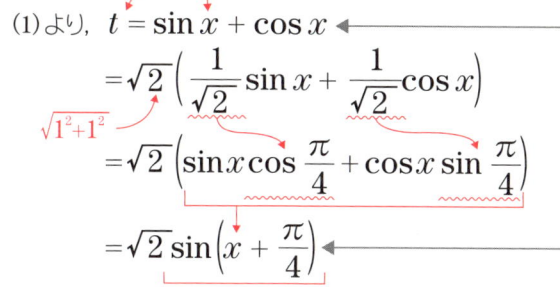

(2)のポイントは 1 つ！そうです。**t の範囲**でーす!!

(1)より，$t = \sin x + \cos x$ ← おっ!! こっ，これは… $a\sin x + b\cos x$ の形！ Theme 11 で特訓した合成のタイプだぁーっ!!

係数は1

$\sqrt{1^2 + 1^2}$　$= \sqrt{2}\left(\dfrac{1}{\sqrt{2}}\sin x + \dfrac{1}{\sqrt{2}}\cos x\right)$

$= \sqrt{2}\left(\sin x \cos \dfrac{\pi}{4} + \cos x \sin \dfrac{\pi}{4}\right)$

$= \sqrt{2}\sin\left(x + \dfrac{\pi}{4}\right)$ ← 加法定理より $\sin(x+\alpha) = \sin x \cos \alpha + \cos x \sin \alpha$ （この場合 $\alpha = \dfrac{\pi}{4}$）

ここで，本問の特徴なんですが…
　　　　xに範囲がナイですよねぇ！？

確かにナイ！！

と，ゆーことは…

xは何でもアリ！

ぐるぐる！！
何周してもOK！！

よって

$x + \dfrac{\pi}{4}$も何でもアリ！！

$\dfrac{\pi}{4}$ずれても…

ぐるぐる！！
結局，何周してもOK！！

1周以上すると
必ずこうなる！！

と，ゆーことは…

$$-1 \leqq \sin\left(x + \dfrac{\pi}{4}\right) \leqq 1$$

ここで最大値1
$\left(\dfrac{\pi}{2}\text{のところ}\right)$

ここで最小値-1
$\left(\dfrac{3}{2}\pi\text{のところ}\right)$

全体を$\sqrt{2}$倍して

$$-\sqrt{2} \leqq \boxed{\sqrt{2}\sin\left(x + \dfrac{\pi}{4}\right)} \leqq \sqrt{2}$$

$$\therefore -\sqrt{2} \leqq \boxed{t} \leqq \sqrt{2}$$

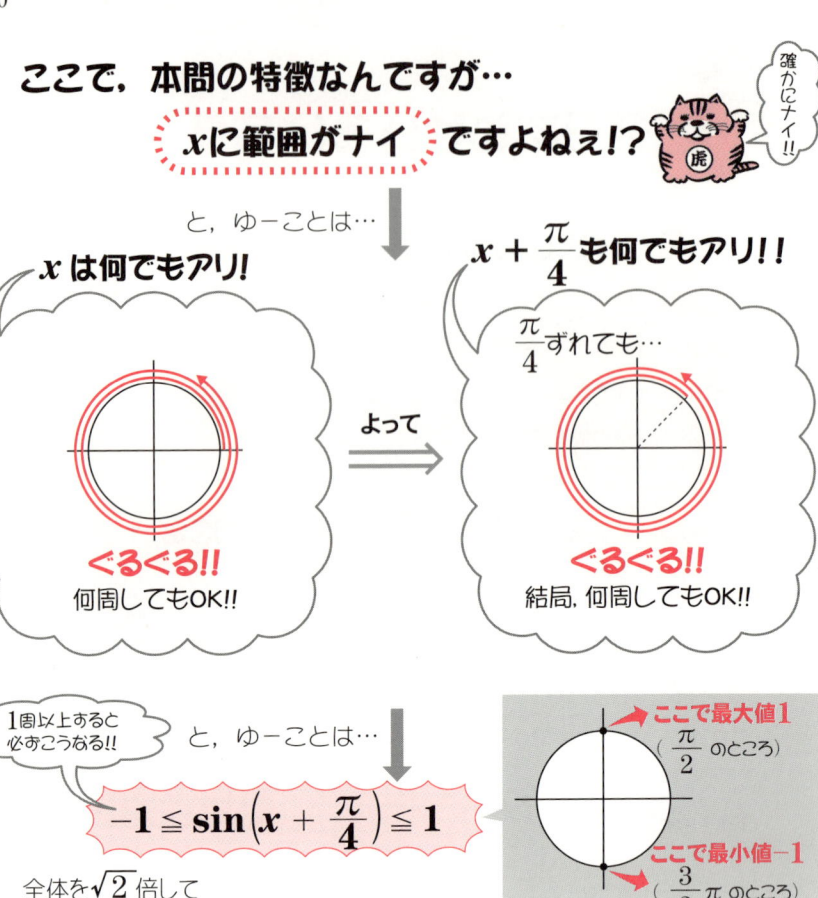

tの範囲が求まりましたぁーっ！

この範囲に注意して，(1)で求めたtの関数yを考えればOK！

解答でござる

$$y = \sin x + \cos x + \sin 2x \quad \cdots ①$$

(1) $\sin x + \cos x = t \quad \cdots ②$ より

$$(\sin x + \cos x)^2 = t^2$$

$$\underbrace{\sin^2 x + 2\sin x \cos x + \cos^2 x}_{1} = t^2$$

これは，もはや
お約束のパターン！
Theme 5 の 問題5-2 (1)でも似たものをやりましたヨ！！

$1 + \sin 2x = t^2$

$\therefore \sin 2x = t^2 - 1$ …③

②③を①に代入して

$y = t + t^2 - 1$

$\therefore \boldsymbol{y = t^2 + t - 1}$ …(答)

> 2倍角の公式
> $\sin 2x = 2\sin x \cos x$

> ①で
> $y = \boxed{\sin x + \cos x} + \boxed{\sin 2x}$
> ↓ ↓
> t t^2-1
> (②より) (③より)

(2) ②より

$t = \sin x + \cos x$

$= \sqrt{2}\left(\dfrac{1}{\sqrt{2}}\sin x + \dfrac{1}{\sqrt{2}}\cos x\right)$

$= \sqrt{2}\left(\sin x \cos\dfrac{\pi}{4} + \cos x \sin\dfrac{\pi}{4}\right)$

$= \sqrt{2}\sin\left(x + \dfrac{\pi}{4}\right)$

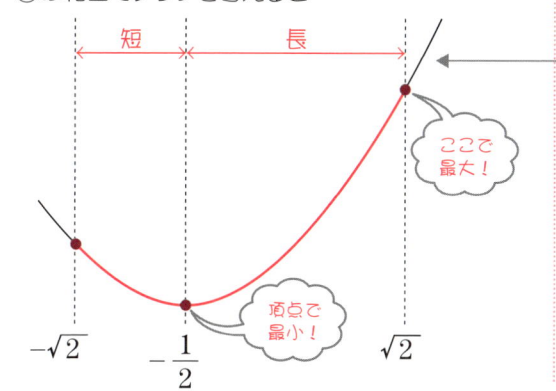

> $a\sin x + b\cos x$ の形 つまり合成のタイプだ!!

> $\sqrt{1^2+1^2} = \sqrt{2}$

> 加法定理より
> $\sin(x+\alpha)$
> $=\sin x \cos\alpha + \cos x \sin\alpha$
> (この場合は $\alpha = \dfrac{\pi}{4}$)

このとき, $-1 \leq \sin\left(x + \dfrac{\pi}{4}\right) \leq 1$

$\times\sqrt{2}$ $\therefore -\sqrt{2} \leq \sqrt{2}\sin\left(x + \dfrac{\pi}{4}\right) \leq \sqrt{2}$

つまり, $-\sqrt{2} \leq t \leq \sqrt{2}$ …④

> x に制限がないので これはアタリマエ!!
> 詳しくは ナイスな導入!!
> にて…

(1)より, $y = t^2 + t - 1$

$= \left(t + \dfrac{1}{2}\right)^2 - \dfrac{5}{4}$

> $y = t^2 + t - 1$ $\left(\dfrac{1}{2}\right)^2$
> $=\left(t^2 + t + \dfrac{1}{4} - \dfrac{1}{4}\right) - 1$
> $=\left(t + \dfrac{1}{2}\right)^2 - \dfrac{5}{4}$

このとき頂点は $\left(-\dfrac{1}{2}, -\dfrac{5}{4}\right)$

> 一般的に
> $y = a(x-p)^2 + q$
> の頂点は (p, q)

④の範囲でグラフを考えると

短 ←→ 長

ここで最大!

頂点で最小!

$-\sqrt{2}$ $-\dfrac{1}{2}$ $\sqrt{2}$

> まともにグラフを描くと損だよ! この大ザッパな図で十分です!!
> 2次関数は左右対称だから, その性質をいかそうぜ!!

よって，$t = -\dfrac{1}{2}$ のとき，最小値は $-\dfrac{5}{4}$ ←　頂点です！

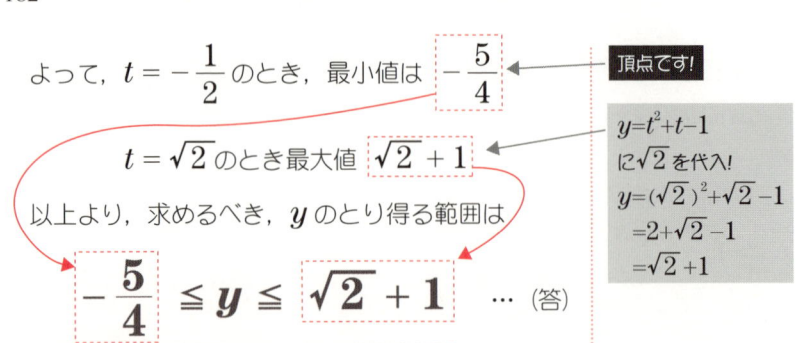

$t = \sqrt{2}$ のとき最大値 $\sqrt{2}+1$ ←

$y=t^2+t-1$ に $\sqrt{2}$ を代入！
$y = (\sqrt{2})^2 + \sqrt{2} - 1$
$= 2 + \sqrt{2} - 1$
$= \sqrt{2} + 1$

以上より，求めるべき，y のとり得る範囲は

$-\dfrac{5}{4} \leqq y \leqq \sqrt{2}+1$ …（答）

問題 13-1 タイプは，大切！！　だから，もう一発いくぜぃ！

問題 13-2 ちょいムズ

x が $0 \leqq x \leqq \pi$ のとき
$y = \sin x \cos x - (\sin x + \cos x) + 2$
のとり得る値の範囲を求めよ。

ナイスな導入！！

これは，問題 13-1 から誘導を取ったタイプです！！
そうです！ 誘導がナイ場合もあるんです！ そこでまとめ♥

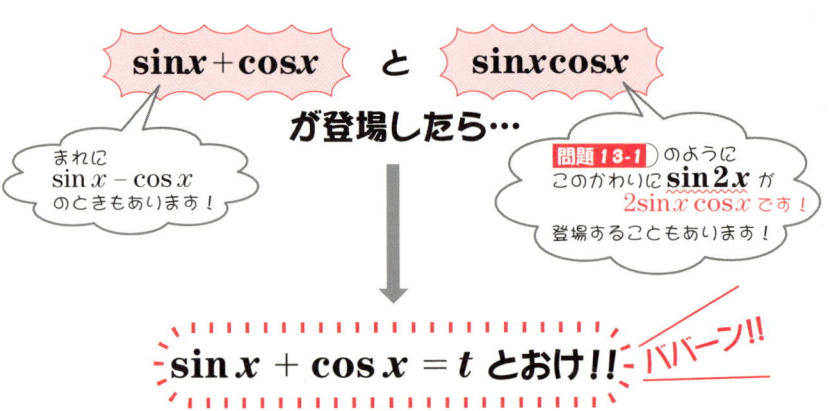

（ヒントがないと困るゼ！！）

$\sin x + \cos x$ と $\sin x \cos x$ が登場したら…

まれに $\sin x - \cos x$ のときもあります！

問題 13-1 のようにこのかわりに $\sin 2x$ が $2\sin x \cos x$ です！登場することもあります！

⬇

$\sin x + \cos x = t$ とおけ！！ ババーン！！

解答でござる

$y = \sin x \cos x - (\sin x + \cos x) + 2 \cdots ①$

$\sin x + \cos x = t \cdots ②$ とおくと

両辺2乗!!
$(\sin x + \cos x)^2 = t^2$

$\underbrace{\sin^2 x + 2\sin x \cos x + \cos^2 x}_{1} = t^2$

$1 + 2\sin x \cos x = t^2$

$2\sin x \cos x = t^2 - 1$

$\therefore \sin x \cos x = \dfrac{t^2-1}{2} \cdots ③$

②③を①に代入して

$y = \dfrac{t^2-1}{2} - t + 2$

$\therefore y = \dfrac{1}{2}t^2 - t + \dfrac{3}{2} \cdots ④$

④を平方完成すると

$y = \dfrac{1}{2}(t-1)^2 + 1$

よって，④の頂点は，$(1, 1)$

一方，②より

$t = \sin x + \cos x$

$\sqrt{1^2+1^2}$
$= \sqrt{2}\left(\dfrac{1}{\sqrt{2}}\sin x + \dfrac{1}{\sqrt{2}}\cos x\right)$

$= \sqrt{2}\left(\sin x \cos\dfrac{\pi}{4} + \cos x \sin\dfrac{\pi}{4}\right)$

$= \sqrt{2}\sin\left(x + \dfrac{\pi}{4}\right) \cdots ⑤$

このとき，全体に $+\dfrac{\pi}{4}$　$0 \leqq x \leqq \pi$ より

$\dfrac{\pi}{4} \leqq x + \dfrac{\pi}{4} \leqq \dfrac{5}{4}\pi \cdots ⑥$

おーっと!!
$\sin x + \cos x$ と $\sin x \cos x$ が登場だぁーっ!

$\sin x + \cos x = t$ とおけ!

誘導がなくても，この方針に気付けるように!

公式より
$\sin^2 x + \cos^2 x = 1$

問題 13-1
$2\sin x \cos x = \sin 2x$
としましたが，本問ではその必要なし!!

①で
$y = \underline{\sin x \cos x} - \underline{(\sin x + \cos x)} + 2$
　　　　$\dfrac{t^2-1}{2}$　　　t
　　　（③より）　　（②より）

展開してまとめただけです!

$y = \dfrac{1}{2}t^2 - t + \dfrac{3}{2}$
$= \dfrac{1}{2}(t^2 - 2t + 1 - 1) + \dfrac{3}{2}$
$= \dfrac{1}{2}(t-1)^2 + 1$

一般的に
$y = a(x-p)^2 + q$ の頂点は (p, q)

そうそう!! t の範囲を求めなきゃ!!

加法定理より
$\sin(x + \alpha)$
$= \sin x \cos \alpha + \cos x \sin \alpha$
（ここで $\alpha = \dfrac{\pi}{4}$）

⑥のとき

全体を×√2　$-\dfrac{1}{\sqrt{2}} \leqq \sin\left(x+\dfrac{\pi}{4}\right) \leqq 1$

∴ $-1 \leqq \sqrt{2}\sin\left(x+\dfrac{\pi}{4}\right) \leqq \sqrt{2}$

つまり，⑤より　$-1 \leqq \boxed{t} \leqq \sqrt{2}$ …⑦

⑦の範囲で④のグラフを考えると

ここで最大！　　　頂点で最小！

-1　　1　$\sqrt{2}$

よって，$t=1$ のとき，最小値 $\boxed{1}$

$t=-1$ のとき，最大値 $\boxed{3}$

以上より，求めるべき y のとり得る値の範囲は，

$\boxed{1} \leqq y \leqq \boxed{3}$ …（答）

$\sin\dfrac{\pi}{2}=1$（最大！）

$\sin\dfrac{5}{4}\pi=-\dfrac{1}{\sqrt{2}}$（最小！）

⑤より
$t=\sqrt{2}\sin\left(x+\dfrac{\pi}{4}\right)$
だったでしょ！？

問題13-1 同様
まともにグラフを描く必要はないヨ！

頂点です！

④に $t=-1$ を代入
$y=\dfrac{1}{2}(-1)^2-(-1)+\dfrac{3}{2}$
$=\dfrac{1}{2}+1+\dfrac{3}{2}$
$=3$

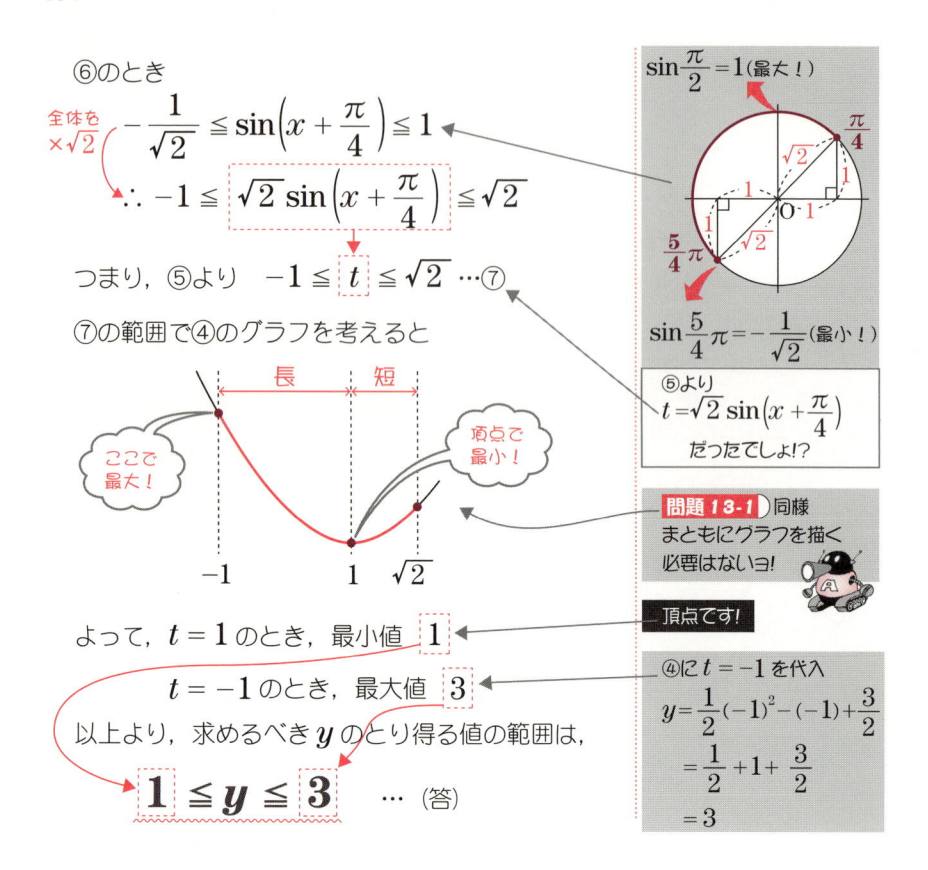

プロフィール

浜地直次郎（43才）
ハマヂナオジロウ

　生真面目なサラリーマン。郊外の庭付きマイホームから長距離出勤の毎日。並外れたモミアゲのボリュームから、人呼んで『モミー』。
　見るからに運が悪そうな奴。

Theme 13 盛りあわせいろいろ♥

まだまだいるぜ！ 超有名人！！

問題 13-3 〔ちょいムズ〕

$0 \leq x \leq \dfrac{\pi}{4}$ のとき

$y = \sin^2 x + 8\sin x \cos x + 9\cos^2 x$

のとり得る値の範囲を求めよ。

ナイスな導入!!

このタイプは，**問題 13-1** ＆ **問題 13-2** とまぎらわしいぞ！！

本問の特徴は，$\sin^2 x$ と $\cos^2 x$ があるとこです！ **問題 13-1** ＆ **問題 13-2** では，無かったよネ！

で，先にまとめときます！

$\sin^2 x$ or $\cos^2 x$ と $\sin x \cos x$ が登場したら…

（$\sin^2 x$ だけが登場してもよし！
$\cos^2 x$ だけが登場してもよし！
$\sin^2 x$ と $\cos^2 x$ の
両方登場してもよし!!）

大胆発言…

⇩

$\sin 2x + \cos 2x$ で表して合成!!

で!! 使用する武器なんですが…

（Theme 7 の p.88 でやったぜ!!）

2倍角の公式より，

$\sin 2x = 2\sin x \cos x \quad \cdots ㋑$

$\begin{cases} \cos 2x = 1 - 2\sin^2 x \quad \cdots ㋺ \\ \cos 2x = 2\cos^2 x - 1 \quad \cdots ㋩ \end{cases}$

㋑㋺㋩から
すぐ求まるよ！
Theme 7 の p.89「半角の公式」
でも似た計算をしたネ♥

㋑より $\sin x \cos x = \dfrac{\sin 2x}{2}$

㋺より $\sin^2 x = \dfrac{1 - \cos 2x}{2}$

㋩より $\cos^2 x = \dfrac{1 + \cos 2x}{2}$

こいつらの活躍で大変形できます!!

解答でござる

$y = \sin^2 x + 8\sin x \cos x + 9\cos^2 x \quad \cdots ①$

2倍角の公式から

$$\left.\begin{array}{l} \sin x \cos x = \dfrac{\sin 2x}{2} \\[4pt] \sin^2 x = \dfrac{1-\cos 2x}{2} \\[4pt] \cos^2 x = \dfrac{1+\cos 2x}{2} \end{array}\right\} \cdots ②$$

②を①に代入して

$$y = \dfrac{1-\cos 2x}{2} + 8 \times \dfrac{\sin 2x}{2} + 9 \times \dfrac{1+\cos 2x}{2}$$

$= 4\sin 2x + 4\cos 2x + 5$

$= 4(\sin 2x + \cos 2x) + 5$

$= 4 \times \sqrt{2}\left(\dfrac{1}{\sqrt{2}}\sin 2x + \dfrac{1}{\sqrt{2}}\cos 2x\right) + 5$

$= 4\sqrt{2} \times \left(\sin 2x \cos \dfrac{\pi}{4} + \cos 2x \sin \dfrac{\pi}{4}\right) + 5$

$= 4\sqrt{2}\sin\left(2x + \dfrac{\pi}{4}\right) + 5 \quad \cdots ③$

一方, $0 \leq x \leq \dfrac{\pi}{4}$

より $\dfrac{\pi}{4} \leq 2x + \dfrac{\pi}{4} \leq \dfrac{3}{4}\pi \quad \cdots ④$

④の範囲より

$\dfrac{1}{\sqrt{2}} \leq \sin\left(2x + \dfrac{\pi}{4}\right) \leq 1$

$4 \leq 4\sqrt{2}\sin\left(2x + \dfrac{\pi}{4}\right) \leq 4\sqrt{2}$

$4+5 \leq 4\sqrt{2}\sin\left(2x + \dfrac{\pi}{4}\right) + 5 \leq 4\sqrt{2} + 5$

③から $\mathbf{9 \leq y \leq 4\sqrt{2} + 5}$ … (答)

$\sin^2 x$ と $\cos^2 x$ と $\sin x \cos x$ が登場!!
⇓
$\sin 2x$ と $\cos 2x$ で表して合成!

2倍角の公式
$\sin 2x = 2\sin x \cos x$
$\begin{cases}\cos 2x = 1-2\sin^2 x \\ \cos 2x = 2\cos^2 x - 1\end{cases}$
からすぐ求まるヨ!

①より
$y = \sin^2 x + 8\sin x\cos x + 9\cos^2 x$
$\quad \dfrac{1-\cos 2x}{2} \quad \dfrac{\sin 2x}{2} \quad \dfrac{1+\cos 2x}{2}$

②より

( )内が合成のタイプに!!
$\sqrt{1^2+1^2} = \sqrt{2}$

加法定理より
$\sin(A+B)$
$=\sin A\cos B + \cos A\sin B$
(この場合 $A=2x$, $B=\dfrac{\pi}{4}$)

$\times 2$ $0 \leq x \leq \dfrac{\pi}{4}$
$+\dfrac{\pi}{4}$ $\left(0 \leq 2x \leq \dfrac{\pi}{2}\right)$
$\dfrac{\pi}{4} \leq 2x + \dfrac{\pi}{4} \leq \dfrac{3}{4}\pi$

$\sin\dfrac{\pi}{2}=1$ (最大!)

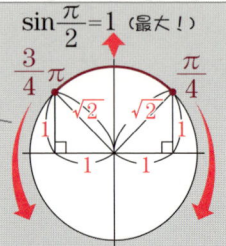

$\begin{cases}\sin\dfrac{\pi}{4}=\dfrac{1}{\sqrt{2}} \\ \sin\dfrac{3}{4}\pi=\dfrac{1}{\sqrt{2}}\end{cases}$ (最小!)

③の $4\sqrt{2}\sin\left(2x+\dfrac{\pi}{4}\right)+5$ を作りました!!

全体を $\times 4\sqrt{2}$
全体に $+5$

Theme 13 盛りあわせいろいろ♥

大切だから，もうひとつ!!

問題 13-4 モロ難

$y = a\cos^2 x + (a-b)\sin x \cos x + b\sin^2 x$
のとり得る値の範囲が，$4 - 3\sqrt{2} \leqq y \leqq 4 + 3\sqrt{2}$ となるとき，
定数 a, b の値を求めよ。

ナイスな導入!!

これは，**問題 13-3** のタイプの **パワーアップ** バージョンです!!
方針は大丈夫？

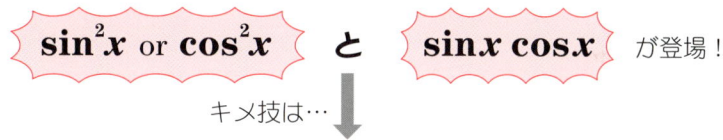

$\sin^2 x$ or $\cos^2 x$ と $\sin x \cos x$ が登場！

キメ技は…

$\sin 2x$ と $\cos 2x$ で表し合成でシメる!!

まぁ，やってみようか！

解答でござる

$y = a\cos^2 x + (a-b)\sin x \cos x + b\sin^2 x$ …①

2倍角の公式から

$\begin{cases} \sin x \cos x = \dfrac{\sin 2x}{2} \\ \sin^2 x = \dfrac{1 - \cos 2x}{2} \\ \cos^2 x = \dfrac{1 + \cos 2x}{2} \end{cases}$ …②

$\sin^2 x$, $\cos^2 x$, $\sin x \cos x$
この顔ぶれとくりゃぁ…
→ $\sin 2x$ と $\cos 2x$ で表して合成！

2倍角の公式
$\begin{cases} \sin 2x = 2\sin x \cos x \\ \cos 2x = 1 - 2\sin^2 x \\ \cos 2x = 2\cos^2 x - 1 \end{cases}$
からすぐ求まるヨ!!

②を①に代入して

$y = a \times \dfrac{1+\cos 2x}{2} + (a-b) \times \dfrac{\sin 2x}{2} + b \times \dfrac{1-\cos 2x}{2}$

$= \dfrac{a-b}{2}\sin 2x + \dfrac{a-b}{2}\cos 2x + \dfrac{a+b}{2}$

①より
$y = a\cos^2 x + (a-b)\sin x \cos x + b\sin^2 x$
↓　　↓　　↓
$\dfrac{1+\cos 2x}{2}$　$\dfrac{\sin 2x}{2}$　$\dfrac{1-\cos 2x}{2}$
②より！

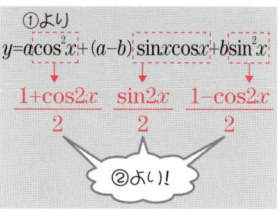

きれいにまとめました！

$$= \frac{a-b}{2}(\sin 2x + \cos 2x) + \frac{a+b}{2}$$

←最初の2項を $\frac{a-b}{2}$ でくくる!

$$= \boxed{\frac{a-b}{2}} \times \sqrt{2}\left(\frac{1}{\sqrt{2}}\sin 2x + \frac{1}{\sqrt{2}}\cos 2x\right) + \frac{a+b}{2}$$

（　）内が合成のタイプ!

$$= \boxed{\frac{\sqrt{2}(a-b)}{2}} \times \left(\sin 2x \cos\frac{\pi}{4} + \cos 2x \sin\frac{\pi}{4}\right) + \frac{a+b}{2}$$

加法定理より
$\sin(A+B)$
$=\sin A\cos B + \cos A\sin B$
（この場合 $A=2x$, $B=\frac{\pi}{4}$）

$$\therefore y = \frac{\sqrt{2}(a-b)}{2}\boxed{\sin\left(2x+\frac{\pi}{4}\right)} + \frac{a+b}{2} \quad \cdots ③$$

このとき $-1 \leqq \sin\left(2x+\frac{\pi}{4}\right) \leqq 1 \cdots ④$

本問では，x の制限がありません!
よって 最大値1（$\frac{\pi}{2}$のところ）
最小値-1（$\frac{3}{2}\pi$のところ）
が必ずいえる!!

i) $\frac{\sqrt{2}(a-b)}{2} > 0$ つまり $a > b$ のとき

④の全体に $\frac{\sqrt{2}(a-b)}{2}$ をかけると

$$-\frac{\sqrt{2}(a-b)}{2} \leqq \frac{\sqrt{2}(a-b)}{2}\sin\left(2x+\frac{\pi}{4}\right) \leqq \frac{\sqrt{2}(a-b)}{2}$$

全体に $\frac{a+b}{2}$ を加えて

$$-\frac{\sqrt{2}(a-b)}{2} + \frac{a+b}{2} \leqq \frac{\sqrt{2}(a-b)}{2}\sin\left(2x+\frac{\pi}{4}\right) + \frac{a+b}{2}$$

$$\leqq \frac{\sqrt{2}(a-b)}{2} + \frac{a+b}{2}$$

④の全体に $\frac{\sqrt{2}(a-b)}{2}$ をかけるとき，$\frac{\sqrt{2}(a-b)}{2} > 0$ でないと，不等号の向きが逆転しちゃうぞ!!
あと，$a > b$ のとき
大 小 ← 大きいものから小さいものを引くとプラス!
$\frac{\sqrt{2}(a-b)}{2} > 0$

つまり，③から

$$-\frac{\sqrt{2}(a-b)}{2} + \frac{a+b}{2} \leqq y \leqq \frac{\sqrt{2}(a-b)}{2} + \frac{a+b}{2} \quad \cdots ⑤$$

補足!
$a > b$ より $a-b > 0$
両辺に $\frac{\sqrt{2}}{2}$ をかけると
$\frac{\sqrt{2}}{2} \times (a-b) > \frac{\sqrt{2}}{2} \times 0$
$\therefore \frac{\sqrt{2}(a-b)}{2} > 0$

⑤が $\boxed{4-3\sqrt{2}} \leqq y \leqq \boxed{4+3\sqrt{2}}$ に一致するから

$$\begin{cases} \frac{\sqrt{2}(a-b)}{2} + \frac{a+b}{2} = 4+3\sqrt{2} \quad \cdots ⑥ \\ -\frac{\sqrt{2}(a-b)}{2} + \frac{a+b}{2} = 4-3\sqrt{2} \quad \cdots ⑦ \end{cases}$$

このままだとややこしい! ⑥⑦の特徴を活かして… ウマイ!

⑥+⑦より $a+b = 8 \quad \cdots ⑧$ ← pretty!

⑥−⑦より $\sqrt{2}(a-b) = 6\sqrt{2}$ ← 両辺 $\sqrt{2}$ で割れますヨ!

$\therefore a-b = 6 \quad \cdots ⑨$ ← pretty!

← $a > b$ の場合でしたネ!

⑧⑨より $a=7$, $b=1$ （これは，$a > b$ をみたす）

ⅱ) $\dfrac{\sqrt{2}(a-b)}{2} < 0$ つまり $a < b$ のとき ← ⅰ)の場合の逆バージョンです！

$\dfrac{\sqrt{2}(a-b)}{2} < 0$ より これをかけたわけだから 不等号の向きが逆転する！

④の全体に $\dfrac{\sqrt{2}(a-b)}{2}$ をかけて，

$$-\dfrac{\sqrt{2}(a-b)}{2} \geqq \dfrac{\sqrt{2}(a-b)}{2}\sin\left(2x+\dfrac{\pi}{4}\right) \geqq \dfrac{\sqrt{2}(a-b)}{2}$$

$\therefore \dfrac{\sqrt{2}(a-b)}{2} \leqq \dfrac{\sqrt{2}(a-b)}{2}\sin\left(2x+\dfrac{\pi}{4}\right) \leqq -\dfrac{\sqrt{2}(a-b)}{2}$

ただ見やすく並べかえただけ！
$A \leqq B \leqq C \Leftrightarrow C \geqq B \geqq A$

全体に $\dfrac{a+b}{2}$ を加えて

$$\dfrac{\sqrt{2}(a-b)}{2}+\dfrac{a+b}{2} \leqq \dfrac{\sqrt{2}(a-b)}{2}\sin\left(2x+\dfrac{\pi}{4}\right)+\dfrac{a+b}{2} \leqq -\dfrac{\sqrt{2}(a-b)}{2}+\dfrac{a+b}{2}$$

つまり，③から

$$\dfrac{\sqrt{2}(a-b)}{2}+\dfrac{a+b}{2} \leqq y \leqq -\dfrac{\sqrt{2}(a-b)}{2}+\dfrac{a+b}{2} \quad \cdots ⑩$$

スーパー補足

$\dfrac{\sqrt{2}(a-b)}{2}=0$ の場合はいりません！
③で
$y = \dfrac{\sqrt{2}(a-b)}{2}\sin\left(2x+\dfrac{\pi}{4}\right)+\dfrac{a+b}{2}$
$=\dfrac{a+b}{2}$ (一定)
となってしまう！これじゃあ
$4-3\sqrt{2} \leqq y \leqq 4+3\sqrt{2}$
なんて，なるわけないでしょ!!

⑩が $4-3\sqrt{2} \leqq y \leqq 4+3\sqrt{2}$ に一致するから

$$\begin{cases} \dfrac{\sqrt{2}(a-b)}{2}+\dfrac{a+b}{2}=4-3\sqrt{2} & \cdots ⑪ \\ -\dfrac{\sqrt{2}(a-b)}{2}+\dfrac{a+b}{2}=4+3\sqrt{2} & \cdots ⑫ \end{cases}$$

⑪＋⑫より $a+b=8 \quad \cdots ⑬$ ← この式はキタナイ！工夫して簡単にすべし!! pretty!

⑪－⑫より $\sqrt{2}(a-b)=-6\sqrt{2}$ ← 両辺 $\sqrt{2}$ で割れますヨ！ pretty!

$\therefore a-b=-6 \quad \cdots ⑭$ ←

⑬⑭より，$a=1,\ b=7$（これは $a<b$ をみたす） ← $a<b$ の場合でしたヨ！

以上をまとめて

$$(a,\ b)=\mathbf{(7,\ 1),\ (1,\ 7)} \quad \cdots （答）$$

Theme 14 公式証明ダイジェスト！

証明も大切だよ!!

問題 14-1 　　　標準

以下の公式を証明せよ。

(1) $\sin^2\theta + \cos^2\theta = 1$

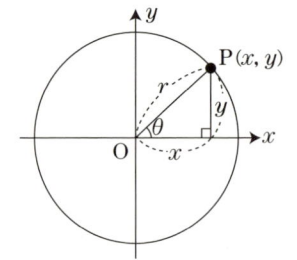

(2) $\tan\theta = \dfrac{\sin\theta}{\cos\theta}$

(3) $\tan^2\theta + 1 = \dfrac{1}{\cos^2\theta}$

証明でござる

(1) Oを中心とした半径rの円周上の $P(x, y)$ に対して

$$\begin{cases} \sin\theta = \dfrac{y}{r} \\ \cos\theta = \dfrac{x}{r} \end{cases} \cdots ①$$

これはキホン中のキホンでした！

一方，Pは，円周上の点より $x^2 + y^2 = r^2$ …②

円の式です！

①から

$$\sin^2\theta + \cos^2\theta = \left(\dfrac{y}{r}\right)^2 + \left(\dfrac{x}{r}\right)^2$$

$$= \dfrac{x^2 + y^2}{r^2}$$

分子に注目!! ②より$x^2+y^2=r^2$です!!

$$= \dfrac{r^2}{r^2} \quad (②より)$$

$$= 1$$

$\therefore \sin^2\theta + \cos^2\theta = 1$ （証明終わり）

(2) $\tan\theta = \dfrac{y}{x}$ …③

$\dfrac{\sin\theta}{\cos\theta} = \dfrac{\dfrac{y}{r}}{\dfrac{x}{r}} = \dfrac{y}{x}$ …④

一致する！！

分母＆分子×r

意外に簡単だね…

③④より

$$\therefore \tan\theta = \dfrac{\sin\theta}{\cos\theta}$$ （証明終わり！）

(3) (1)より，$\sin^2\theta + \cos^2\theta = 1$ …⑤

⑤の両辺を$\cos^2\theta$で割ると（$\cos\theta \neq 0$）

$\dfrac{\sin^2\theta}{\cos^2\theta} + \dfrac{\cos^2\theta}{\cos^2\theta} = \dfrac{1}{\cos^2\theta}$

$\left(\boxed{\dfrac{\sin\theta}{\cos\theta}}\right)^2 + 1 = \dfrac{1}{\cos^2\theta}$

注 $\cos\theta = 0$だと分母に$\cos\theta$をもってこれない！

(2)で $\tan\theta = \dfrac{\sin\theta}{\cos\theta}$ より

$$\boxed{\tan^2\theta} + 1 = \dfrac{1}{\cos^2\theta}$$ （証明終わり！！）

問題 14-2 ちょいムズ

以下の公式を証明せよ。
(1) $\cos(\alpha - \beta) = \cos\alpha\cos\beta + \sin\alpha\sin\beta$
(2) $\cos(\alpha + \beta) = \cos\alpha\cos\beta - \sin\alpha\sin\beta$
(3) $\sin(\alpha + \beta) = \sin\alpha\cos\beta + \cos\alpha\sin\beta$
(4) $\sin(\alpha - \beta) = \sin\alpha\cos\beta - \cos\alpha\sin\beta$
(5) $\tan(\alpha + \beta) = \dfrac{\tan\alpha + \tan\beta}{1 - \tan\alpha\tan\beta}$
(6) $\tan(\alpha - \beta) = \dfrac{\tan\alpha - \tan\beta}{1 + \tan\alpha\tan\beta}$

証明でござる

> $\cos\alpha = \dfrac{x}{r}$, $\sin\alpha = \dfrac{y}{r}$ で
> $r=1$より
> $\cos\alpha = x$, $\sin\alpha = y$

(図1) (図2) このとき… 半径1の円

(1) $\alpha > \beta$ として，原点Oを中心にとる単位円周上に図のような点A, B, P, Qを定める。

このとき，$A(\cos\alpha, \sin\alpha)$，$B(\cos\beta, \sin\beta)$
　　　　　　　　　x　　　y

　　　$P(\cos(\alpha-\beta), \sin(\alpha-\beta))$, $Q(1, 0)$ となる。

ここから先，有名公式 $\sin^2\theta + \cos^2\theta = 1$ が大活躍します!!

三平方の定理から

(図1)で，
$AB^2 = (\cos\beta - \cos\alpha)^2 + (\sin\alpha - \sin\beta)^2$

$= \cos^2\beta - 2\cos\alpha\cos\beta + \cos^2\alpha + \sin^2\alpha - 2\sin\alpha\sin\beta + \sin^2\beta$

$= \underbrace{\sin^2\alpha + \cos^2\alpha}_{1} + \underbrace{\sin^2\beta + \cos^2\beta}_{1} - 2(\cos\alpha\cos\beta + \sin\alpha\sin\beta)$

$= 2 - 2(\cos\alpha\cos\beta + \sin\alpha\sin\beta)$ …①

(図2)で
$PQ^2 = \{1 - \cos(\alpha-\beta)\}^2 + \{\sin(\alpha-\beta)\}^2$

$= 1 - 2\cos(\alpha-\beta) + \underbrace{\cos^2(\alpha-\beta) + \sin^2(\alpha-\beta)}_{1}$

$= 2 - 2\cos(\alpha-\beta)$ …②

(図1)の∠AOBと(図2)の∠POQに注目して
　　∠AOB = ∠POQ = $\alpha - \beta$ より
　　AB = PQ

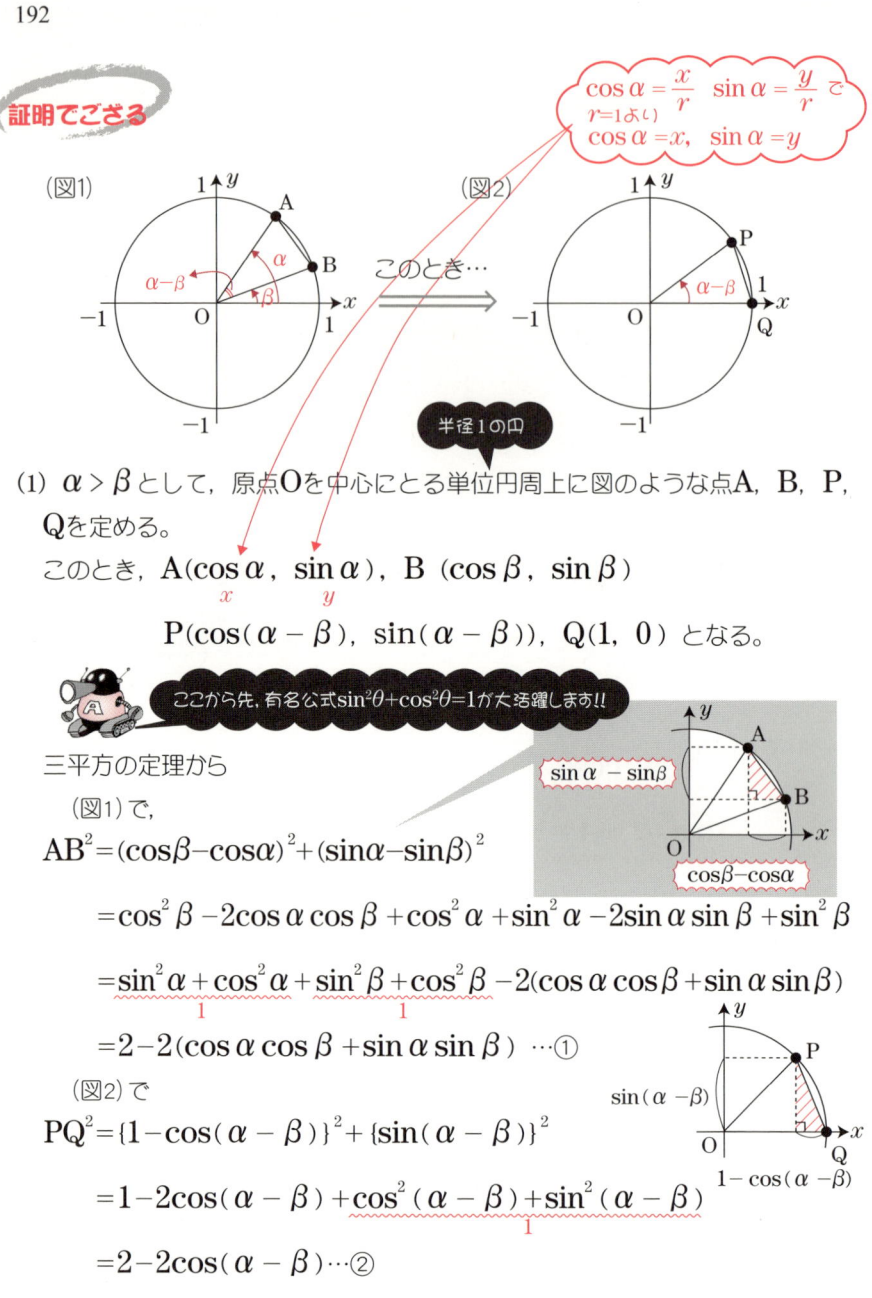

> 同じ大きさの円で
> 中心角が等しいとき
> 弦の長さも等しい

Theme 14　公式証明ダイジェスト！　193

$$\therefore AB^2 = PQ^2$$

これに①②を用いて

$$2 - 2(\cos\alpha\cos\beta + \sin\alpha\sin\beta) = 2 - 2\cos(\alpha - \beta)$$

$$\therefore \cos\alpha\cos\beta + \sin\alpha\sin\beta = \cos(\alpha - \beta)$$

つまり，$\boldsymbol{\cos(\alpha - \beta) = \cos\alpha\cos\beta + \sin\alpha\sin\beta}$ …③

(証明終わり)

(2) ③で β のかわりに $-\beta$ を代入して

> $\sin(-\theta) = -\sin\theta$
> $\cos(-\theta) = \cos\theta$
> p.83参照!!

$$\cos\{\alpha - (-\beta)\} = \cos\alpha\cos(-\beta) + \sin\alpha\sin(-\beta)$$

$$\cos(\alpha + \beta) = \cos\alpha\cos\beta + \sin\alpha\,(-\sin\beta)$$

$$\therefore \boldsymbol{\cos(\alpha + \beta) = \cos\alpha\cos\beta - \sin\alpha\sin\beta} \text{ …④}$$

(証明終わり)

(3) ③で α のかわりに $\dfrac{\pi}{2} - \alpha$ を代入して

> $\sin\left(\dfrac{\pi}{2} - \theta\right) = \cos\theta$
> $\cos\left(\dfrac{\pi}{2} - \theta\right) = \sin\theta$
> p.83参照!!

$$\cos\left(\dfrac{\pi}{2} - \alpha - \beta\right) = \cos\left(\dfrac{\pi}{2} - \alpha\right)\cos\beta + \sin\left(\dfrac{\pi}{2} - \alpha\right)\sin\beta$$

$$\cos\left\{\dfrac{\pi}{2} - (\alpha + \beta)\right\} = \sin\alpha\cos\beta + \cos\alpha\sin\beta$$

$$\therefore \boldsymbol{\sin(\alpha + \beta) = \sin\alpha\cos\beta + \cos\alpha\sin\beta} \text{ …⑤}$$

(証明終わり)

> ここでも
> $\cos\left(\dfrac{\pi}{2} - \theta\right) = \sin\theta$

(4) ⑤で β のかわりに $-\beta$ を代入して

> $\sin(-\theta) = -\sin\theta$
> $\cos(-\theta) = \cos\theta$

$$\sin\{\alpha + (-\beta)\} = \sin\alpha\cos(-\beta) + \cos\alpha\sin(-\beta)$$

$$\sin(\alpha - \beta) = \sin\alpha\cos\beta + \cos\alpha\,(-\sin\beta)$$

$$\therefore \boldsymbol{\sin(\alpha - \beta) = \sin\alpha\cos\beta - \cos\alpha\sin\beta} \text{ …⑥}$$

(証明終わり)

(5) ④⑤より，

$$\tan(\alpha+\beta) = \frac{\sin(\alpha+\beta)}{\cos(\alpha+\beta)} \quad \blacktriangleleft \boxed{\tan\theta = \frac{\sin\theta}{\cos\theta}}$$

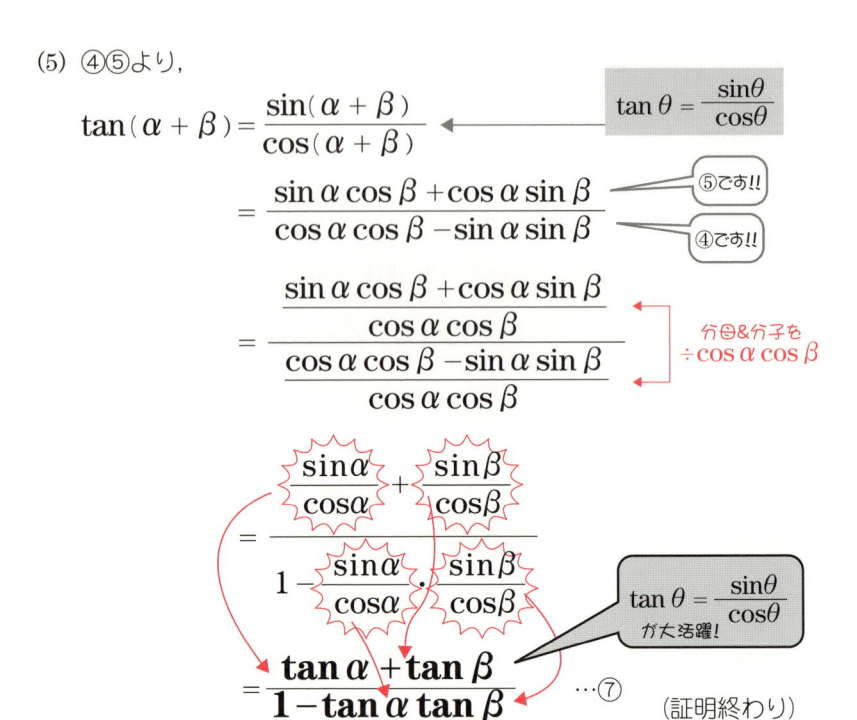

$$= \frac{\sin\alpha\cos\beta + \cos\alpha\sin\beta}{\cos\alpha\cos\beta - \sin\alpha\sin\beta} \quad \text{⑤です!!} \quad \text{④です!!}$$

$$= \frac{\dfrac{\sin\alpha\cos\beta + \cos\alpha\sin\beta}{\cos\alpha\cos\beta}}{\dfrac{\cos\alpha\cos\beta - \sin\alpha\sin\beta}{\cos\alpha\cos\beta}} \quad \text{分母&分子を} \div \cos\alpha\cos\beta$$

$$= \frac{\dfrac{\sin\alpha}{\cos\alpha} + \dfrac{\sin\beta}{\cos\beta}}{1 - \dfrac{\sin\alpha}{\cos\alpha} \cdot \dfrac{\sin\beta}{\cos\beta}} \quad \boxed{\tan\theta = \frac{\sin\theta}{\cos\theta}\text{ が大活躍!}}$$

$$= \frac{\tan\alpha + \tan\beta}{1 - \tan\alpha\tan\beta} \quad \cdots ⑦ \qquad \text{(証明終わり)}$$

(6) ⑦で β のかわりに $-\beta$ を代入して，

$$\tan\{\alpha+(-\beta)\} = \frac{\tan\alpha + \tan(-\beta)}{1 - \tan\alpha\tan(-\beta)} \quad \boxed{\tan(-\theta) = -\tan\theta \text{ p.83参照!!}}$$

$$\tan(\alpha-\beta) = \frac{\tan\alpha - \tan\beta}{1 - \tan\alpha(-\tan\beta)}$$

$$= \frac{\tan\alpha - \tan\beta}{1 + \tan\alpha\tan\beta} \qquad \text{(証明終わり)}$$

問 題 一 覧 表

問題 1-1　　　　　　　　　　　　　　　　　　　　　　基礎の基礎

次の各々の角度を弧度法で表せ。

(1) $1°$　(2) $36°$　(3) $120°$　(4) $288°$　(5) $540°$　(p.9)

問題 1-2　　　　　　　　　　　　　　　　　　　　　　基礎の基礎

次の各々の弧度法で表された角度を度数法で表せ。

(1) $\dfrac{2}{5}\pi$　(2) $\dfrac{5}{4}\pi$　(3) $\dfrac{7}{2}\pi$　(4) 1　(5) 3　(p.11)

問題 2-1　　　　　　　　　　　　　　　　　　　　　　基礎の基礎

次のそれぞれの値を求めよ。

(1) $\sin\dfrac{11}{6}\pi + \cos\dfrac{\pi}{3} + \tan\dfrac{5}{4}\pi$

(2) $\sin\dfrac{\pi}{2}\cos\dfrac{2}{3}\pi - \tan\dfrac{3}{4}\pi\cos\dfrac{4}{3}\pi$

(3) $\sin\dfrac{23}{6}\pi + \cos\left(-\dfrac{13}{3}\pi\right)$　(p.24)

問題 2-2　　　　　　　　　　　　　　　　　　　　　　標準

次の方程式の一般解を求めよ。

(1) $\sin\theta = \dfrac{1}{2}$　　(2) $\cos\theta = -\dfrac{1}{\sqrt{2}}$

(3) $\tan\theta = 1$　(p.26)

問題 2-3 　　　　　　　　　　　　　　　　　　　　　　　[標準]

$0 \leq \theta < 2\pi$ のとき，次の不等式を解け．

(1) $\sin\theta > \dfrac{\sqrt{3}}{2}$ 　　　　(2) $\cos\theta \leq \dfrac{1}{2}$

(3) $\tan\theta \leq 1$

(p.29)

問題 3-1 　　　　　　　　　　　　　　　　　　　　　　　[基礎]

次の関数のグラフをかけ．また，その周期を求めよ．

(1) $y = 2\sin x$
(2) $y = \dfrac{1}{2}\cos x$

(p.32)

問題 3-2 　　　　　　　　　　　　　　　　　　　　　　　[基礎]

次の関数のグラフをかけ，またその周期を求めよ

(1) $y = \sin 2x$
(2) $y = \cos\dfrac{x}{2}$
(3) $y = \tan\dfrac{x}{3}$

(p.34)

問題 3-3 　　　　　　　　　　　　　　　　　　　　　　　[基礎]

次の関数のグラフをかけ．

(1) $y = \sin\left(x - \dfrac{\pi}{2}\right)$
(2) $y = \cos\left(x + \dfrac{\pi}{2}\right) + 2$
(3) $y = \tan\left(x - \dfrac{\pi}{4}\right)$

(p.39)

問題 3-4 〔標準〕

関数 $y = 2\sin\left(\dfrac{x}{2} - \dfrac{\pi}{4}\right)$ の周期を求め，そのグラフをかけ。 (p.42)

問題 4-1 〔標準〕

$0 \leqq \theta < 2\pi$ のとき，次の不等式を解け。

(1) $\sin\theta > \dfrac{\sqrt{3}}{2}$　← p.29 の 問題2-3 (1) と同じです‼

(2) $\sin\theta \leqq \dfrac{1}{2}$

(3) $-\dfrac{1}{2} < \sin\theta < \dfrac{\sqrt{2}}{2}$

(p.50)

問題 4-2 〔標準〕

$0 \leqq \theta < 2\pi$ のとき，次の不等式を解け。

(1) $\cos\theta \leqq \dfrac{1}{2}$　← p.29 の 問題2-3 (2) と同じです‼

(2) $\cos\theta > -\dfrac{\sqrt{2}}{2}$

(3) $-\dfrac{1}{2} \leqq \cos\theta < \dfrac{\sqrt{3}}{2}$

(p.54)

問題 4-3 〔標準〕

$0 \leqq \theta < 2\pi$ のとき，次の不等式を解け。

(1) $\tan\theta \leqq 1$　← p.29 の 問題2-3 (3) と同じですよ‼

(2) $-\sqrt{3} < \tan\theta$

(p.57)

問題 5-1 〔基礎〕

(1) $\cos\theta = -\dfrac{4}{5}\ (0 < \theta < \pi)$ のとき，$\sin\theta$ と $\tan\theta$ の値を求めよ。

(2) $\tan\theta = 3\left(\dfrac{\pi}{2} < \theta < \dfrac{3}{2}\pi\right)$ のとき，$\sin\theta$ と $\cos\theta$ の値を求めよ。

(p.60)

問題 5-2 [基礎]

$\sin\theta + \cos\theta = \dfrac{1}{2}$ のとき，次のそれぞれの値を求めよ．

(1) $\sin\theta\cos\theta$
(2) $\sin^3\theta + \cos^3\theta$
(3) $\tan\theta + \dfrac{1}{\tan\theta}$
(4) $\sin^4\theta + \cos^4\theta$
(5) $\sin^5\theta + \cos^5\theta$
(6) $\sin^6\theta + \cos^6\theta$

(p.65)

問題 5-3 [ちょいムズ]

$\sin\theta + \cos\theta = \dfrac{1}{3}$ $(0<\theta<\pi)$ のとき，$\cos\theta - \sin\theta$ の値を求めよ．

(p.71)

問題 6-1 [基礎の基礎]

次のそれぞれの値を求めよ．

(1) $\sin\dfrac{5}{12}\pi$
(2) $\cos\dfrac{\pi}{12}$
(3) $\tan\dfrac{11}{12}\pi$

(p.76)

問題 6-2 [基礎]

$\sin\alpha = -\dfrac{4}{5}$，$\cos\beta = -\dfrac{5}{13}$ のとき，次のそれぞれの値を求めよ．ただし $\dfrac{3}{2}\pi < \alpha < 2\pi$，$\pi < \beta < \dfrac{3}{2}\pi$ とする．

(1) $\sin(\alpha+\beta)$
(2) $\sin(\alpha-\beta)$
(3) $\cos(\alpha+\beta)$
(4) $\cos(\alpha-\beta)$
(5) $\tan(\alpha+\beta)$
(6) $\tan(\alpha-\beta)$

(p.79)

問題 6-3 　基礎

次のそれぞれの式の値を求めよ。

(1) $\sin\dfrac{7}{18}\pi + \cos\dfrac{5}{9}\pi + \sin\dfrac{17}{18}\pi + \cos\dfrac{10}{9}\pi$

(2) $\tan(\pi+\theta)\sin\left(\dfrac{\pi}{2}+\theta\right)+\sin(\pi+\theta)$

(3) $\{1-\sin(\pi-\theta)\}\{1-\sin(\pi+\theta)\}-\sin\left(\dfrac{\pi}{2}+\theta\right)\cos(-\theta)$ 　(p.86)

問題 7-1 　基礎

$\sin\theta=\dfrac{2}{3}\left(\dfrac{\pi}{2}<\theta<\dfrac{3}{2}\pi\right)$ のとき，次のそれぞれの値を求めよ。

(1) $\sin 2\theta$ 　　(2) $\cos 2\theta$ 　　(3) $\tan 2\theta$ 　(p.91)

問題 7-2 　標準

$\sin A=\dfrac{4}{5}\left(0<A<\dfrac{\pi}{2}\right)$ のとき，次のそれぞれの値を求めよ。

(1) $\sin\dfrac{A}{2}$ 　　(2) $\cos\dfrac{A}{2}$ 　　(3) $\tan\dfrac{A}{2}$ 　(p.93)

問題 7-3 　ちょいムズ

$\theta=\dfrac{\pi}{10}$ とするとき，次の各問いに答えよ。

(1) 等式 $\sin 2\theta=\cos 3\theta$ を証明せよ。

(2) $\sin\theta$ の値を求めよ。　　(3) $\cos\dfrac{\pi}{5}$ の値を求めよ。 　(p.99)

問題 8-1 　標準

$0\leqq x<2\pi$ のとき，次のそれぞれの方程式を解け。

(1) $2\cos^2 x+\sin x-2=0$

(2) $2\sin^2 x+(4-\sqrt{3})\cos x-2(1-\sqrt{3})=0$

(3) $\tan^2 x-(\sqrt{3}+1)\tan x+\sqrt{3}=0$ 　(p.104)

問題 8-2 　　　　　　　　　　　　　　　　　　　　　　　標準

$0 \leq x < 2\pi$ のとき，次のそれぞれの方程式を解け。
(1) $2\sin(2x + \dfrac{\pi}{3}) = 1$
(2) $\sin 2x = \cos x$
(3) $\cos 2x = \sin x$　　　　　　　　　　　　　　　　　(p.106)

問題 8-3 　　　　　　　　　　　　　　　　　　　　　ちょいムズ

$0 \leq x < 2\pi$ のとき，次の不等式を解け。
(1) $2\cos^2 x \leq \sin x + 1$
(2) $2\sin^2 x - \sqrt{3}\cos x + 1 \geq 0$
(3) $2\sin x \leq \tan x$　　　　　　　　　　　　　　　　(p.109)

問題 8-4 　　　　　　　　　　　　　　　　　　　　　ちょいムズ

$0 \leq x < 2\pi$ のとき，次の不等式を解け。
(1) $2\sin\left(2x - \dfrac{\pi}{6}\right) \geq 1$　　　(2) $\sin 2x < \sin x$
(3) $\cos 2x > \cos x - 1$　　　　　　　　　　　　　　　(p.116)

問題 9-1 　　　　　　　　　　　　　　　　　　　　　　　基礎

$0 \leq \theta < 2\pi$ のとき，次のそれぞれの関数の最大値，最小値を求めよ。また，そのときの θ の値も求めよ。
(1) $y = \sin^2\theta + \cos\theta + 2$
(2) $y = 2\tan^2\theta - 4\tan\theta + 3$　　　　　　　　(p.118)

問題 9-2 〔ちょいムズ〕

次の各問いに答えよ。
(1) $\cos\theta - \sin^2\theta + 2 - a = 0$ をみたす θ が存在するように，定数 a の値の範囲を求めよ。ただし，$0 \leqq \theta \leqq \dfrac{2}{3}\pi$ とする。
(2) 方程式 $\cos^2 x - \sin x + a = 0$ が，$-\dfrac{\pi}{2} \leqq x \leqq \dfrac{\pi}{6}$ の範囲に解をもつとき，定数 a の値の範囲を求めよ。 (p.124)

問題 9-3 〔やや難〕

$0 \leqq \theta < 2\pi$ のとき，$\sin^2\theta + \cos\theta - a = 0$ をみたす θ の個数を，a の値について分類して答えよ。 (p.130)

問題 10-1 〔標準〕

(1) 2直線 $y = 2x$ と $y = \dfrac{1}{3}x$ のなす角 θ を求めよ。
ただし，$0 < \theta < \dfrac{\pi}{2}$ とする。
(2) 2直線 $y = \dfrac{1}{2}x + 3$ と $y = -\dfrac{1}{3}x + 1$ のなす角 θ を求めよ。
ただし，$0 < \theta < \dfrac{\pi}{2}$ とする。 (p.138)

問題 10-2 〔ちょいムズ〕

2直線 $y = mx - 2$ と $y = \dfrac{2}{3}x + 5$ のなす角が $\dfrac{\pi}{6}$ であるとき，m の値を求めよ。 (p.142)

問題 11-1 〔標準〕

次の関数の最大値，最小値を求めよ。また，そのときの θ の値を求めよ。
(1) $y = \sqrt{3}\sin\theta + \cos\theta \ (0 \leqq \theta \leqq 2\pi)$
(2) $y = 2\sin\theta + 2\cos\theta + 3 \ (0 \leqq \theta \leqq \pi)$
(3) $y = \sin 2\theta - \sqrt{3}\cos 2\theta + 1 \ \left(\dfrac{\pi}{4} \leqq \theta \leqq \dfrac{\pi}{2}\right)$ (p.150)

問題 11-2 （ちょいムズ）

次の関数の最大値，最小値を求めよ。また，そのときの $\sin\theta$ と $\cos\theta$ の値を求めよ。
(1) $y = 4\sin\theta + 3\cos\theta$ （$0 \leq \theta < 2\pi$）
(2) $y = 5\sin\theta - 12\cos\theta$ （$0 \leq \theta \leq \pi$） (p.155)

問題 11-3 （ちょいムズ）

$0 \leq x < 2\pi$ のとき，次の不等式を解け。
(1) $\sin 2x - \cos 2x \geq 1$
(2) $2\cos x - 2\sin\left(\dfrac{\pi}{6} - x\right) < \sqrt{3}$ (p.161)

問題 12-1 （標準）

次の式の値を求めよ。
(1) $\sin\dfrac{4}{9}\pi \sin\dfrac{2}{9}\pi \sin\dfrac{\pi}{9}$
(2) $\cos\dfrac{8}{9}\pi \cos\dfrac{4}{9}\pi \cos\dfrac{2}{9}\pi$
(3) $\cos\dfrac{\pi}{18} + \cos\dfrac{11}{18}\pi + \cos\dfrac{13}{18}\pi$
(4) $\sin\dfrac{\pi}{18} + \sin\dfrac{5}{18}\pi - \cos\dfrac{\pi}{9}$ (p.169)

問題 12-2 （ちょいムズ）

$0 \leq x < 2\pi$ のとき，次の方程式を解け。
(1) $\sin x - \sin 2x + \sin 3x = 0$
(2) $\sin 6x + \sin 5x + \sin 4x + \cos x = -\dfrac{1}{2}$ (p.174)

問題 13-1 （ちょいムズ）

$y = \sin x + \cos x + \sin 2x$ について
(1) $\sin x + \cos x = t$ とおいて，y を t の式で表せ。
(2) y のとり得る値の範囲を求めよ。 (p.179)

問題 13-2　　　　　　　　　　　　　　　　　　　　ちょいムズ

x が $0 \leqq x \leqq \pi$ のとき
$y = \sin x \cos x - (\sin x + \cos x) + 2$
のとり得る値の範囲を求めよ。　　　　　　　　　　　　(p.182)

問題 13-3　　　　　　　　　　　　　　　　　　　　ちょいムズ

$0 \leqq x \leqq \dfrac{\pi}{4}$ のとき
$y = \sin^2 x + 8\sin x \cos x + 9\cos^2 x$
のとり得る値の範囲を求めよ。　　　　　　　　　　　　(p.185)

問題 13-4　　　　　　　　　　　　　　　　　　　　モロ難

$y = a\cos^2 x + (a-b)\sin x \cos x + b\sin^2 x$
のとり得る値の範囲が，$4 - 3\sqrt{2} \leqq y \leqq 4 + 3\sqrt{2}$ となるとき，
定数 a，b の値を求めよ。　　　　　　　　　　　　　(p.187)

問題 14-1　　　　　　　　　　　　　　　　　　　　標準

以下の公式を証明せよ。
　(1) $\sin^2 \theta + \cos^2 \theta = 1$
　(2) $\tan \theta = \dfrac{\sin \theta}{\cos \theta}$
　(3) $\tan^2 \theta + 1 = \dfrac{1}{\cos^2 \theta}$
　　　　　　　　　　　　　　　　　　　　　　　　　　(p.190)

問題 14-2　　ちょいムズ

以下の公式を証明せよ。

(1) $\cos(\alpha - \beta) = \cos\alpha\cos\beta + \sin\alpha\sin\beta$

(2) $\cos(\alpha + \beta) = \cos\alpha\cos\beta - \sin\alpha\sin\beta$

(3) $\sin(\alpha + \beta) = \sin\alpha\cos\beta + \cos\alpha\sin\beta$

(4) $\sin(\alpha - \beta) = \sin\alpha\cos\beta - \cos\alpha\sin\beta$

(5) $\tan(\alpha + \beta) = \dfrac{\tan\alpha + \tan\beta}{1 - \tan\alpha\tan\beta}$

(6) $\tan(\alpha - \beta) = \dfrac{\tan\alpha - \tan\beta}{1 + \tan\alpha\tan\beta}$

(p.191)

メ モ 欄 ♥

メ モ 欄 ♥

〔著者紹介〕
坂田　アキラ（さかた　あきら）
　　　Zen Study講師。
　　　1996年に流星のごとく予備校業界に現れて以来、ギャグを交えた巧みな話術と、芸術的な板書で繰り広げられる"革命的講義"が話題を呼び、抜群の動員力を誇る。
　　　現在は数学の指導が中心だが、化学や物理、現代文を担当した経験もあり、どの科目を教えても受講生から「わかりやすい」という評判の人気講座となる。
　　　著書は、『改訂版　坂田アキラの　医療看護系入試数学Ⅰ・Aが面白いほどわかる本』『改訂版　坂田アキラの　数列が面白いほどわかる本』などの数学参考書のほか、理科の参考書として『改訂版　大学入試　坂田アキラの　化学［理論化学編］の解法が面白いほどわかる本』『完全版　大学入試　坂田アキラの　物理基礎・物理の解法が面白いほどわかる本』（以上、KADOKAWA）など多数あり、その圧倒的なわかりやすさから、「受験参考書界のレジェンド」と評されることもある。

坂田アキラの
三角関数が面白いほどわかる本　　　（検印省略）

2014年12月17日　第 1 刷発行
2025年 1 月25日　第13刷発行

著　者　坂田　アキラ（さかた　あきら）
発行者　山下　直久

発　行　株式会社KADOKAWA
　　　　〒102-8177　東京都千代田区富士見2-13-3
　　　　電話 0570-002-301（ナビダイヤル）

●お問い合わせ
https://www.kadokawa.co.jp/（「お問い合わせ」へお進みください）
※内容によっては、お答えできない場合があります。
※サポートは日本国内のみとさせていただきます。
※Japanese text only

定価はカバーに表示してあります。

DTP／ニッタプリントサービス　印刷・製本／加藤文明社

Ⓒ2014 Akira Sakata, Printed in Japan.
ISBN978-4-04-600729-2　C7041

本書の無断複製（コピー、スキャン、デジタル化等）並びに無断複製物の譲渡及び配信は、著作権法上での例外を除き禁じられています。また、本書を代行業者などの第三者に依頼して複製する行為は、たとえ個人や家庭内での利用であっても一切認められておりません。